CircleCI 実践入門

CI/CDがもたらす開発速度と品質の両立

Urai Masato　Otake Tomoya　Kim Hirokuni
浦井誠人／大竹智也／金 洋国
［著］

技術評論社

本書は、小社刊の以下の刊行物をもとに、大幅に加筆と修正を行い書籍化したものです。

- 『WEB+DB PRESS』Vol.107特集1
  「実践CircleCI──ワークフローで複雑なCI/CDを自動化」

はじめに

　本書の目的は、CircleCIを通してCI/CDに入門することです。CI/CDを使いこなすことができれば、開発／運用効率だけではなく品質と開発速度もアップし、あなたのチームは一段上のソフトウェア開発ができるようになるでしょう。本書がその足掛かりになれば幸いです。

　今後さらなるスピードが求められる世界では、すばやい開発をしながら失敗を少なくするためにCI/CDの導入は欠かすことができません。今はCI/CDがなくても問題ないかもしれません。しかし、数年後には最低限のCI/CDの導入は必須となるでしょう。それはちょうど、Gitが今の開発現場においてなくてはならないような存在になったことと似ているかもしれません。

　CircleCIはCI/CDの分野をリードするサービスです。今この文章の筆をとっている筆者の一人は、CircleCIで開発者として5年以上働いており、CircleCIの成長を間近で見てきました。たくさんのCI/CDサービスが出ては消える中、CircleCIは堅調に成長を続けてきました。それは、CircleCI自体がCI/CDの考え方を尊重し、日々の開発に取り入れてきたからだと筆者は考えています。システムの複雑性を考慮し、自分たちの限界を受け入れ、安全に失敗し続けるCI/CDのエッセンスを身をもって実践してきた結果だと思っています。

　しかし、本書はCircleCI社によって書かれた本ではありません。CircleCIを毎日使い、CI/CDの力を信じるユーザーによって書かれた本です。CircleCIに限らず、できるだけほかのサービスやツールでも応用が効くようにCI/CDに関する重要な考え方やTipsを盛り込んだつもりです。本書をきっかけとして、CI/CDの重要性と可能性について考えてもらえることを願っています。

執筆者を代表して　2020年8月　金 洋国

謝辞

　コロナ禍で自身の身の回りの環境が大きく変化し、一時は執筆が手につかなくなることもありましたが、そんな中でも、共著者である大竹さんと金さんのおかげで、とてもすばらしい書籍ができました。ありがとうございます。

　読者の皆さまへ。手にとっていただき、ありがとうございます。本書はCircleCIの基礎の基礎からOrbsの作り方といった応用までじっくり解説した書籍です。本書とCircleCIを通して、CI/CDに触れることで、CI/CDで効率化することの楽しさとCI/CDでできることの可能性を感じていただけるとうれしいです。

浦井 誠人

　今回は自身初めての共著となりましたが、快く誘いを引き受けてくれた金さん、浦井さんの両名に深く感謝します。おかげでひとりでは書けないすばらしい内容の書籍になりました。また、コロナ禍で保育園が休園になる中、惜しみなく協力してくれた愛する映子とまりあと楽、内容はわからないけれどいつも出版を楽しみにしてくれている両親、そして本書を手にとってくださったあなたに感謝します。

大竹 智也

　業務で忙しいにもかかわらず本書のレビューを快諾してくれたCircleCI合同会社の車井さんと伊藤さん、本当にありがとうございました。お二人のおかげで、筆者たちがあまり詳しくない内容も丁寧に解説できました。

　感謝の気持ちをいつもうまく伝えれない妻にも、この場を借りて感謝の言葉を伝えさせてください。毎日の夕食後の執筆時間があったおかげで本書を完成させることができました。いつも仕事ばかりの自分を支えてくれてありがとう。

　一緒に執筆した大竹さんと浦井さん、お疲れさまでした。新型コロナウィルスの影響により、執筆時間が大きく削られ一時は未完成になってしまうことを危惧しました。そんな困難な時期を乗り越え、誰一人当初のやる気を失わず本書を完成できたことは僕の誇りです。

金 洋国

本書の読み方

●── 文章やコードを利用させていただいているサイト

解説を行ううえで、以下に挙げるサイトの文章や図、コードを許諾を受けた
うえで一部利用させていただいております。

- **Contents and diagrams in CircleCI Docs** (https://circleci.com/docs/)
- **Code samples in CircleCI Public** (https://github.com/CircleCI-Public)

●── 各章の執筆担当者と内容

各章の執筆担当者は以下のとおりです。

章	タイトル	著者名
第1章	なぜCI/CDが必要か	金 洋国
第2章	CircleCIの基本	浦井 誠人
第3章	環境構築	大竹 智也
第4章	ワークフローでジョブを組み合わせる	浦井 誠人
第5章	実践的な活用方法	大竹 智也
第6章	テストの基本と最適化	大竹 智也
第7章	継続的デプロイの実践	金 洋国
第8章	Webアプリケーション開発、インフラでの活用	金 洋国、浦井 誠人
第9章	モバイルアプリ開発での活用	金 洋国
第10章	デスクトップ／ネイティブアプリ開発での活用	浦井 誠人
第11章	さまざまなタスクの自動化	浦井 誠人
第12章	Orbsの作成	浦井 誠人
Appendix	config.ymlの基本構造	浦井 誠人

第1章ではCI/CDとは切り離すことができないアジャイルとDevOpsが発展し
てきた経緯を解説しながら、なぜCI/CDが今後のソフトウェア開発に欠かせな
いかについて解説しています。

第2章から第5章まではCircleCIの基礎と応用について詳しく解説していま
す。ここまで読めばCircleCIの基本的な機能を使いこなすことができるでしょ
う。

第6章はキャッシュや並列処理を用いてテストの実行を最適化する方法につ
いて解説しています。CircleCIを使いこなせるようになってくると、もっと効
率化したくなってくるはずです。第6章はそんなときに役立つ方法をたくさん

解説しています。

　第7章は継続的デプロイメント、いわゆるCDについてです。前半はCDの必要性や可能性についての概論を解説し、後半ではAWSを使って実際に手を動かしながらCDの導入をしていきます。

　第8章から10章までは実践編です。各言語やフレームワークでCircleCIを導入するときに参考になる情報やTipsを掲載しています。実際の業務でCircleCIを導入する際にきっと役立つでしょう。すべてを読む必要はなく、自分に関係性が低い章はスキップしても大丈夫です。

　第11章ではCI/CD以外にもCircleCIを使ってさまざまなタスクを自動化する方法を解説しています。

　第12章ではCircleCIをより便利に使うことができるOrbsの作り方を解説しています。Orbsを使えば複数のプロジェクトで共通する処理をまとめるCircleCI専用のライブラリのようなものを作成して公開できるようになります。

　巻末にあるAppendixにはCircleCIの設定ファイルに登場する要素の詳細な説明と使い方を掲載しています。

●───── diff表記の見方

　本書では、コードの変更内容をdiff表記（ユニファイド形式）により表現しています。

```
--- a/.circleci/config.yml  ❶
+++ b/.circleci/config.yml  ❷
@@ -2,7 +2,10 @@ version: 2 ❸
 jobs:
   build:
     docker:
-      - image: <Docker Hubアカウント名>/circleci-node-aws-cli
+      - image: <AWSアカウントID>.dkr.ecr.us-east-1.amazonaws.com/circleci-node-
aws-cli:latest
+        aws_auth:
+          aws_access_key_id: <AWSアクセスキーID>
+          aws_secret_access_key: <AWSシークレットアクセスキー>
     steps:
       - run:
           name: AWS CLIのバージョン確認
```

　❶と❷は比較しているファイルです。この例では同じファイルを比較していて、変更前と変更後の差分を表示しています。❸の @@ -2,7 +2,10 @@ は4行目以下に表示している内容の開始行番号と行数です。-2,7は変更前ファイルの2行目から7行、+2,10は変更後ファイルの2行目から10行を表示しているという意味になります。version: 2は表示開始行の直前にある共通内容を表していま

す。

　4行目からは実際の差分表示になっていて、行頭に-が書かれている行は削除、+が書かれている行は追加を表しています。

•── 正誤情報とサンプルコード

　正誤情報は、以下の本書サポートページに掲載します。

https://gihyo.jp/book/2020/978-4-297-11411-4/support

　本書で利用しているサンプルコードは以下のサイトで公開しています。

https://github.com/circleci-book

　各章の利用箇所では、リポジトリのURLを示しています。

第 **2** 章
CircleCIの基本

2.1　CircleCIの動作フロー

2.2　CircleCIの基本

第**4**章
ワークフローでジョブを組み合わせる

第**7**章
継続的デプロイの実践 173

第**8**章
Webアプリケーション開発、インフラでの活用 ……… 207

第**11**章
さまざまなタスクの自動化 <span></span>299

Appendix
config.ymlの基本構造 349

第**1**章

なぜCI/CDが必要か

　本章では、主にCI/CDとは何か、CI/CDを使うとどのような効果が得られるかについて解説します。しかしその前に少しだけ回り道をして、CI/CDを語るには欠かせないアジャイルとDevOpsという考え方について見ていきます。これらを理解することで、なぜCI/CDが生まれたのか、なぜ今必要とされるのかの理解につながります。

　CI/CDが何を意味するのか今はわからなくても心配ありません。本書でのちほど詳しく解説するので、ここでは大枠だけ押さえておきましょう。

　CI（*Continuous Integration*、継続的インテグレーション）とは、コードに変更があるたびにテストを自動で実行することを意味します。

　CDの意味は少しわかりづらく、コードを常にリリース可能な状態にしておくCD（*Continuous Delivery*、継続的デリバリ）と常に自動でデプロイするCD（*Continuous Deployment*、継続的デプロイ）の2つの意味があります。両者の違いについては第7章で詳しく解説します。

1.1　アジャイルとDevOps

アジャイルとは？

　アジャイル（Agile）とは日本語で機敏であることを意味し、開発途中で発生する変更や問題点に柔軟に対応していく開発手法を指します。アジャイルと対極に位置する開発手法としては、プロジェクトの最初の入念な設計と計画を重要視するウォーターフォールがあります。アジャイルはウォーターフォールの欠点を解決するために発展してきた手法です。

　上記でアジャイルを開発手法と説明しましたが、これは厳密には正しくありません。アジャイルとは特定の開発手法を指すものではなく、むしろチーム全体で共有する開発に対する考え方です。何をしたらアジャイルかという0か1の概念ではなく、一般的に以下に挙げる特徴をどのくらい共有できるかで、チームのアジャイル度合いが決まります。

- プロジェクトの最初に計画できることには限界があることを受け入れ、開発時に発生する変更に柔軟な対応をする
- チームだけではなく顧客も交えた密なコミュニケーションを重要視する
- できるだけ変更単位を小さくし、継続的にプロダクトへ反映していく

　今後変化のスピードがより一層速くなる世界では、アジャイルを積極的に取

り入れ、変化に対応できるチームを作ることが最重要課題となります。

DevOpsとは?

　事前に計画できることには限界があることを受け入れ、顧客と一緒になって変化に対応していくというアジャイルの考え方は、ソフトウェア開発の現場に大きな影響を与えました。この考え方から生まれた新しい開発の文化がDevOpsです。

　DevOpsという言葉が現れる以前は、Dev(開発チーム)とOps(運用チーム)はまったく別のチームでした。開発チームはより早く新しい機能をリリースしたい一方、運用チームはシステムを安定稼働させるために、できるだけリリースを少なくしたいという相反する考えがあります。これにより対立が生じ、ビジネスの成長を妨げてしまうという問題があります。

　この問題を解消するために、開発チームと運用チームの壁を取り払いビジネスを成長させるという共通目的のためにもっと協調していこうというのが、DevOpsの基本的な考え方です。

　ここで注意したいのは、DevOpsとは新しいエンジニアのポジションでもなければ開発手法でもなく、あくまで開発チームと運用チームが協調する活動であり文化であることです。

DevOpsの導入効果

　DevOpsを実践することで、主に以下の3つの効果が期待できます。

　1つ目は開発速度の向上です。DevOpsが強調することの一つに作業の自動化があります。たとえば、リリース作業を自動化をすることでヒューマンエラーも減り、本番環境へリリースする回数も増やすことができます。

　2つ目は運用の効率化です。運用の効率化というし運用チームの仕事のように思えるかもしれませんが、本番環境の効率的な運用には開発チームと運用チームの連携が欠かせません。開発チームと運用チームが円滑なコミュニケーションをすることで、運用がよりスムーズに行えます。たとえば障害が発生したとき、開発チームと運用チームが協力して復旧作業することで障害時間を短くできます(**図1**)。

　3つ目はリリースに関するリスクの軽減です。DevOpsはより小さい変更を頻繁かつ継続的にリリースすることを推奨します。こうすることで、1回のリリースによる変更箇所は小さくなり修正の効果が計測しやすくなったり、万が一

問題があったときにロールバックや修正がより簡単になります。

図1 開発と運用チームの円滑なコミュニケーション

CI/CDとの関係

変化に対応するという新しいアジャイルの考え方は、やがて開発チームと運用チームが協調するDevOpsという実践方法を生みました。そこから、DevOpsが重要視するデリバリの自動化を実践する方法として、CI/CDが注目を浴びるようになります。

DevOps以前は、コードを本番環境にリリースする際は開発チームが運用チームにリリースの依頼をするのが通常でした。しかし、開発とリリースの担当を分けてしまうとさまざまな問題が生まれます。たとえば、コードを書いた開発者が帰宅してしまい、いざリリースして問題が発生しても担当の開発者と連絡が取れず障害に発展してしまうというようなケースです。

このようなことを防ぐために、DevOpsでは開発者に必要な権限を渡し、自由にリリースできるようにします。この考え方の根底には「コードを書いた本人が一番うまくそのコードを運用できる」という原則があります。

● ── 自動化の必要性

しかし、ただ開発者にリリース権限を渡すだけで開発効率が上がるわけではありません。開発者の本業はコードを書くことであり、リリースに費やす時間は最小限にしないといけません。そのため、テストからリリースまでを自動化することが重要となってきます。どのような作業が自動化できてどのような効果があるかについては、本章の「自動化で品質と開発速度をアップ」で詳しく見ていきます。

● ── 誰がCI/CD環境を用意するか

CI/CD環境を開発と運用のどちらのチームが準備するかの決まりはありませ

ん。のちほど詳しく紹介しますが、自社でインストール／運用するオンプレミ
ス型のCI/CDツールが主流の時代は、運用チームがCI/CD基盤を作り開発チー
ムが使うという形態が多かったようです。しかし、自分たちで運用する必要の
ないクラウド型のCI/CDが主流になりつつある現在は開発チームだけでCI/CD
環境を用意できます。

●── CI/CD導入後の運用チームの役割

　それでは、CI/CDを導入すると運用チームは必要なくなるのでしょうか？　も
ちろんそんなことはありません。特に運用コストの低いクラウド型のCI/CDを
導入することで、運用チームはCI/CDインフラの運用から解放され、それ以外
のタスクにリソースを使うことができるようになります。

　たとえば、コードをデプロイする先のインフラの整備があります。開発者が
CI/CDでデプロイを自動化できるようになったとしても、デプロイしたあとに
頻繁にサービスがダウンするようでは意味がありません。運用チームはCI/CD
インフラの運用をしなくてよくなったぶん、サービスの可用性の向上などに時
間を使うことができるようになります。

　運用チームのCI/CD活用の代表的な手法として、近年重要視されている「イン
フラのコード化」(*Infrastructure as Code*)という考え方です。

　これはインフラの構成をコード化し、GitHubなどのコードホスティングサー
ビスでバージョン管理することで、インフラをアプリケーションやサービスと
同じようにテスト／デプロイできるようにする手法です。

　代表的なツールとしてはTerraformがあります。Terraformを使ってCI/CDを
構築する方法は、第8章の「Terraform」で詳しく解説します。

1.2　自動化で品質と開発速度をアップ

　前節では、リリースを自動化することの重要性を説明しました。本節では、
CI/CDでリリースの自動化を行うとソフトウェア開発がどのように変わるかに
ついて見ていきましょう。

CI/CDで自動化できること

　CI/CDは、リリースに至る作業の多くを自動化できます。ここではCI/CDを
使うことで自動化できるビルド／テスト／デプロイについて再確認したあと、

自動化可能なそのほかのタスクについても見ていきましょう。

●──ビルド

　まず自動化できる最も基本的な作業としてビルドが挙げられます。しかし、一口にビルドと言っても文脈によっていろいろな作業を意味するので、まずはその意味を明確にしておきましょう。本書では、ビルドを狭義と広義の2つに分けて使います。

　狭義のビルドは、コードやアプリケーションを実行可能な状態にする作業が含まれます。具体的には、コードのコンパイルや依存関係のあるパッケージのインストールなどです。

　広義のビルドは、CI/CDで行われる一連の作業をひとまとめにした単位を意味します。つまり、広義ではテストやデプロイなどの作業もビルドと考えることができます。しかしCircleCIでは、この一連の作業をビルドではなくジョブと呼んでいます。詳しくは第2章の「ジョブ──ステップのグループ化」で解説します。

●──テスト

　開発者がコードホスティングサービスに変更をプッシュすると、CIはそれを検知しコードを実行可能な状態に（狭義の）ビルドしたあと、決められたテストを実行します。これらが自動で継続的に行われることをCI（*Continuous Integration*、継続的インテグレーション）と呼びます。

　ここで重要なのは、CIはあくまでテストを実行するだけで、テスト自体は開発者が用意する必要があるということです。AI（*Artificial Intelligence*、人工知能）が自動でテストを行ってくれるものではありません。CIの導入を検討する前に、テストコードの整備について検討しておきましょう。

●──デプロイ

　本章の冒頭でも簡単に触れましたが、CDはContinuous DeliveryとContinuous Deploymentの2つの意味があります。ここでは後者の意味を解説します。

　CIと同じでコード変更があるたびに自動でデプロイすることをCD（*Continuous Deployment*、継続的デプロイ）と言います。デプロイするコードにバグがあってはならないので、通常はCIですべてのテストがパスした変更のみデプロイが行われます。

　また、CDによる本番環境へのデプロイはトランク[注1]のみで実行され、開発者

注1　変更作業を行うブランチの起点となるメインのブランチのことです。

が変更作業を行うブランチでは行われません。こうすることで、デプロイされるバージョンを一本化できます。

●——その他さまざまなタスク

ここまで見てきたように、CI/CD はビルド→テスト→デプロイの作業をコード変更があるたびに自動で行うものですが、それ以外の用途にも使うことができます。

たとえば、ライブラリの脆弱性を定期的にチェックしたり、執筆した文章の校正をしたりなどにも使うことができ、工夫しだいでさまざまなことを自動化できます。具体的な使い方や設定の方法は第11章で解説します。

余談ですが、本書の執筆でも文章の機械的な文章校正などは CircleCI で自動化しました。

自動化することで得られる効果

CI/CD で、ビルド／テスト／デプロイの自動化ができることがわかりました。しかし、自動化のメリットは単なる工数削減だけではありません。自動化をすることで次のような二次的な効果を得ることができます。

●——テストし忘れの防止

まずは、テストし忘れの防止です。

手動でテストを実行する場合を考えてみましょう。開発者は、コードに変更を加えるたびに決められたテストコマンドを実行します。1回や2回なら漏れなく実行するかもしれませんが、何十回、何百回実行するとなると必ず実行し忘れが発生します。このようなヒューマンエラーが積み重なるときちんとテストされずにリリースされることになり、ひいては品質の低下につながります。

CI を使えば決められたテストが常に実行されるので、このような心配はありません。

●——テストに対する信頼性の向上

CI/CD を導入することで、テストに対する信頼性も高まります。これは、主に CI がテストを決定論的に実行するからです。ここで言う決定論的というのは、同じテストを同じように実行すれば常に同じ結果になることを意味します。もし人間が手動で行えば、どこかで手順と違うコマンドを実行して同じテストでも結果が異なってしまうかもしれません。このようなことが重なると、同じテ

ストが成功したり失敗したりしてテストそのものを信じることができなくなります。

　決定論的にテストが行われることでテスト結果にブレが少なくなり、自分たちのテストへの信頼性も高まります。

●───積極的な機能リリース

　CIによりテストに対する信頼性が上がり、CDにより自動でデプロイがされるようになれば、開発者は積極的に新しい機能をリリースできるようになります。

　こうなる理由の一つとしては、CIによりすべてのテストをパスした変更のみがリリースの対象になるので、機能追加によりリグレッションを発生させる可能性を減らすことができるからです。

　もう一つの理由は、CDによりデプロイが自動化されているおかげで、万が一バグのある変更をリリースしたとしても、ロールバックや修正の適用が簡単にできるからです。「もし間違っても簡単にやりなおせる」という心理的安全性があるおかげで、開発者はより積極的に新しい機能をリリースできるようになります。詳しくは第7章の「なぜ継続的デプロイを行うのか」で解説します。

●───品質と開発速度の向上

　これらのメリットが積み重なることで最終的に得られるのは、品質と開発速度の向上です。

　詳しくは後述しますが、一般的には開発速度を上げれば品質が犠牲になり、品質を上げれば開発速度が落ちると考えられています。しかし、CI/CDを中心としたDevOpsのベストプラクティスを導入することで、品質を落とすことなく開発速度を上げることができます。

　品質と開発速度の両立がどのように達成されるかの最もわかりやすい例としては、CI/CDで自動化することにより、手動で行っていたテスト／デプロイの工数を開発作業に使うことができるようになることでしょう。

DevOpsの効果を測る4つの指標

　前項の最後で、DevOpsとその中心技術となるCI/CDを導入することで品質と開発速度を向上できることを解説しました。

　しかし、ただやみくもに導入しても効果を測ることができなければ、開発パフォーマンスの向上がDevOpsの導入によるものか、それ以外に起因するのかわか

りません。実際に効果を測るためには定量的なデータが必要となります。ここでは、毎年DevOpsのパフォーマンスに関してリサーチ行っている「State of DevOps 2019」[注2]のレポートを参考にして、これらの指標について考えてみましょう。

State of DevOpsでは以下の4つの指標を使うことで、その組織のソフトウェア開発のパフォーマンスを測ることができるとしています。

ⓐリードタイム
ⓑデプロイ頻度
ⓒ平均修復時間(MTTR)
ⓓ失敗の頻度

これらの4つの指標は2つのグループに分けることができます。リードタイムとデプロイ頻度はスループット、MTTRと失敗の頻度は安定性のグループに分類できます。

•───ⓐリードタイム

リードタイムとは、コードホスティングサービスにプッシュされたコードが本番環境に適用されるまでの時間です。

CDによりデプロイを自動化することで、手動でのデプロイに比べて格段にリードタイムを短くできます。

•───ⓑデプロイ頻度

デプロイ頻度とは、その名のとおり本番環境へデプロイする頻度です。

リードタイムと同じくCDでデプロイを自動化することで、大幅にデプロイ頻度を上げることができます。

•───ⓒ平均修復時間(MTTR)

平均修復時間とは、障害やバグなどにより発生したリグレッションの状態から復帰するまでの平均時間です。Mean Time To Recoveryの頭文字をとってMTTRと表記されることがあります。

リグレッションの状態をより早く検知するために効果的なモニタリングなどを導入し、CI/CDで修正をテストして本番環境へすばやく適用することで、平均修復時間を短縮できるようになります。

注2　https://services.google.com/fh/files/misc/state-of-devops-2019.pdf

●**❹失敗の頻度**

失敗の頻度とは、運用しているアプリケーションやサービスがリリースされた変更によりリグレッションの状態になってしまう頻度を意味します。

入念にテストをするだけではなく、CIにより新しい変更がすべてのテストに常にパスしていること保証することも、失敗の頻度を下げるために欠かせません。

●**品質と速度の両立性**

State of DevOpsのレポートで最も興味深い点は、スループットと安定性が両立すると指摘している点です。

一般的に開発速度を上げるために急いで作業すれば、テストがおざなりになります。一方、品質を上げるために入念にテストすれば、開発速度は下がります。このことより、一見すると品質と開発速度はトレードオフのように考えることができるかもしれません。

しかしレポートからわかる点は、パフォーマンスが高い組織ではどちらのグループの指標も高いスコアを付けており、逆にパフォーマンスが低い組織ではどちらも低いスコアを付ける傾向があるという点です。

たしかに品質と開発速度は短期的にはトレードオフの関係にあるかもしれませんが、中／長期で見ると安定性とスループット、つまり品質と開発速度はトレードオフではなく、むしろ両立する性質であるということがわかります。

もちろん、DevOpsを導入すればすぐに高いパフォーマンスが得られるわけではありませんが、ここで紹介した4つの指針をきちんと計測して活用できれば、品質と速度を併せ持つ開発チームを作る近道につながるでしょう。

1.3　CI/CDツールの選び方

CI/CDをこれから始めようとする方によく聞かれるのが、「どのCI/CDツールを選べばよいか？」という質問です。ここではCI/CDツールの選定の基準について説明します。

オンプレミス vs. SaaS

まず最初に検討することは、オンプレミス型かSaaS（*Software as a Service*）型のどちらにするかということです。オンプレミス型とは、自分たちの環境にCI/CDツールをインストールして自分たちで運用する形態です。対してSaaS型と

は、サービスベンダーがクラウド上で運用するCI/CDサービスを使う形態です。

●── オンプレミス型のメリット／デメリット

まずはオンプレミス型のメリット／デメリットを見ていきましょう。メリットとしては、自由度の高さが挙げられます。自分たちの要件に合わせてジョブに使うマシンの数や性能を選べたり、ツールによってはプラグインなどを使って機能をカスタマイズできます。

また、通常オンプレミス型は自社のネットワークにインストールするので、自分たちでセキュリティについて管理できるのも大きなメリットです。セキュリティ要件の高いチームには堅牢なCI/CD環境を構築できるので、セキュリティを細かく管理できることはオンプレミス型を選ぶ重要な決め手となります。

しかし、自分たちで構築／運用するということはデメリットにもなります。インストールしてから実際に使いはじめるまでに時間がかかったり、プラグインの管理やツールのアップデートなどのメンテナンスコストも発生します。CI/CD環境が複雑になるにつれて運用コストは高くなるので、通常は専任の人材やチームが必要となります。このようにオンプレミス型は、柔軟性の代わりに運用コストがかかります。

●── SaaS型のメリット／デメリット

SaaS型のメリットは、なんと言っても運用コストが少ないということです。CI/CDのインフラをサービスベンダーが運用してくれるので、自分たちでインストールしたりアップデートしたりする必要はありません。これにより、チームは本来の業務である開発にリソースを集中できます。

対してSaaSのデメリットとして、自由度の低さが挙げられます。CI/CDサービスにもよりますが、選べるマシンのスペックや種類は限られています。

また、SaaSであるがゆえにできない要件などもあります。たとえば、ライセンスの問題などでSaaS型のサービスでは使用できないツールを使わなければいけない場合などです。

●── どちらを選べばよいか？

オンプレミス型とSaaS型、結局どちらを選べばよいのでしょうか？ これは要件によって決まるので一概には言えませんが、よほど大規模な組織でCI/CDを専任で運用できるチームがない限り、SaaS型のCI/CDサービスをお勧めします。

その理由としては、オンプレミス型の運用コストにあります。プラグインの管理やアップデートを自分たちで行い続ける必要があるため、CI/CDを活用す

ればするほど運用コストが高くなります。しかし、専任のチームや人材がいないと開発チームがメンテナンスする羽目になってしまい、本来の業務である開発に集中できなくなってしまいます。開発作業を効率化するためのツールを運用するために開発の時間が削られてしまっては、本末転倒と言えるでしょう。

　一方SaaS型であれば、運用コストはほとんど発生しません。また、最近のSaaS型のCI/CDサービスは自由度も高くなってきているので、一般的な開発チームのニーズは十分に満たしてくれるでしょう。オンプレミス型とSaaS型の特徴を**表1**にまとめます。

表1　オンプレミス型とSaaS型の比較

種類	拡張性	運用コスト	セキュリティ
オンプレミス型	高い	高い	自分たちで管理できる
SaaS型	低い	低い	主にサービスベンダーが管理

代表的なツール／サービスの紹介

　ここではオンプレミス型／SaaS型両方の、代表的なツール／サービスを紹介するので選定の参考にしてください。

●── CircleCI

　本書で紹介するCircleCIは、SaaS型のCI/CDでは現在最も知名度が高いサービスではないでしょうか。サインアップしてから使いはじめるまでの手軽さと、大規模なチームでも使えるスケーラビリティを兼ね備えています。2016年にはCircleCI 2.0としてプラットフォームが一新され、より自由度の高いCI/CDサービスとなりました。

●── Travis CI

　Travis CIは、SaaS型のCI/CDサービスの草分け的な存在です。特にオープンソースプロジェクトでの利用に力を入れており、Travis CI自体のソースコードもオープンソースとして公開されています。2019年にIderaに買収されましたが、オープンソースプロジェクトの分野では根強い人気があります。

●── Jenkins

　Jenkinsは、川口耕介氏が開発した最も代表的なオンプレミス型のCI/CDツールです。プラグインにより機能を拡張できる高い拡張性を備えていると同時に、

Jenkins本体も常にモダンなCI/CDの機能を取り入れながら進化しています。

● AWS CodeBuild

AWS CodeBuild は AWS(*Amazon Web Services*)が提供するCIサービスです。AWS CodeBuild 単体ではCIしか行えませんが、AWS CodeDeploy や AWS CodePipeline などと組み合わせることで、AWS上にCI/CD環境を構築できます。

これらのAWSサービスを使って構築するCI/CD環境の強みとしては、何と言ってもAWSとの親和性の高さがあります。これらのサービスを使うことで、AWSで運用している本番環境にシームレスにデプロイすることが容易になります。

● GitHub Actions

GitHub Actions は 2019年に GitHubが提供を開始したCI/CDサービスです。モダンなCI/CDの機能を兼ね備え、ジョブの実行環境として Linux、macOS、Windows をサポートしています。

パブリックなリポジトリでは無料で使うことができ、プライベートリポジトリでも各リポジトリごとに無料枠が設定されていることも大きな魅力の一つです。

CircleCIの特徴

本書で紹介するCircleCIの使い方を詳しく見る前に、CircleCIの特徴について簡単に見ていきましょう。

● Dockerのサポート

Docker[注3] は、近年爆発的に普及しているコンテナ技術の一つです。コンテナとは、仮想マシンよりも軽量な仮想化のしくみです。CircleCI は Docker コンテナ上でのビルドをサポートしており、ユーザーは柔軟なCI/CD環境を構築できます。なお、Dockerの機能はうまく隠蔽されているので、CircleCIを使うのに必ずしも Docker の知識は必要ありません。Dockerについてはコラム「Dockerについて」で簡単に解説します。

● 多様なプログラミング言語に対応

開発に使われるプログラミング言語はどんどん多様化していますが、CircleCI はほとんどの言語に対応しています。これもDockerのサポートによるもので

注3 https://www.docker.com/

す。ここでは詳しく解説しませんが、Dockerには言語に必要な環境やツールをあらかじめインストールしたイメージというものがあり、CircleCIで用意されている言語ごとのイメージを使うことでさまざまな種類のプロジェクトをビルドできます。

　必要なものがなければ自分たちでイメージを作って、それをCircleCI上で使うこともできます。

●──ワークフロー（パイプライン）

　モダンなCI/CDで欠かせない機能として、ジョブの処理を個別に分けたり自由につなげることができる機能があります。これはツールやサービスによって呼び方は変わりますが、通常ワークフローやパイプラインと呼ばれる機能です。CircleCIでもワークフローという名前でこの機能がサポートされています。ワークフローについては第4章で詳しく説明します。

●──リソースクラス

　実行するジョブによって必要なリソースは異なります。たとえば、コンパイルするジョブではより多くのCPUが必要ですが、多くのテストを一度に実行するときはメモリが重要になってきます。

　CircleCIではリソースクラスという機能を使うことでCPUとメモリのリソースを柔軟に変更することが可能です。リソースクラスについては第6章で詳しく解説します。

●──従量課金プラン

　CircleCIには無料プランも用意されていますが、よりCI/CDを活用しようとすると有料プランに加入する必要があります。

　従量課金プランではあらかじめ決まった分だけ支払うのではなく、実際にジョブを実行した時間に対して課金されます。これにより、たとえば開発があまり行われない時期などは料金を安く抑えることができます。

　従量課金プランについては第2章の「料金体系──従量課金とOSSプラン」で詳しく解説します。

Dockerについて

本章の「Dockerのサポート」で、DockerのサポートがCircleCIの特徴の一つと説明しましたが、そもそもDockerとはなんでしょうか？ なぜCircleCIではDockerをサポートしているのでしょうか？ このコラムではDockerの基本と、CircleCIを含むほかのCI/CDサービス／ツールがDockerをサポートしている理由について見てみましょう。

Dockerを使うと、仮想マシンよりもずっと軽量で高速な仮想環境を使うことができます。コンテナが普及する以前は仮想マシンを使って仮想環境を構築することが一般的でした。仮想マシンを使うと、一つのホストマシンの上に複数の独立したOSをインストールした仮想環境を作ることができます。しかし、各環境でアプリケーションが直接必要としないOSのレイヤまで仮想化する必要があるため、無駄なリソースを消費するという問題があります。

これに対し、OSの低レイヤな部分は共有しつつ、ファイルシステムなどの高レイヤな部分だけを仮想化する方法も存在します。この方法だと各環境でOSすべてのリソースを仮想化する必要がないので、軽量かつ高速に動きます。このような仮想環境をコンテナと呼びます。

仮想マシンだと数十秒かかる起動が、コンテナだと数秒で完了することは珍しくありません。また、コンテナは軽量なので一つのマシン上にいくつものコンテナを立ち上げることができます。

コンテナを実現するツールはいくつかあり、たとえばSolarisではSolarisコンテナ、LinuxではLXC (*Linux Containers*) などがコンテナの実装として存在します。Dockerは、本書の執筆時点で最も使われているコンテナの実装です。

Dockerの成功の理由はいろいろありますが、筆者はイメージの扱いが優れていたことが大きな理由の一つだと考えています。

Dockerのイメージは、ファイルシステムをまとめたものです。Dockerでは第8章でも解説するDockerfileというファイルにイメージの構築方法を書くことで、自分で好きなイメージを作ることができます。またDocker Registryにイメージをプッシュすれば、ほかのユーザーと簡単にイメージを共有することもできます。

たとえばUbuntu 18.04の仮想環境が必要な場合`docker run ubuntu:18.04`と実行すればDockerがイメージを取得し、Ubuntu 18.04の環境を立ち上げてくれます。Dockerにはイメージのキャッシュ機能もあり、すでにイメージがローカル環境に存在する場合はそちらを使うので、2回目の起動からは高速で行われます。

CircleCIでも以前はLinuxのLXCコンテナをサポートしていましたが、Dockerの爆発的な普及により2016年にLXCをDockerで置き換えました。このことにより、LXCのときにはできなかった、ユーザーがイメージをジョブの実行環境ごとに指定できるようになり、CI/CDの柔軟性が格段に向上しました。

CI/CDで最も大事なことは、ジョブの実行環境が独立しているということです。もし、前のジョブの結果がその次のジョブの結果に影響を及ぼしてしまうと、た

えば同じテストが成功したり失敗したりしてしまい、CI/CDを信頼できなくなってしまいます。

　Dockerなどのコンテナは、独立したジョブの実行環境を提供するのに最適な技術です。高速で起動し、軽量なのでジョブごとにコンテナを立ち上げ、ジョブが終われば削除できます。こうすればジョブの実行環境をかなり独立させることができます[注a]。

　このようにDockerはCI/CDと非常に相性が良いので、現在ではたくさんのCI/CDサービスやツールがDockerを採用しています。

　Dockerやコンテナの技術はとても奥が深いので、このコラムではCI/CDに関する大事な部分だけを解説しました。もし、Dockerについてもっと知りたい場合はRed HatのWebサイトに掲載されている解説がわかりやすいので一読をお勧めします[注b]。

注a　　Dockerの低レイヤはOSに依存しているため、完全に独立した実行環境が作れるわけではありません。

注b　　https://www.redhat.com/ja/topics/containers/what-is-docker

第**2**章

CircleCIの基本

本章では、CircleCIを使いはじめるうえで必要となる、CircleCIで使われる概念やしくみについて解説します。とりあえず動かしてみたい方は、第3章を先に読んで手を動かしてみることをお勧めします。

2.1　CircleCIの動作フロー

　本章から、具体的なCircleCIの利用方法などについて触れていきます。この節では、基本的な動作の流れについて解説します。

ジョブの開始から完了まで

　基本的な動作の流れは**図1**のようになります。CircleCIはGitHubやBitbucketをサポートしていますが、本書ではGitHubを使って解説を行います。

図1　基本的な動作の流れ

　図にあるように、CircleCIでは、対象のリモートリポジトリ[注1]へプッシュ[注2]することでWebhook通知が行われ、そのプッシュでの最新コミット[注3]に対してジョブを実行します。そのため、前回ジョブが実行されたプッシュから最新のプッシュまでの間に複数コミットを行っていた場合であっても、前回のジョブとの間にあるコミットについてのジョブは実行されません。

　GitHubユーザーであれば、`https://github.com/<ユーザー名あるいはOrganization名>/<リポジトリ名>/settings/hooks/`から、リポジトリに設定されているWebhookを見ることができます。

注1　GitHubやBitbucketなどでホスティングされているソースコードのディレクトリを指します。
注2　1つ以上のコミットをリモートリポジトリにアップロードすることです。ローカルの変更履歴をリモートに反映させます。
注3　ファイルやディレクトリの追加／変更はコミットに記録されます。

ジョブが失敗した場合

　CircleCIでは、ユーザーが実行したいコマンドをステップと呼ばれる設定で
定義します[注4]。ジョブが開始されたものの、途中でテストに失敗したなどの理由
でジョブが途中で終了すると、デフォルトの設定ではそれ以降に予定されてい
るステップを実行せず、リポジトリに通知を行います（**図2**）。CircleCI上では、
失敗したステップのエラーがUIに表示されるので、ユーザーは修正コミットを
プッシュして再度CircleCIのジョブを開始させることができます。

図2　失敗した場合の動作の流れ

2.2　CircleCIの基本

　本節では、CircleCIのドキュメントなどで使用される用語について解説します。

ビルド──アプリケーションの構築

　第1章で説明したように、一般的には、ソースコードから実行可能なアプリ
ケーションを構築する一連の流れをビルドと呼びます。たとえば、Dockerイメ
ージを作成するdocker buildや、Go言語のコードを実行可能な状態にコンパ
イルするgo buildコマンドなどがわかりやすい例でしょう。

設定ファイル──コード化された設定

　CircleCIでは、実行環境の構築／ビルドコマンド／テストコマンドなどを、
CircleCIの設定としてすべてYAML（*YAML Ain't Markup Language*）ファイルに記
述します。
　こうした設定のコード化（*Configuration as Code*）の最大のメリットは、環境を

注4　詳しくは本章の「ステップ──ジョブの設定の最小単位」を参照してください。

再現しやすい点とバージョン管理が可能になる点です。

　CircleCIのビルド設定はそのすべてが一つのYAMLファイルに集約されるため、同じ設定を再現することは容易です。手動設定によるミスのリスクも軽減できます。また、設定のバージョン管理ができるので、履歴の確認／別ブランチでの作業／内容のレビューなど、バージョン管理することによるメリットも享受できます。

　設定は.circleci/config.ymlファイルに記述されます。このファイルの基本的な構造は、以下のようなversion、1つ以上のステップ（steps）とdockerやmachineなど実行環境であるExecutorを持つジョブ（jobs）、そしてジョブの実行順序を定めたワークフロー（workflows）から構成されます。

```
version: 2.1

jobs:
  build:
    docker:
      - image: cimg/node:lts
    steps:
      - checkout
      - run: echo "Hello, World"

workflows:
  version: 2
  workflow:
    jobs:
      - build
```

プロジェクト──コードホスティングサービスにおけるリポジトリ

　CircleCIでは、GitHubやBitbucket上のリポジトリをそれぞれプロジェクト（Project）として扱います。プロジェクトとして追加されて初めて、CircleCI上でジョブの実行や、プロジェクトに対する設定を行うことができるようになります。環境変数やジョブの実行タイミングなどの具体的なプロジェクトに対する設定については第5章で解説します。

　追加したプロジェクトはOrganizationやユーザーアカウントごとにダッシュボード[注5]で確認できます。

注5　https://app.circleci.com/projects/

ステップ——ジョブの設定の最小単位

実際にCircleCIで実行されるコマンドのリストをステップ（Steps）と呼びます。
ステップは大別すると、runステップとビルトインステップの2種類に分別でき
ます。実際の使い方については第3章から解説しますが、ここでは軽く、その概念について触れることにします。

コンビニエンスイメージ

CircleCIがあらかじめ用意しているDockerイメージをコンビニエンスイメージ
と呼び、Docker Executorで利用できます。コンビニエンスイメージは各言語やフ
レームワークごとにCI/CDを行う際に必要となるツールやパッケージがあらかじめ
インストールされているコンビニエンス（便利）なイメージです。執筆時点では2種
類のコンビニエンスイメージがあります。

circleci/イメージ
circleci/で始まるイメージは旧世代のコンビニエンスイメージです。さまざま
な言語やフレームワーク用のイメージが用意されており、gitやcurlなどのCI/CD
の実行に欠かせないツールがあらかじめインストールされています。

あらかじめ必要なものがインストールされていて便利ですが、イメージのサイズ
が大きいためジョブ開始時のイメージのダウンロードに時間がかかる問題がありま
した。また、CircleCIのメンテナンス方法の都合で予期しない変更が行われ、その
イメージを使っているジョブが失敗してしまうなどの安定性の問題もありました。

cimg/イメージ
cimg/はそんな旧世代のイメージの問題点を改善した新世代のコンビニエンスイ
メージです。イメージサイズの軽量化／キャッシュヒット率の向上によるダウンロー
ド時間の短縮と、メンテナンス方法の改善による安定性の向上が主な改善点です。

執筆時点では旧世代のイメージがカバーしていた言語やフレームワークのすべて
には対応していませんが、今後はもっと増えていくでしょう。利用可能なcimgのリ
ストはDocker Hub[注a]から確認できます。

本書ではできる限りcimgを使い、言語やフレームワーク用のcimgがなければ
circleciイメージを使って解説します。

注a https://hub.docker.com/u/cimg

● —— runステップ

CircleCI上で実行したいシェルコマンドは、ユーザー自身がrunステップで定義します。1つのジョブ内で複数のrunステップを定義する場合、それぞれ別シェルで実行されます。

● —— ビルトインステップ

リポジトリからのソースコードのチェックアウト[注6]やキャッシュなど、CircleCIが用意した特殊なステップがあります。これらをrunステップと区別するために、本書ではビルトインステップと呼称します。

ジョブ——ステップのグループ化

ステップの1つ以上のまとまりをジョブ（Jobs）と呼びます。

ジョブはほかのCI/CDツールやサービスではビルドと呼ばれることもありますが、基本的に同じものと考えて差し支えないでしょう。CircleCIでも以前はビルドと呼んでいたので公式ドキュメントではジョブとビルドが入り混じっていますが、本書では可能な限りジョブという用語を使い、直感的にわかりやすい場合のみビルドという用語を使います。

ジョブは実行を開始するたびに実行環境をゼロから構築します（そして終了すると破棄します）。構築する環境はDockerイメージ、Linux VMイメージ、macOS VMイメージ、Windows VMイメージの中から選べるようになっていて、次に解説するExecutorによって設定します。

Executor——ジョブの実行環境

Executorでは、どのようなマシン環境でジョブ中のステップを実行するのかを定義します。

● —— Docker Executor

Executorの一つであるDocker Executorでは、Docker HubやAmazon Elastic Container Registry（ECR）などでホストされているDockerイメージを実行環境に指定できます。

注6　リモートリポジトリに置いてあるソースコードをローカル（ここではCircleCIのジョブ内）にダウンロードすることを言います。

Docker Executorでは、複数のイメージを以下のように指定することが可能です。

```
jobs:
  build:
    docker:
      - image: cimg/python:3.6.11
      - image: circleci/postgres:9.6.2
      - image: circleci/mongodb:4.4.0
```

1つ目はプライマリイメージ、2つ目以降はセカンダリイメージ（サービスイメージ）とそれぞれ呼ばれます[注7]。イメージは複数のファイルをまとめたものなので、そのままでは利用できません。Dockerはイメージからプロセスを生成し、実際にコマンドを実行したりサービスを起動したりするコンテナを作成します。プライマリイメージとセカンダリイメージから起動したコンテナを、それぞれプライマリコンテナ／セカンダリコンテナと呼びます。

詳しくは第6章の「データベースを使ったテスト」で解説しますが、テストなどのコマンドはプライマリコンテナ上で実行され、セカンダリコンテナはプライマリコンテナに対してデータベースなどのサービス機能を提供します。

●── Machine Executor

Machine Executorも、Executorとして選ぶことのできるVM（*Virtual Machine*、仮想マシン）環境の一つです。

Machine Executor環境ではOSリソースにフルアクセスできるので、たとえばネットワークの疎通を確認するpingやカーネルパラメータを変更するsysctlなどが使用できます。OSのリソースにアクセスが必要なテストなどを実行する場合に使います。

●── macOS Executor

macOS Executorでは、指定したバージョンのXcodeとともにmacOS環境を起動します。macOS/iOS/tvOS/watchOSアプリケーションのビルド／テスト／デプロイが可能です。使用には有償アカウントが必要で、macosキーを指定して使用します。

●── Windows Executor

Windows Executorは、執筆時点で最も新しく追加されたExecutorです。その

注7　通常、サービスイメージは1つだけ指定することが多いので、2つ目のイメージをセカンダリサービスイメージ、またはセカンダリイメージと呼びます。

名のとおり、Windowsアプリケーションのビルド、テスト、デプロイを行うことができます。後述するOrbsを使ってexecutor: win/defaultのように指定します。

Windows Executorを使うための設定は次のようになります。

```
orbs:
  win: circleci/windows@2.4.0

jobs:
  build:
    executor: win/default
```

この設定は、実行される前に次のように解釈されます。

```
jobs:
  build:
    machine:
      image: windows-server-2019-vs2019:stable
```

上記のように、Windows Executorの実体はWindowsのイメージを使うMachine Executorなので、windowsという名前で指定してもエラーになります。

```
# 間違った設定例
jobs:
  build:
    windows:
      (省略)
```

Docker in Docker問題

　CircleCIのDockerコンテナ内で、Dockerイメージのビルドやプッシュなどを行うために、dockerコマンドを使用したいことがあります。通常、Dockerコンテナ内でDockerコンテナを起動する(入れ子状態にする)には、親コンテナにprivilegedという特別な権限を与えて、コンテナ内でDockerデーモンを起動させます。しかし、privileged権限ではコンテナに高度なアクセス権限を与えることになるので、セキュリティリスクがあります。

　また、Docker Unixソケット(/var/run/docker.sock)を共有してDockerクライアントを実行できるようにする方法もありますが、こちらもホストマシンのroot権限を奪われるリスクがあります。

　そのためCircleCIでは、Docker Executorにおいて、完全に独立したリモートDocker環境を立ち上げ、安全にdockerやdocker-composeコマンドを利用可能にするsetup_remote_dockerステップを提供しています。Machine Executorであればsetup_remote_dockerステップなしにdockerコマンドを実行できます。

ワークフロー──ジョブ実行順序の制御

　ワークフロー（Workflow）は、いくつかのジョブの塊とそれらジョブの実行順序を定めたルールのことです。シンプルな設定キーで、ジョブの複雑な制御を実現します。ワークフローを使えば、ジョブの定期実行や複数ジョブの並列実行、異なるプラットフォームへの高速なデプロイなどが可能になります。具体的なワークフローの使用例については第4章を参照してください。

ワークスペース／キャッシュ／アーティファクト──データの永続化

　CircleCIでは、ジョブ内で取得したファイルやジョブ内で生成したデータを永続化する方法として、ワークスペース／キャッシュ／アーティファクトの3つを用意しています。それぞれの目的を理解して正しいものを選択して使うことで、ジョブの実行時間を大幅に改善できるでしょう。

●──ワークスペース

　ワークスペース（Workspace）は、同一ワークフロー内のジョブ間でデータを共有するための方法です。ジョブ内でワークスペースの使用を宣言することで、新しいレイヤがワークスペースに作成され、ファイルやディレクトリを格納できます。そのジョブ以降のジョブでは、このワークスペースに格納されているデータを取り出して使うか、あるいは再び新しいレイヤを上書きできます（**図3**）。

図3 ワークスペース

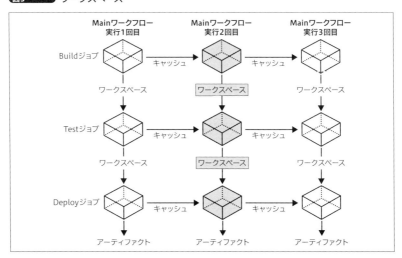

　キャッシュとは異なり、ワークスペースはワークフローが実行されるたびに新しいものが作られます。そのため、別のワークフローとの間でファイル共有はできません。チェックアウトしたソースコードやコンパイルしたアセットなど、あとに実行されるジョブで使用する必要があるデータを保存するために使用します。ただし、ワークフローを再実行した場合に限り、元のワークスペースを継承します。

　注意点として、ワークスペースを使用するExecutorもしくはDockerのイメージがそれぞれ異なる場合、ディレクトリのパスやパーミッションが異なることがあるため、正常にファイルを復元できない場合があります。

●──── **キャッシュ**

　キャッシュ（Cache）は、異なるワークフロー内のジョブ間でのファイル共有を目的としています（**図4**）。

図4　キャッシュ

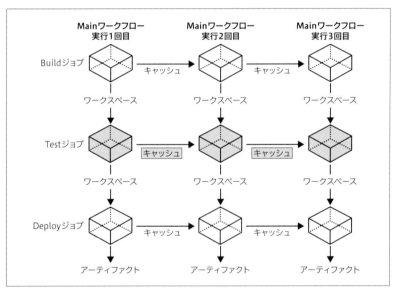

　ジョブが終わってもファイルが永続化されており、適切に使用すれば次回以降のジョブの実行時間の大幅な短縮が望めます。インストールしたライブラリなど、次回以降に実行されるワークフローの同一ジョブで再生成するデータを保存するために使用されます。

● ——アーティファクト

　アーティファクト（Artifacts）は、ジョブの実行結果を保存するためのストレージです。アーティファクトに保存されたデータは、ジョブ詳細ページやAPIからダウンロードできます。バイナリファイル／カバレッジレポート／スクリーンショット／ログなど、ほかのワークフローやジョブとは共有しないデータの永続化に適しています。

パイプライン——ワークフローのグループ化

　ここまででステップ／ジョブ／ワークフローという異なる粒度の概念を解説しましたが、これらをまとめるものがパイプライン（Pipelines）です。

　パイプラインは本書の執筆時点では概念的なもので、理解していなくてもCircleCIを使うことはできます。しかし今後パイプラインを中心として新しい機能が実装されていくことが公式にアナウンスされているので[注8]、ここでは簡単にパイプラインについて解説します。

● ——パイプラインとは何か

　すでに解説したとおり、コマンドを実行する最小単位をステップ、ステップの集まりをジョブ、そしてジョブの実行順序の制御を行うものがワークフローです。実はワークフローは複数作成でき、これを包括するものとしてパイプラインがあります。以下は複数ワークフローの例です。

```
workflows:
  version: 2
  commit-workflow:
    jobs:
      (省略)

  nightly-workflow:
    triggers:
      - schedule:
          cron: "0 0 * * *"
    jobs:
      (省略)
```

　この例ではコミットがプッシュされたときに実行される commit-workflow と、毎晩0時に定期実行される nightly-workflow を作成しています。

　複数のワークフローを包括するもの、つまり .circleci/config.yml 全体が1

注8　https://circleci.com/blog/coming-soon-a-preview-on-pipelines/

つのパイプラインと考えることができます。執筆時点では各プロジェクトにつき1つの.circleci/config.ymlしか持つことができないので、1プロジェクトにつき1パイプラインと言い換えることができます。

●──パイプラインの活用
バージョン2.1の設定ファイルを使用すると自動的にパイプラインが有効化され、以下の機能が使用できるようになります。

ⓐ CircleCI APIを使って、パイプラインをトリガできる
ⓑ 条件付きワークフローを定義するために、パイプラインパラメータとパイプライン変数を使用できる
ⓒ プロジェクトの設定ページから「Auto-cancel redundant builds」オプションを有効化できる

ⓐとⓑについては、Appendixの「パイプライン変数／パイプラインパラメータ」で解説しています。具体的なサンプルは、第12章の「インテグレーションテスト」を参照してください。

ⓒの「Auto-cancel redundant builds」オプションが有効化されたプロジェクトでは、同じブランチに最新のコミットがプッシュされた場合、それ以前の実行中あるいは実行待ち状態のワークフローが自動的にキャンセルされます。このオプションについては、第5章の「自動キャンセルによる最新のコミットのみのビルド」でも解説しています。

Orbs──ジョブ設定の再利用

Slackへの通知やAWSへのデプロイなど、異なるプロジェクトに同様の処理をCircleCIで設定する場面があるかと思います。そうした共通で行う処理をパッケージ化し利用できる機能として、Orbsがあります。Orbsを使えば、重複する設定を省略し、設定ファイルをシンプルで読みやすいものにできます。

●──Orbsのしくみ
詳しい使用方法は第7章で説明しますが、簡単にOrbsがどのように動作しているのかを具体的な使用例を題材に見ていきましょう。設定ファイル内でcircleci/hello-build@0.0.14 Orbの使用を宣言したとします。このOrbのソー

スはレジストリページ[注9]から確認できます。

```
version: 2.1

orbs:
  hello: circleci/hello-build@0.0.14

workflows:
  Hello Workflow:
    jobs:
      - hello/hello-build
```

　実際のCircleCIの中では、次のようにパッケージされたコードが展開されて使用されます。Orbの記述がなくなり、hello/hello-buildジョブが追加されていることがわかります。解決されたファイルはバージョン2となります。プロジェクトページの「Configuration File」→「Compiled」から確認できます。

```
# Orb 'circleci/hello-build@0.0.14' resolved to 'circleci/hello-build@0.0.14'
version: 2
jobs:
  hello/hello-build:
    docker:
    - image: bash:4.4.19
    steps:
    - run:
        command: echo "Hello ${CIRCLE_USERNAME}"
    - run:
        command: |-
          echo "TRIGGERER: ${CIRCLE_USERNAME}"
          echo "BUILD_NUMBER: ${CIRCLE_BUILD_NUM}"
          echo "BUILD_URL: ${CIRCLE_BUILD_URL}"
          echo "BRANCH: ${CIRCLE_BRANCH}"
          echo "RUNNING JOB: ${CIRCLE_JOB}"
          echo "JOB PARALLELISM: ${CIRCLE_NODE_TOTAL}"
          echo "CIRCLE_REPOSITORY_URL: ${CIRCLE_REPOSITORY_URL}"
        name: Show some of the CircleCI runtime env vars
    - run:
        command: |-
          echo "uname:" $(uname -a)
          echo "arch: " $(uname -m)
        name: Show system information
workflows:
  Hello Workflow:
    jobs:
    - hello/hello-build
  version: 2

# Original config.yml file:
```

注9 https://circleci.com/orbs/registry/orb/circleci/hello-build?version=0.0.14

```
# version: 2.1
#
# orbs:
#   hello: circleci/hello-build@0.0.14
#
# workflows:
#   Hello Workflow:
#     jobs:
#       - hello/hello-build
```

●──── Orb Registry

　執筆時点では、あらゆるOrbsはオープンで誰でも使用できますし、またOrbs のソースコードはCircleCI Orb Registry（以下、Orb Registry）[注10]で確認できます。まずは既存のOrbsの中に活用できるものがないか探してみましょう。詳しいOrbsの探し方は、第7章の「Orbsを使った継続的デプロイの実践例」にて解説しています。

　既存のOrbsの中に欲しいものがなければ、新たにOrbsを作成してみるのもよいでしょう。Orbsの作り方から公開に至るまでは、第12章で解説しています。

料金体系──従量課金とOSSプラン

　CircleCIは無料で使うこともできますが、プロジェクトが大きくなり本格的にCircleCIを使いはじめると無料プランでは物足りなくなってきます。

　CircleCIの料金体系をしっかり理解して、リーズナブルにCircleCIの機能を使いこなしましょう。

●──── 従量課金プラン

　CircleCIの特徴の一つとして、使った分だけ支払う従量課金プランがあります[注11]。これは次に説明するクレジットをあらかじめ購入し、実行したジョブの時間に応じてクレジットを消費します（厳密には使用するリソースクラスにも関わりますので詳しくは後述します）。そして、クレジットが少なくなっていると自動でチャージされます。

　使用した分だけ支払うことができるので、たとえば開発が頻繁に行われない時期にはコストを安く抑えることができ、逆に頻繁な時期はプランのアップグレードをすることなくCircleCIを使うことができます。

注10　https://circleci.com/orbs/registry/
注11　以前は使用する分をあらかじめ購入するコンテナプランという料金体系でした。しかし、新規ユーザーは自動的に従量課金プランになるので本書では扱いません。

•──クレジット

CircleCIでジョブを実行するとクレジットを消費することがわかったので、ここでは消費されるクレジットがどのように決まるか見てみましょう。

消費されるクレジットは、2つの要素で決まります。1つはジョブを実行する時間（分単位）です。もう1つはジョブを実行するリソースです。第6章の「リソースクラスを活用し、ジョブ実行環境の性能を変更」で詳しく解説しますが、CircleCIではジョブの実行に使うマシンの種類とスペックを選ぶことができます。どのリソースを使うかで、分ごとに消費するクレジットの量が変わります。

たとえば、Docker Executorのmediumを使用すると1分ごとに10クレジットを消費し、macOS Executorのlargeだと1分ごとに100クレジットを消費するといった具合です。

•──有料オプション

使用することでクレジットを消費するオプションも存在します。

本書の執筆時点ではDLC（Dockerレイヤキャッシング）のみですが、使用したジョブごとに200クレジットを消費します。DLCについては第6章の「DLCの利用」で解説します。

まとめると、消費されるクレジットは次の式で計算できます。

ジョブごとの消費クレジット＝使用するリソースのクレジット×ジョブの実行時間（分）＋有料オプション

•──シート料金

クレジット以外にも、有料プランではアクティブユーザー数（後述）に応じて月額の固定費が発生します。CircleCIではこれをシート料金と呼んでいます。

本書の執筆時点では最初の3ユーザーは合わせて毎月15ドル、それ以降の追加ユーザーに関しては**1人あたり**毎月15ドル支払う必要があります。

CircleCIは必要なシート数をあらかじめ購入しておく必要があります。シート数は必要に応じて増やしたり減らしたりすることが可能です。

なお、無料プランではアクティブユーザーはカウントされません。

•──アクティブユーザー

アクティブユーザーとは以下のようなユーザーを意味します。

❶コードのプッシュによりワークフロー／ジョブを実行した一般のユーザー

ⓑ ワークフロー／ジョブをボットとして実行したマシンユーザー
ⓒ スケジュール実行を行う Scheduled Workflows ユーザー
ⓓ ワークフロー／ジョブを実行したが CircleCI にはアカウントがない Unregistered User（ユーザー）

ⓐは最もわかりやすく、GitHub などのコードホスティングサービスへプッシュして CircleCI を利用する通常のユーザーです。

ⓑは主にボットとして使われるマシンユーザーです^{注12}。

ⓒはワークフローのスケジュール実行に関するユーザーです^{注13}。スケジュール実行はコミットのプッシュとは関係なく定期的に実行されるので、一見するとアクティブユーザーは存在しないように見えます。しかし、CircleCI 側で Scheduled Workflows というユーザーが作られ、アクティブユーザーとしてカウントされます。なお、複数のスケジュール実行を行うワークフローがあった場合でもまとめて1ユーザーとしてカウントされます。

ⓓはプッシュなどによりワークフロー／ジョブを実行したけれど、CircleCI にアカウントがないユーザーです。このようなユーザーは Unregistered User としてカウントされます。スケジュール実行を行うワークフローのユーザーと同じく、アカウントがないユーザーが複数いたとしてもまとめて1ユーザーとしてカウントされます。

● ── **注意点**

従量課金プランは柔軟で便利なプランですが、注意点もあるので気を付けましょう。

たとえば、第5章で解説する SSH を有効にしたジョブでデバッグしたあとジョブをキャンセルせずに放っておくとジョブ自体は実行していることになるので、無駄なクレジットを消費することになります。

また、ここで解説した料金は改定される可能性があります。以前は安かったから頻繁に使っていたけれど、気付かないうちに料金が改定され思わぬ請求がされるということもあり得ます。定期的に公式の料金ページ^{注14} を確認するようにしましょう。

注12　マシンユーザーについては第5章で解説します。
注13　スケジュール実行を行うフローについては第4章の「スケジュール」で解説しています。
注14　https://circleci.com/ja/pricing/

●—— OSSプラン

リポジトリがOSSの場合はOSS用プランが適用され、通常の無料プランよりも多くのクレジットを無料で使うことができます[注15]。

以下の2点を満たしているプロジェクトにはOSSプランが適用されます。

- プロジェクトのリポジトリがパブリックであること
- **CircleCI上のプロジェクト設定画面で** Free and Open Source **が有効になっていること**（図5）

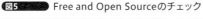

図5 Free and Open Sourceのチェック

なお執筆時点では、どのプロジェクトにOSSプランが適用されているかを一目で確認できるページはないようです。

CircleCIのジョブ設定は、そのすべてが一つのYAMLファイルに記述されま

[注15] 執筆時点ではLinuxのプロジェクトには毎月400,000クレジット、macOSのプロジェクトには毎月25,000クレジットが与えられます。

サポート体制

CircleCIでは、サポートリクエスト[注a]を使えば、日本語でサポートエンジニアにサポートを依頼したり、質問したりすることができます。

また、英語でのコミュニケーションとなりますが、公式コミュニティ[注b]もあるので、解決できない問題が発生した場合まずはこちらで検索／質問するとよいでしょう。

[注a]　https://support.circleci.com/hc/ja/requests/new
[注b]　https://discuss.circleci.com/

す。そのファイルが.circleci/config.ymlです。YAMLとはJSONやXMLと同様にデータを保存し、さまざまなプログラミング言語で扱えるようにするためのフォーマットで、記述しやすく読みやすいという特徴があります。本項では、.circleci/config.ymlを記述するうえで必要になるYAMLの基本的なシンタックスに触れていきます。

YAMLは、リスト／マップ／スカラの3種類のデータから表現されます。

リスト

YAMLでは、配列形式のデータ構造のことをリスト（配列／シーケンス）と呼びます。行頭のハイフン(-)と半角スペースで記述します。

```
- a
- b
- c
# [ "a", "b", "c" ]
```

半角スペースのインデントの深さは、そのリストのスコープの深さを表します。

```
- a
-
  - b
- c
# ["a", ["b"], "c"]
```

上記の例のように、インデントでスコープを表現する記述方法をブロックスタイルと呼びます。そのほか、インデントによらないフロースタイルという記述方法もあります。たとえば、リストはフロースタイルでは次のように記述できます。

```
[a, b, c]
# [ "a", "b", "c" ]
```

CircleCIの公式ドキュメントでは、リストのことをSequenceやListと表記していますが、本書ではリストに統一して表記します。

マップ

キーと値のペアを1つ以上持つオブジェクトのことをマップと呼びます。プログラミング言語によっては連想配列やディクショナリ、ハッシュとも呼ばれ

ます。マップは、キーと値のペアをコロン（:）と半角スペースで記述します。

```
A: a
B: b
C: c

# {"A"=>"a", "B"=>"b", "C"=>"c"}
```

　マップもリストと同じくインデントの深さでスコープを表現します。

```
A:
  B: b
C: c

# {"A"=>{"B"=>"b"}, "C"=>"c"}
```

　また、マップをフロースタイルで記述すると次のようになります。

```
{A: a, B: b, C: c}

# {"A"=>"a", "B"=>"b", "C"=>"c"}
```

　リストとマップはお互いにネストさせることが可能です。次は、マップの値がリストである例です。

```
A:
  - a
  - b
  - c
B:
  - d
  - e

# {"A"=>["a", "b", "c"], "B"=>["d", "e"]}
```

　マップのリストも次のように記述できます。

```
- A: a
  B: b
  C: c
- D: d
  E: e

# [{"A"=>"a", "B"=>"b", "C"=>"c"}, {"D"=>"d", "E"=>"e"}]
```

スカラ

　リストやマップ以外のデータ型をスカラと呼びます。以下のようなスカラが代表的です。

- **真偽値**(true、false、yes、no、on、offなど)
- **null値**(nullなど)
- **整数**(123など)
- **浮動小数点数**(0.123など)
- **文字列**(string、"文字"など)

複数行の記述

　複数行に渡る文字列を記述することもできます。たとえば次のように記述した場合、改行は保存されません。この例ではシンタックスエラーは起きませんが、期待する動作はしてくれません。

```
run:
  echo 'Hello World' >> README.md
  cat README.md

# {"run"=>"echo 'Hello World' >> README.md cat README.md"}
```

　| を使えば、各行の改行が保存され、期待する動作になります。

```
run: |
  echo 'Hello World' >> README.md
  cat README.md

# {"run"=>"echo 'Hello World' >> README.md\ncat README.md\n"}
```

　| 以外にも、|+、|-、>、>+、>-などを使って改行を保存できます。それぞれ動作は微妙に異なりますが、本書ではほとんどの場合 | を使用します。

アンカーとエイリアス

　&を使用すると、アンカーを定義できます。* を使ってアンカーを呼び出す(エイリアス)と、アンカーの内容を参照できます。この機能により、重複する記述を減らしてYAMLファイルを読みやすくすることができます。

```
default_filters: &default_filters
  branches:
    only: /.*/
  tags:
    only: /.*/

workflows:
  main:
    jobs:
```

▼

```
        - test:
            filters:
              *default_filters
        - build:
            filters:
              *default_filters
        - deploy:
            filters:
              *default_filters
```

上記のYAMLファイルは、以下のYAMLファイルと同等です。

```
workflows:
  main:
    jobs:
      - test:
          filters:
            branches:
              only: /.*/
            tags:
              only: /.*/
      - build:
          filters:
            branches:
              only: /.*/
            tags:
              only: /.*/
      - deploy:
          filters:
            branches:
              only: /.*/
            tags:
              only: /.*/
```

また、<<:を使えば、エイリアスをマップに対してマージ(結合)できます。

```
default_filters: &default_filters
  branches:
    only: /.*/
  tags:
    only: /.*/

workflows:
  main:
    jobs:
      - test:
          filters:
            *default_filters
      - build:
          filters:
            *default_filters
      - deploy:
```

```
    filters:
      <<: *default_filters
      branches:
        only: /master/
```

　上記のYAMLファイルは、以下のYAMLファイルと同等です。

```
workflows:
  main:
    jobs:
    - test:
        filters:
          branches:
            only: /.*/
          tags:
            only: /.*/
    - build:
        filters:
          branches:
            only: /.*/
          tags:
            only: /.*/
    - deploy:
        filters:
          branches:
            only: /master/
          tags:
            only: /.*/
```

第**3**章

環境構築

本章では、CircleCI環境を手順を追って構築していきます。

3.1 　GitHubとの連携

CircleCIは執筆時現在GitHubとBitbucketの2つのコードホスティングサービスと連携でき、プロジェクト（リポジトリ）を追加することで利用できます。本書では、GitHubとの連携を基本として解説していきます。

CircleCIにはSaaS以外にも、自分のサーバにインストールして利用するエンタープライズ向けのオンプレミス型のCircleCIもありますが、本書では扱いません[注1]。

GitHubアカウントの連携

GitHubにログインした状態でCircleCIのサイトから「Sign up with GitHub」ボタンを押すと、**図1**のようにGitHubへCircleCIからのアクセス許可を求める認証画面が開きます。

図1 GitHubの認証画面

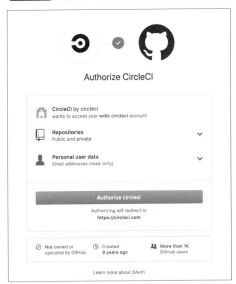

注1　こちらを利用する際はCircleCIのサポートへ相談してください。

　CircleCIを利用するには許可する必要がありますので、確認したうえで「Authorize circleci」ボタンを押して認証を完了します。

プロジェクトの追加

　認証が完了してCircleCIへログインできるようになったら、プロジェクトを追加します。

　プロジェクトを追加する方法は個人リポジトリの場合とGitHub Organizationのリポジトリの場合で違いがあるため、それぞれの違いについて解説します。

●── 個人リポジトリの場合

　個人リポジトリの場合は左のメニューの「Add Projects」を押して表示されるリポジトリ一覧から、追加したいリポジトリの右側にある「Set Up Project」ボタンを押します（**図2**）。

図2 CircleCIプロジェクト一覧

　図3の確認画面へと移動します。後述する設定ファイルを自動追加するか手動追加するかを選択して、リポジトリをCircleCIのプロジェクトに追加します。

図3　プロジェクト追加画面

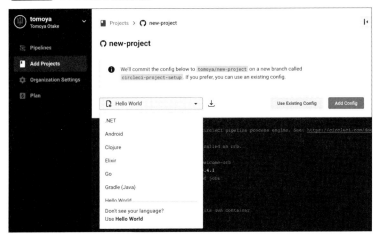

　リポジトリをCircleCIのプロジェクトに追加すると、GitHubのリポジトリに
はデプロイキーが登録されます。これにより、CircleCIはGitHubからリポジト
リをチェックアウトできるようになります。

●──── GitHub Organizationのリポジトリの場合

　GitHub Organizationの場合は、GitHubのリポジトリ管理者（Admin）しかプロ
ジェクトの追加が行えません[注2]。これは、リポジトリにデプロイキーを追加でき
るのは管理者だけであるためです。
　プロジェクト追加の操作は、管理者であれば個人リポジトリにプロジェクト
を追加する方法と基本的には同じです。左上に表示されるCircleCIのOrganization
を切り替えて操作してください。

プライベートリポジトリを追加した場合のアクセス権

　プライベートリポジトリをCircleCIのプロジェクトに追加した場合のアクセ
ス権について気になる人も多いかと思いますので、個人リポジトリとGitHub
Organizationのリポジトリに分けて、それぞれ解説します。
　パブリックなリポジトリを追加すると、そのリポジトリのCircleCIプロジェ

注2　リポジトリ管理者以外は、「Set Up Project」ボタンの代わりに鍵アイコンが表示され、クリックできま
　　せん。

クトは誰でも閲覧できますが、プライベートリポジトリのアクセス権は基本的にGitHubのアクセス権を引き継いでいます。

●── 個人リポジトリの場合

個人のプライベートリポジトリのアクセス権は、リポジトリのコラボレーターに誰かを追加しない限り自分以外の誰もアクセスできないようになっています。

つまり、GitHub上のそのリポジトリに対するアクセス権がなければ、CircleCI上でもCIジョブの結果は秘匿され、閲覧できずに404エラー[注3]となって返ってきます。秘匿されるCIジョブ結果にはテストの詳細や設定ファイルの情報も含まれますので、外部に重要な情報を漏らす心配はありません。

コラボレーターはCircleCIのジョブの結果を閲覧できますが、プロジェクトの設定などを変更できません。

●── GitHub Organizationのリポジトリの場合

GitHub Organizationのプライベートリポジトリは、Organizationメンバーであっても管理者がリポジトリへのアクセス権を付与しなければリポジトリのアクセス権と同様に秘匿されます。また、アクセス権があってもリポジトリのWrite権限がないユーザー(Read権限のユーザー)はCIビルド実行も制限されます。

3.2　CircleCIの実行環境

CircleCIの実行環境は、クラウド環境での実行とローカル環境での実行の2種類があります。それぞれ違いがありますので、ここで確認しておきましょう。

クラウド環境での実行

クラウド環境での実行は、以下の4つの方法で行えます。

- ❶ GitHubを通じて実行
- ❷ triggersによるスケジュール実行
- ❸ ダッシュボードからボタンを押して再実行
- ❹ CircleCI APIから実行

注3　ページが存在しないという意味のエラーコードのことです。

❶の「GitHubを通じて実行」が最も一般的な方法になります。CircleCIはGitHub のブランチの変更（GitHubへのプッシュ、プルリクエストのマージなど）を検知 すると、自動的にジョブを開始します。このジョブが実行されるタイミングは 設定によって細かく調整も可能です。詳しくは第5章で解説しています。

クラウド環境での実行はCircleCIのすべての機能を利用できますが、次に解 説するローカル環境での実行は一部の機能が制限されています。

ローカル環境での実行

CircleCIは、ローカル環境でも実行できます。ローカル環境で実行すること で、設定ファイルが正しく書けているか、あるいはジョブ自体が思いどおりに 動作するかをチェックできるため、デバッグの際に逐一設定ファイルの変更を プッシュする手間がなくなります。

ただし、ローカル環境での実行はワークフローの利用ができないため、単体 のジョブの実行のみとなります。

3.3　ローカル環境での初めてのジョブ実行

それではまず、簡単に実行できるローカル環境でのジョブの実行を試してみ ましょう。ローカル環境でのジョブの実行が問題ないことを確認して、クラウ ド環境でのジョブを実行します。

CircleCI CLIのインストール

ローカル環境でのジョブの実行は、CircleCI CLI（*Command Line Interface*）を用 いて実行します。CircleCI CLIはDockerのコンテナ上で実行されるので、まず はDockerをインストールします。

macOSの場合は、Docker Desktop for Mac[注4]をダウンロードしてインストー ルします[注5]。インストールが完了するとdockerコマンドが利用できるようにな ります。

Dockerのインストールが完了したら、ターミナルで以下のコマンドを実行し

注4　https://hub.docker.com/editions/community/docker-ce-desktop-mac
注5　利用は無料ですが、ダウンロードにはユーザー登録が必要です。

て CircleCI CLI をインストールします[6]。

```
$ curl -fLSs https://circle.ci/cli | bash
```

正常に完了すると次のメッセージが表示され、/usr/local/bin/circleci に
インストールされ circleci コマンドを利用できます。もし /usr/local/bin に書
き込み権限がなくてエラーになる場合は、sudo を付けてインストールコマンド
を実行しましょう。

```
Starting installation.
Installing CircleCI CLI v0.1.5879
Installing to /usr/local/bin
/usr/local/bin/circleci
```

CircleCI CLI は OSS として GitHub にて公開されていますので、GitHub リリー
スページから手動でダウンロードして使うことも可能です[7]。
CircleCI CLI はアップデートがあれば、コマンド実行時にアップデートを促す
メッセージが表示されます。

```
You are running 0.1.5879
A new release is available (0.1.6949)
You can update with `circleci update install`
```

アップデートを確認したら、circleci update install を実行して最新版に
アップデートできます。

```
$ circleci update install
You are running 0.1.5879
A new release is available (0.1.6949)
Updated to 0.1.6949
```

config.ymlの作成

ジョブを実行するには、リポジトリ直下の .circleci フォルダに config.yml
という設定ファイル（以下、config.yml）を作成する必要があります。config.
yml を指定されたディレクトリパスに作成し、正しい構文で記述しなければジ
ョブは実行できません。
まずはプロジェクトのルートディレクトリで、次のコマンドで空の .circleci/
config.yml ファイルを作成しましょう。

注6　最新のインストール方法はこちらを確認してください。https://circleci.com/docs/2.0/local-cli/
注7　https://github.com/CircleCI-Public/circleci-cli/releases

```
$ mkdir -p .circleci
$ touch .circleci/config.yml
```

ドット(.)から始まるファイル(ドットファイル)[注8]はmacOSでは隠しファイルとなり、Finderには表示されませんので注意してください。正常に作成されると、lsコマンドで存在を確認できます。

```
$ ls -al
total 0
drwxr-xr-x   3 tomoya  staff   96  8  3 18:13 .
drwxr-xr-x  20 tomoya  staff  640  8  3 18:11 ..
drwxr-xr-x   2 tomoya  staff   64  8  3 18:13 .circleci
```

config.ymlのバリデーション

CircleCI CLIには、設定ファイルに文法エラーがないかどうかを確認する circleci config validateコマンドも用意されています。このコマンドで確認できるのは主に次の2つです。

- YAMLの文法エラー
- CircleCIの設定エラー

CircleCIの設定エラーは、必須キーが存在しなかったり、誤記があったりする場合にエラーが出力されます。ためしに、config.ymlに上記の内容を記述して保存してみましょう。

```
version: 2.1
jobs:
  build:
    docker:
      - image: cimg/node:lts
    step: # stepsキーが正しい
      - run: echo "hello world"
```

そのあと、circleci config validateコマンドを実行してみましょう。

```
$ circleci config validate
Error: ERROR IN CONFIG FILE:
[#/jobs/build] 0 subschemas matched instead of one
1. [#/jobs/build] only 1 subschema matches out of 2
|  1. [#/jobs/build] 2 schema violations found
|  |  1. [#/jobs/build] extraneous key [step] is not permitted ❶
|  |     Permitted keys: ❷
```

注8　UNIXではディレクトリも厳密にはファイルであるため、ディレクトリであってもドットファイルと呼びます。

```
|   |   |       - description
|   |   |       - parallelism
|   |   |       - macos
|   |   |       - resource_class
|   |   |       - docker
|   |   |       - steps
|   |   |       - working_directory
|   |   |       - machine
|   |   |       - environment
|   |   |       - executor
|   |   |       - shell
|   |   |       - parameters
|   |   |     Passed keys: ❸
|   |   |       - docker
|   |   |       - step
|   |   2. [#/jobs/build] required key [steps] not found  ❹
2. [#/jobs/build] expected type: String, found: Mapping
|   Job may be a string reference to another job
```

すると、❶と❹でstepキーは許可されておらず、必須であるstepsキーが見つけられなかったというエラーが表示されます。❷にはbuildキーの中で許可されているキー、❸には実際に渡されたキーが確認できます。

config.ymlのstepをstepsに修正して再度バリデーションコマンドを実行すると、次のようにconfig.ymlは妥当であるという結果が得られました。

```
$ circleci config validate
Config file at .circleci/config.yml is valid.
```

YAMLの記述ミスは人間とって気付きにくいため、原因の特定に時間がかかるケースがあります。ですが、config.ymlを書き換えたときにバリデーションを実行することで、些細なミスをすぐに発見できて、無駄な時間を使わずに済むようになりますので、ぜひ覚えておきましょう。

ジョブの実行

ジョブを実行するには、circleci local executeコマンドを利用します。執筆時現在、ローカル環境での実行はconfig.ymlのバージョンが2である必要があるため、次の設定ファイルを用意して実行してみましょう。

```
version: 2
jobs:
  build:
    docker:
      - image: cimg/node:lts
    steps:
      - run: echo "hello world"
```

初回はCircleCIで実際にステップを実行するDockerイメージ（この設定の場合はcimg/node:lts）をダウンロードするため時間がかかりますが、2回目以降は次のようにすぐに結果が出力されます。

```
$ circleci local execute
Docker image digest: sha256:25b234ab8f16bb31f91abe865d31e1dc772e4c5d328bac7a245baf
a17b7974ed
====>> Spin Up Environment
Build-agent version  ()
Docker Engine Version: 19.03.8
Kernel Version: Linux 7bbb233fe048 4.19.76-linuxkit #1 SMP Tue May 26 11:42:35 UTC
2020 x86_64 Linux
Starting container cimg/node:lts
  image is cached as cimg/node:lts, but refreshing...
lts: Pulling from cimg/node
Digest: sha256:863d02c2c7074a8ebb5f5ad53e1278e547bd4a91a76131e05d3ec96dfc633de3
Status: Image is up to date for cimg/node:lts
  using image cimg/node@sha256:863d02c2c7074a8ebb5f5ad53e1278e547bd4a91a76131e05d3
ec96dfc633de3
====>> Preparing Environment Variables
Using build environment variables:
  BASH_ENV=/tmp/.bash_env-localbuild-1594564754
  CI=true
  CIRCLECI=true
  CIRCLE_BRANCH=
  CIRCLE_BUILD_NUM=
  CIRCLE_JOB=build
  CIRCLE_NODE_INDEX=0
  CIRCLE_NODE_TOTAL=1
  CIRCLE_REPOSITORY_URL=
  CIRCLE_SHA1=
  CIRCLE_SHELL_ENV=/tmp/.bash_env-localbuild-1594564754
  CIRCLE_WORKING_DIRECTORY=~/project


The redacted variables listed above will be masked in run step output.====>> echo
"hello world"
  #!/bin/bash -eo pipefail
echo "hello world"
hello world
Success!
```

3.4 クラウド環境での初めてのジョブ実行

ローカル環境での実行が問題なく完了したら、いよいよ次はクラウド環境でジョブを実行してみましょう。

CircleCIのジョブは基本的にリポジトリへのプッシュによって実行されます

が、初回のジョブはCircleCIのプロジェクトにリポジトリを追加したタイミングで実行されます。

CircleCIはプロジェクト追加時にconfig.ymlを自動追加するか手動追加するかを選択できます。

config.ymlの自動追加

CircleCIを初めて利用する人は、まず自動追加を使ってみて動作確認してみるとよいでしょう。

プロジェクト追加画面にはconfig.ymlのテンプレートが表示されていて、プルダウンメニューによる切り替えと直接編集が可能になっています。使いたいテンプレートを選択して「Add Config」ボタンを押すと、GitHubリポジトリにcircleci-project-setupブランチが作成され、ジョブが実行されます。このブランチには、表示されていたテンプレートの内容をもとに作成されたconfig.ymlファイルを新規追加するコミットが入っています。

作成されたブランチは必要に応じてチェックアウトしてコードを修正してから、プルリクエストを作成してマージしましょう。すると、デフォルトブランチ（通常はmasterブランチ）でもジョブが実行されるようになり、以後、config.ymlを含むブランチ（デフォルトブランチから作成されたブランチ）すべてでCIが実行されます。

config.ymlの手動追加

CIに慣れている人は手動追加を選択してみるのもよいでしょう。

「Use Exsiting Config」ボタンを押すと、「Have you added a config.yml file?」ダイアログ（**図4**）が表示されます。.circleci/config.ymlファイルを置いて「Start Building」ボタンを押せば自動的にビルドが開始されます。「Download config.yml」ボタンを押すと、テンプレートのconfig.ymlをダウンロードして.circleciディレクトリに配置するように促されます。

図4 設定ファイルの確認ダイアログ

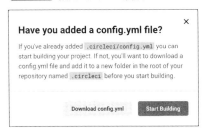

実際にはconfig.ymlがなくてもビルドは開始され、実行されたジョブは**図5**のように失敗します。

図5　設定ファイルが存在しない場合

　そこで、先ほどローカル環境で成功したジョブのconfig.ymlをリポジトリにコミットして、これをプッシュしてCircleCI上でジョブを実行します。すると、今度はローカル環境と同じジョブが実行され、**図6**のように無事に成功を確認できました。

図6　ジョブ成功画面

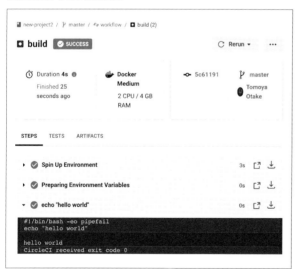

プロジェクト追加後の通常のジョブ実行

CircleCIのプロジェクトに追加されたリポジトリでは、プルリクエストを作成すると**図7**のようにCircleCIのビルドステータスを確認できるようになります。これにより、現在開発中のコードがCircleCIですべてのテストをパスしているかどうかを、開発メンバー全員が常に確認しながら開発を行うことができます。

図7 プルリクエスト上のCircleCIステータス

　もし失敗した場合は、CircleCIのジョブの結果から原因を特定して修正することにより、常にすべてのテストをパスしている状態のプルリクエストのみをマージできるようになります。

　つまり、開発者はテストコードさえ記述していれば、もし既存の機能を壊してしまったとしても、CIによってすぐにその事実に気付くことができるため、リグレッションを発生させずに開発を継続できるというわけです。これこそがCIを利用した開発の基本であり、最大の利点となります。

失敗したジョブの修正

CircleCIのジョブが失敗した場合は、プルリクエストのページに**図8**のように表示されます。

図8 プルリクエストでCIが失敗した場合の表示

図8の「Details」と書かれているリンクからCircleCIのジョブの結果を確認できるので、エラー原因を特定してコードを修正したコミットをプッシュします。

無事に修正されていればジョブが成功して、プルリクエストのページのCIステータスも図7と同じグリーンへと戻ります。

実行のスキップ

たとえばREADMEファイルの修正などCircleCIのジョブを実行しても結果が以前と変わらないコードをプッシュするとき余計なジョブを発生させたくなければ、下記のようにコミットメッセージに[ci skip]もしくは[skip ci]のキーワードを記述することでCircleCIのジョブ実行をスキップできます。

1行目に記述

```
READMEドキュメントの更新 [ci skip]

CIに関する説明を追加しました。

# Please enter the commit message for your changes. Lines starting
# with '#' will be ignored, and an empty message aborts the commit.
```

3行目に記述

```
READMEドキュメントの更新

CIに関する説明を追加しました。
[skip ci]

# Please enter the commit message for your changes. Lines starting
# with '#' will be ignored, and an empty message aborts the commit.
```

利用の注意として、[ci skip]キーワードを含めてコミットしたあと、キーワードを含まないコミットを行ってまとめてプッシュすると、最新のコミットがキーワードを含まなくても、そのプッシュのジョブはスキップされます。そのため、ジョブを実行したいコミットを含める場合は、事前にスキップしたいコミット群のみを先にプッシュして、別途キーワードを含まないコミットをプッシュしてジョブを実行してください。

再実行

たとえばDocker Hubなど外部サービスが一時的にダウンしているためにCircleCIのジョブが失敗した場合、外部サービスの復旧後にプッシュせずにジョブを再実行したいときがあります。そのためにはCircleCIのページから行います。

　再実行は、大きく分けてジョブ結果ページから行う方法と、ワークフロー結果ページから行う方法の2種類があります。

　どちらも画面の右上にある「Rerun」から選択できるメニューから行います（**図9**）。ワークフローのすべてのジョブを実行する「Rerun Workflow from Start」と、失敗したジョブから実行する「Rerun Workflow from Failed」が選べます。

図9 Rerunメニュー

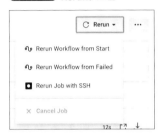

　ジョブ結果ページのみ「Rerun Job with SSH」というメニューがありますが、こちらはCircleCIにSSH接続してデバッグする機能になります。本章の「SSHによる失敗したテストのデバッグ」で解説しています。

　ワークフローが単純でジョブの実行時間も短い場合はすべてのジョブを再実行してもほぼ変わりないかと思いますが、基本的にはジョブの実行時間の短縮が期待できる「Rerun Workflow from Failed」を選択するのが望ましいでしょう。

　ただし、再実行しても第1章の「テストに対する信頼性の向上」で述べたとおり、決定論的にテストが行われるため、外部APIやCircleCI／GitHubの不調など、コード以外の要因で結果が変わる可能性があるものでなければ結果は基本的に変化しないということを忘れないようにしましょう。

キャンセル

　何かしらの理由があってCircleCIのジョブをキャンセルしたい場合も、CircleCIのページから行うことができます。

　キャンセルすれば無駄なジョブ実行時間を使わなくても済むようになりますが、キャンセルされたコミットは、GitHub上では失敗と同じステータスになりますので注意が必要です。

　なお、次に解説するCircleCIにSSHで接続するジョブを利用するときは、明示的にこのキャンセルを行わない限り最小で10分間（SSH接続していれば最大2時間）はジョブが実行中となりますので、デバッグが終わったら必ずキャンセ

ルするようにしましょう。

3.6　SSHによる失敗したテストのデバッグ

　CIを使って常にテストを実行するようになると、日常的にテストの失敗を目にすることになります。これは悪いことではなく、テストの失敗を確認できることで、常に正しく動作するプロダクトコードを生産できるようになります。

　ただ、すぐにテストの失敗原因がわかる内容であればよいのですが、コマンドやファイルが見つからない、OSやタイムゾーンの違いなどのローカル環境とCI環境の違いで発生するエラーなど、一見してコードだけを見ても原因の特定が難しいものは、解決まで時間がかかってしまう場合があります。そんなときは、CircleCIのSSHデバッグ機能を利用するとすばやく解決できます。

　本章の最後「サンプルコードでCI環境構築」で実際にSSHを利用したデバッグ方法を紹介しますので、まずここでSSHデバッグの方法を解説していきます。

SSHデバッグでできること

　SSHデバッグは、CircleCIで実行されたジョブのコンテナにSSHログインを行いデバッグできる機能です。これにより、config.ymlを編集することなく直接ターミナルから操作してコマンドを実行したりファイルや環境変数の確認などが行えたりするため、すばやくエラー原因して解決方法を導き出せます。

SSHデバッグの実行

　SSH接続には、連携しているGitHubアカウントのSSHキーを利用します。そのため、GitHubにSSH接続できない環境からはCircleCIにもSSH接続できないので注意してください。

　GitHubにSSH接続可能かどうかは、次のコマンドで確認できます。成功するとGitHubのアカウント名と成功を知らせるメッセージが表示されますので、普段GitHubにSSH接続を行っていない人は一度確認してみてください。

```
$ ssh -T git@github.com
Hi <GitHubアカウント名>! You've successfully authenticated, but GitHub does not pr
ovide shell access.GitHub
```

　SSHデバッグを実行するとジョブはSSH接続待機状態となり、最後のステッ

プが終わっても終了せずに接続待機を継続します。

終了条件は以下のいずれかです。

- **自分でジョブを終了(キャンセル)する**
- **10分間SSH接続がない状態が続く**
- **最大実行時間である2時間が経過する**

SSH接続状態で放置してしまうと無駄なクレジットを消費し続けることになりますので、利用完了後は後述する終了方法で忘れずにジョブをキャンセルして終了しましょう。

● ──── **開始**

それでは実際にSSHデバッグを行ってみましょう。SSH接続したいジョブのページを開いて、**図10**の右上にある「Rerun」ボタンからプルダウンメニューを開いて「Rerun Job with SSH」メニューを押すと、SSHデバッグを行うための新しいジョブが実行されます。

図10 Rerun Job with SSHメニュー

実行されたジョブは、**図11**のように「Wait for SSH Sessions」ステップが追加された状態で実行されます。

図11　SSHデバッグ実行中のジョブ

```
▸  ✅  Uploading artifacts                                              0s  ⎘  ⬇

▸  ✅  JARの作成                                                        5s  ⎘  ⬇

▸  ✅  Uploading artifacts                                              0s  ⎘  ⬇

▾  💬  Wait for SSH Sessions                                          31s  ⎘  ⬇

  You can now SSH into this box if your SSH public key is added:
      $ ssh -p 64548 54.172.87.21
  Use the same SSH public key that you use for your VCS-provider (e.g., GitHub).

  RSA key fingerprint of the host is
    SHA256:MSzOYbVBxXAAf0Yk/ZqNsVYCsyFO+dhGKuJfy+MnnyE
    MD5:64:7b:26:1b:ac:4f:9e:b5:73:d4:59:5c:36:c6:bb:aa

  This box will stay up for 2h0m0s, or until 10m0s passes without an active SSH session.
```

　「Wait for SSH Sessions」ステップには次のようにSSH接続情報が出力されているので、こちらをコピーしてターミナルで実行します。ホスト名とポートはジョブの実行ごとに固有です。

```
You can now SSH into this box if your SSH public key is added:
    $ ssh -p 64548 54.172.87.21

Use the same SSH public key that you use for your VCS-provider (e.g., GitHub).

RSA key fingerprint of the host is
  SHA256:MSzOYbVBxXAAf0Yk/ZqNsVYCsyFO+dhGKuJfy+MnnyE
  MD5:64:7b:26:1b:ac:4f:9e:b5:73:d4:59:5c:36:c6:bb:aa

This box will stay up for 2h0m0s, or until 10m0s passes without an active SSH session.
```

　正しいSSHキーがあれば接続確認でyesを回答すると、実行中のジョブにSSH接続できます。

```
$ ssh -p 64548 54.172.87.21
The authenticity of host '[54.172.87.21]:64548 ([54.172.87.21]:64548)' can't be
established.
RSA key fingerprint is SHA256:MSzOYbVBxXAAf0Yk/ZqNsVYCsyFO+dhGKuJfy+MnnyE.
Are you sure you want to continue connecting (yes/no/[fingerprint])? yes
Warning: Permanently added '[54.172.87.21]:64548' (RSA) to the list of known hosts.
circleci@fea609006b95:~$ pwd
/home/circleci
circleci@fea609006b95:~$
```

　なお、Windows Executorのときは-- bash.exeのように利用するシェルを指定するコマンドが表示されますので、好きなものを選択してコマンドを実行してください。

```
You can now SSH into this box if your SSH public key is added:
    $ ssh -p 54782 35.229.111.12 -- bash.exe
    $ ssh -p 54782 35.229.111.12 -- cmd.exe
    $ ssh -p 54782 35.229.111.12 -- powershell.exe
```

　parallelism（第6章の「並列実行の利用方法」参照）を使ってジョブの並列実行
を行っている場合は、コンテナごとにSSH接続できます（IPアドレスとポート
が異なります）ので、接続したいコンテナに切り替えて接続情報を入手してくだ
さい。

●——終了
　SSHデバッグ実行中のジョブは、SSH接続を切断しただけではすぐには終了
しません（10分間の接続待機状態になります）。すでに説明したとおり無駄なク
レジットを消費しないためにも、利用完了後はすぐにジョブを終了しましょう。
　ジョブの終了は、右上にある「Rerun」ボタンの「Cancel Job」を押します。
　並列実行しているジョブの場合はクレジットもコンテナ分消費しますので、
必ず終了するように心がけましょう。

3.7　サンプルコードでCI環境構築を実践

　本章の最後では、これまで解説してきた内容の復習として、実際にCI環境を
構築してみましょう。

実装とテストコード

　サンプルとして、次のファイルを持つJavaScriptのリポジトリを用意します。

```
├── .gitignore
├── package.json
├── src
│       ├── double.js
│       └── double.test.js
└── yarn.lock
```

　自動生成されるyarn.lockファイルを除いて、ファイルの内容は次のように
なっています。

`.gitignore`
```
node_modules
```

`package.json`
```json
{
  "name": "circleci-javascript-example",
  "author": "tomoya <tomoya.ton@gmail.com>",
  "license": "MIT",
  "scripts": {
    "test": "jest"
  },
  "devDependencies": {
    "jest": "26.1.0"
  }
}
```

`src/double.js`
```js
function double(x) {
  return x * 2;
}
module.exports = double;
```

`src/double.test.js`
```js
const double = require('./double');
test('double 2 to equal 4', () => {
  expect(double(2)).toBe(4);
});
```

　JavaScript/TypeScriptの代表的なテスティングフレームワークであるJest[注9]を、yarn installコマンドを実行してインストールします。そしてyarn testコマンドを実行すると、次のようなテスト結果が表示されます。

```
$ yarn test
yarn run v1.22.4
$ jest
 PASS  src/double.test.js
  ✓ double 2 to equal 4 (1 ms)

Test Suites: 1 passed, 1 total
Tests:       1 passed, 1 total
Snapshots:   0 total
Time:        0.823 s, estimated 1 s
Ran all test suites.
Done in 1.60s
```

　このテストをCircleCIでジョブ実行できるようにしてみましょう。

注9　https://jestjs.io/

config.ymlの作成とローカル環境実行

まず、.circleci/config.ymlファイルを作成し、次の設定を記述します。

```
version: 2
jobs:
  build:
    docker:
      - image: cimg/node:lts
    steps:
      - checkout
      - run: yarn install
      - run: yarn test
```

記述できたら、circleci local executeコマンドを使ってローカル環境で実行できるか確認してみましょう。

```
$ circleci local execute
（中略）
====>> Checkout code
  #!/bin/bash -eo pipefail
mkdir -p /home/circleci/project && cd /tmp/_circleci_local_build_repo && git ls-f
iles | tar -T - -c | tar -x -C /home/circleci/project && cp -a /tmp/_circleci_loc
al_build_repo/.git /home/circleci/project
====>> yarn install
  #!/bin/bash -eo pipefail
yarn install
yarn install v1.22.4
[1/4] Resolving packages...
[2/4] Fetching packages...
info fsevents@2.1.3: The platform "linux" is incompatible with this module.
info "fsevents@2.1.3" is an optional dependency and failed compatibility check. Ex
cluding it from installation.
[3/4] Linking dependencies...
[4/4] Building fresh packages...
Done in 11.58s.
====>> yarn test
  #!/bin/bash -eo pipefail
yarn test
yarn run v1.22.4
$ jest
 PASS  src/double.test.js
  ✓ double 2 to equal 4 (4 ms)

Test Suites: 1 passed, 1 total
Tests:       1 passed, 1 total
Snapshots:   0 total
Time:        1.45 s
Ran all test suites.
Done in 2.35s.
Success!
```

上記のようにテスト結果が表示されれば、CircleCIのジョブ実行準備は無事完了です。すべてのファイルをコミットしてGitHubにプッシュしましょう。

CircleCIでジョブ実行

それでは、CircleCIのプロジェクトにリポジトリを追加してジョブ実行してみましょう。

このリポジトリにはすでに`config.yml`を追加しているので、「Add Projects」→「Set Up Project」→「Use Existing Config」→「Start Building」とボタンを押し進んでビルドを開始します。

ビルドが開始されると、**図12**のパイプライン一覧にリダイレクトされ、ビルドの進捗状況を確認できます。

図12 初回ビルド実行中のパイプライン一覧

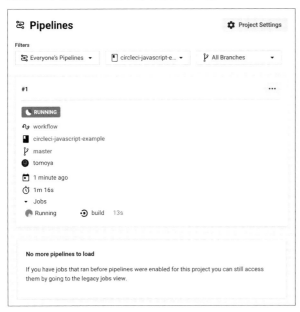

そして実行完了したジョブを開くと、**図13**のようにローカル環境で実行したときと同じ結果が表示され、ジョブの成功を確認できました。

図13 ローカル環境実行と同じ結果を表示して成功したジョブ

　基本的なCI環境構築はこれで完成です。あとは実装とテストコードを追加してプルリクエストを作成すれば、自動的にCircleCIのジョブが実行され、常にテストが通っているのか確認しながら開発を進めていくことができます。

SSHデバッグによるテスト失敗の原因調査

　最後に、失敗したテストの原因調査をSSHデバッグを使って行ってみます。

● —— CircieCIで失敗するコードの追加

　次の実装とテストコードを追加して、GitHubへプッシュしてジョブを実行してみましょう。

`src/getTimezoneOffsetHours.js`

```js
function getTimezoneOffsetHours() {
  const date = new Date();
  return date.getTimezoneOffset() / 60;
}
module.exports = getTimezoneOffsetHours;
```

```
src/getTimezoneOffsetHours.test.js
const getTimezoneOffsetHours = require('./getTimezoneOffsetHours');
test('getTimezoneOffsetHours return -9', () => {
  expect(getTimezoneOffsetHours()).toBe(-9);
});
```

　あなたが日本に住んでいれば、おそらくこのテストはローカル環境で成功しますが、CircleCIで実行すると**図14**のように失敗してしまいます。

図14　CircleCIでテストの失敗を確認

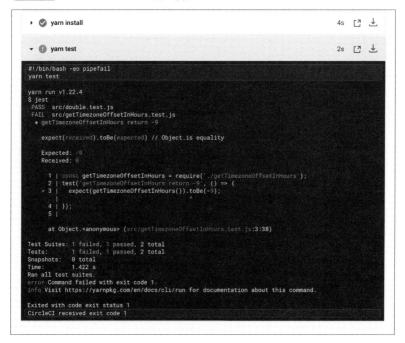

　これは、テストを実行する環境のタイムゾーンがテスト結果に影響を与えているケースです。そこで、SSHデバッグを実行して、CircleCIの内部のタイムゾーンを確認してみます。

●── SSHデバッグでテストの成功確認

　「Rerun Job with SSH」を実行して、SSHでログインします。そしてdateコマンドを使ってタイムゾーンを確認したあとに、TZ='Asia/Tokyo'をセットしてテストコマンドを実行してみます。

```
$ ssh -p 64542 54.80.112.92
（中略）
circleci@fbe20998dbc0:~/project$ date +"%Z %z"
UTC +0000
circleci@fbe20998dbc0:~$ cd ./project
circleci@fbe20998dbc0:~/project$ TZ='Asia/Tokyo' yarn test
yarn run v1.22.4
$ jest
 PASS  src/getTimezoneOffsetInHours.test.js
 PASS  src/double.test.js

Test Suites: 2 passed, 2 total
Tests:       2 passed, 2 total
Snapshots:   0 total
Time:        1.709 s
Ran all test suites.
Done in 2.66s.
```

すると、無事にテストの成功が確認できました。

•──── config.ymlを修正してテストの成功確認

　原因が特定できたので修正を行います。修正方法はいくつかありますが、今回は次のようにテストコマンドに TZ='Asia/Tokyo' を埋め込む方法で修正してみます。

```
--- a/package.json
+++ b/package.json
@@ -3,7 +3,7 @@
    "author": "tomoya <tomoya.ton@gmail.com>",
    "license": "MIT",
    "scripts": {
-    "test": "jest"
+    "test": "TZ='Asia/Tokyo' jest"
    },
    "devDependencies": {
      "jest": "26.1.0"
```

　この変更をコミットしてGitHubへプッシュして、ジョブを実行してみましょう。すると、今度は**図15**のようにSSHデバッグのときと同じくテストの成功を確認できました。

図15 コード修正によるジョブの成功を確認

```
▾  ✓  yarn test                                          3s  ⎋  ⬇

#!/bin/bash -eo pipefail
yarn test

yarn run v1.22.4
$ TZ='Asia/Tokyo' jest
 PASS  src/double.test.js
 PASS  src/getTimezoneOffsetInHours.test.js

Test Suites: 2 passed, 2 total
Tests:       2 passed, 2 total
Snapshots:   0 total
Time:        2.518 s
Ran all test suites.
Done in 3.73s.
CircleCI received exit code 0
```

　このように、CircleCIではローカル環境とCI環境の違いなど、原因の特定が
難しい現象もSSHデバッグを活用することで、簡単に調査が行えるようになっ
ています。

第**4**章

ワークフローでジョブを組み合わせる

本章では、CircleCIを利用するうえで重要な概念であるワークフローについて解説していきます。

4.1　ワークフローとは

ワークフローとは、ジョブの組み合わせとその実行順序を定めたルールのことです。ワークフローによって、アプリケーションのビルド／テスト／デプロイといったそれぞれのプロセスを組み合わせることで、柔軟なCI/CDの設定が可能になります。

このようなしくみは近年多くのCI/CDサービスで採用されていて、「パイプライン」や「ビルドステージ」などと呼ばれることもあります。

ワークフローでできること

ここまでの解説で登場したconfig.ymlでは、1つのジョブしか設定していませんでした。プロジェクトが小さければこれでも問題ありませんが、プロジェクトが大きくなってくると、テストの種類ごとにジョブを分けたりジョブAが成功したらジョブBを次に実行するというようなジョブの組み合わせが必要となってきます。

そこでワークフローの出番です。ワークフローを用いれば、以下のようなことが可能になります。

- **ジョブのオーケストレーション**
  ワークフローを用いれば、個別に作ったジョブを組み合わせて使うことができる
- **ジョブ間のファイルの共有**
  ワークフロー内のジョブはそれぞれ独立したコンテナで実行されるが、ワークスペースの使用を宣言すればファイルを共有できる。詳しくは本章の「ワークスペースによるジョブ間のファイル共有」参照
- **スケジュールジョブ**
  たとえば、アプリケーションのナイトリービルド[注1]を作成したい場合や定期的なレポートが欲しいときに、ワークフローをスケジュール実行できる
- **Gitのタグやブランチによるフィルタリング**
  Gitのタグやリポジトリのブランチ名でフィルタリングを行って、ジョブを実行するかどうか、あるいはどのジョブを実行するかといったことを制御できる

注1　毎日リリースされる最新バージョンのビルドのことです。

- **コンテキストによる環境変数の共有**
  第5章の「コンテキストの利用」で解説するように、コンテキストを用いれば、プロジェクト間で環境変数のグループを共有できる

ジョブのオーケストレーションの種類

　ワークフローにおいて、ジョブの実行順序を制御することをジョブのオーケストレーションと呼びます。ジョブの実行順序には大きく分けて、順次実行するシーケンシャルジョブと、ファンアウト／ファンインに代表されるジョブの並列実行があります。これらを組み合わせて複雑なオーケストレーションを実現します。

　ワークフローを用いた場合、デフォルトではすべてのジョブは同時に処理されます。ここで解説しているようなジョブのオーケストレーションを行いたい場合は、本章の「requires キーでジョブ間の依存関係を制御」で解説する requires キーを使用します。

●── シーケンシャルジョブ

　シーケンシャルジョブでは、アプリケーションのビルド／テスト／デプロイといったジョブをそれぞれ連続して実行します。テストジョブにはビルドジョブの、デプロイジョブにはテストジョブの成功が必要といった、ジョブとジョブの間の依存関係のコントロールが重要になります（**図1**）。

図1 ▶ シーケンシャルジョブ

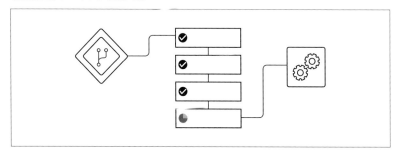

●── ファンアウト／ファンイン

　ファンアウトでは、共通のジョブが終わったあとに複数のジョブを複数コンテナで並列に実行します。ファンインでは、並列に実行したジョブがすべて完了してから共通のジョブを実行します（**図2**）。

図2　ファンアウト／ファンイン

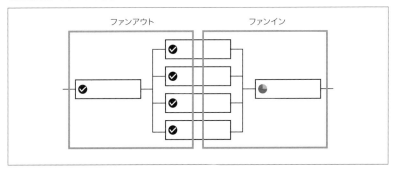

4.2　ワークフローの基本的な使い方

この節から、実際の`.circleci/config.yml`の具体例を例に挙げながら、ワークフローの使い方について解説します。

ワークフローに対応するconfig.yml

CircleCI 2.0からは設定ファイルのバージョンは2系を使用します。設定ファイルのバージョン2では、設定ファイル内に明示的にワークフローを追加しなくとも、次のデフォルトワークフロー(workflow)が追加されてジョブが実行されます。

```
workflows:
  version: 2
  workflow:
    jobs:
      - build
```

このとき、buildジョブが定義されていない場合はエラーとなるので注意しましょう。

詳しいオプションについてはAppendixの「workflows」にて解説していますが、基本的には、ワークフローはバージョン／ワークフロー名／ジョブのリストによって構成されます。

ワークフローの実行

ワークフローは、次に説明するようにさまざまなステータスに変化します。

実行中の場合はキャンセルできますし、また、実行が終了すれば再実行することもできます。

● ── ワークフローのステータス

ワークフローのステータスは次のいずれかを取ります。

- RUNNING：実行中
- NOT RUN：まだ実行していない
- CANCELLED：実行がキャンセルされた
- FAILING：ジョブが失敗したが、ほかのジョブが実行中である
- FAILED：ジョブが失敗し、ワークフローの実行が終了した
- SUCCESS：ジョブがすべて成功し、ワークフローの実行が終了した
- ON HOLD：ジョブが承認されるのを待機している
- NEEDS SETUP：ワークフローの設定方法に間違いがある

サイドバーのワークフローの実行ページ／一覧ページ（Pipelines）から、**図3**のようにワークフロー名とワークフローのステータスが確認できます。

図3 ワークフロー名とステータス

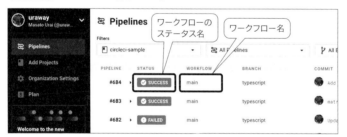

● ── 失敗したワークフローの再実行

ワークフロー一覧ページのワークフローのステータスあるいはワークフロー名をクリックすると、ワークフローの詳細を見ることができます。失敗したワークフローの場合、失敗したジョブから再度実行するのか（「Rerun Workflow from Failed」）、あるいは初めからワークフローを実行するのか（「Rerun Workflow from Start」）、このページで選択して再実行できます（**図4**）。

図4　ワークフローの再実行

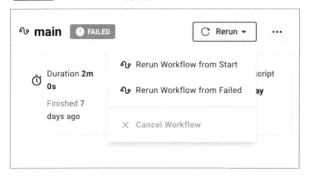

　「Rerun Workflow from Failed」を選択して失敗したジョブからワークフローを再実行した場合、ワークスペースは元のワークフローと同じものを継承しています。

　実行に成功したワークフローでは「Rerun Workflow from Failed」を選択できません。また、実行が終了したワークフローでは、ワークフローの実行をキャンセルする「Cancel Workflow」を選択できません。

4.3　ジョブの分割

　CircleCIは、設定ファイルに定義されたジョブを意味のある単位に分割するための機能を提供しています。

ジョブを分割するメリット

　CircleCIを利用する際のベストプラクティスの一つとして、単一のジョブに大きい複数の責務を負担させることは避けるべき、というものがあります。そのジョブに失敗した場合初めから再実行しなければならなくなりますし、それによってクレジットを長時間にわたって消費してしまうかもしれません。

　ワークフローによって享受できる柔軟性を最大限に発揮させるためには、ビルド／テスト／デプロイといった各プロセスを適度な大きさに分割し、それぞれ適したタイミングで実行するルールを作り上げることが重要です。

再利用可能なコンフィグを使ってジョブを分割

.circleci/config.ymlの設定を下記に示すキーを使って、再利用できる単位
にまで分割してみましょう。注意点としては、これらの機能は設定ファイルの
バージョン2では動作せず、2.1以降で動作します。

● ── executorsキー

executorsキーを用いることで、複数のジョブにまたがって使い回せる実行
環境を設定できます。

定義されたExecutorの使用を宣言するには、executorキーを用います。下記
の例では、cimg/ruby:2.7.1-nodeイメージのDocker Executorをmy-executorと
して定義し、buildジョブにて使用を宣言しています。

```
version: 2.1
executors:
  # my-executorを定義
  my-executor:
    docker:
      - image: cimg/ruby:2.7.1-node
jobs:
  build:
    # my-executorを利用
    executor: my-executor
    steps:
      - run: echo Hello World
```

nameキーの値として渡すことも可能です。

```
jobs:
  build:
    executor:
      name: my-executor
    steps:
      - run: echo Hello World
```

Executorの使用時にそのほかのオプションキーを追加すれば、定義を上書き
することもできます。

```
version: 2.1
executors:
  my-executor:
    docker:
      - image: cimg/ruby:2.7.1-node
    environment:
      BUNDLE_PATH: vendor/bundle
jobs:
```

▼

```
build:
  docker:
    - image: cimg/ruby:2.7.1
  executor: my-executor
  environment:
    RAILS_ENV: production
  steps:
    - run: echo Hello World
```

　上記の config.yml は、実行時に次のように解決されます。解決されたファイル
のバージョンは2となります。解決されたファイルは、プロジェクトページの
「Configuration File」→「Compiled」から確認できます。Docker イメージは cimg/
ruby:2.7.1 に上書きされ、環境変数は RAILS_ENV: production が追加されています。

```
version: 2
jobs:
  build:
    docker:
    - image: cimg/ruby:2.7.1
    environment:
    - BUNDLE_PATH: vendor/bundle
    - RAILS_ENV: production
    steps:
    - run:
        command: echo Hello World
workflows:
  version: 2
  workflow:
    jobs:
    - build

# Original config.yml file:
# version: 2.1
# executors:
#   my-executor:
#     docker:
#       - image: cimg/ruby:2.7.1-node
#     environment:
#       BUNDLE_PATH: vendor/bundle
# jobs:
#   build:
#     docker:
#       - image: cimg/ruby:2.7.1
#     executor: my-executor
#     environment:
#       RAILS_ENV: production
#     steps:
#       - run: echo Hello World
```

　インポートした Orb 内で定義されている Executor を、<Orb名>/<Executor名>
と宣言して使用することもできます。たとえば、circleci/windows@2.4.0 とい

う Orb では、`default Executor`が定義されています。

この`default Executor`は、次の設定ファイルのように使用できます。

```
version: 2.1

orbs:
  win: circleci/windows@2.4.0

jobs:
  build:
    executor: win/default
    steps:
      - run: echo Hello World
```

commandsキー

commands キーでは、ステップを切り取って再利用できるようになります。下記の例では sayhello コマンドを定義し、build ジョブ内にて利用しています。

```
version: 2.1
commands:
  # sayhelloを定義
  sayhello:
    steps:
      - run: echo Hello World

jobs:
  build:
    docker:
      - image: cimg/node:lts
    steps:
      # sayhelloを利用
      - sayhello
```

再利用可能なコンフィグのパラメータ

設定ファイルのバージョン 2.1 では、上記の executors、commands、さらに jobs に対するパラメータを使用できるようになります。

使用できるパラメータの種類や設定キーに関しては Appendix で解説していますので、詳しくはそちらを確認してください。本章では使用例を示すだけにとどめます。下記の例では、先ほど「commands」にて使用した sayhello に対して、パラメータ to を定義しています。sayhello を利用する際に、パラメータを使用できます。

```
version: 2.1
commands:
  # sayhelloを定義
  sayhello:
    description: "Say Hello"
```

```
    parameters:
      to:
        type: string
        default: "World"
    steps:
      - run: echo Hello << parameters.to >>

jobs:
  build:
    docker:
      - image: cimg/node:lts
    steps:
      # sayhelloを利用
      - sayhello:
          # toパラメータを付与
          to: Everyone
```

4.4　複数ジョブの同時実行

　この節では、ワークフローを用いた複数ジョブの同時実行について解説します。ここでは同時実行とは、複数コンテナを使用して、複数の独立したジョブを別々に実行することを言います。

同時実行するメリット

　複数のジョブを同時実行することのメリットは、実行時間の大幅な短縮です。複数のジョブが実行されるため、実行までの待ち時間がなくなります。

requiresキーでジョブ間の依存関係を制御

　コンテナが複数アイドル状態であり、互いに依存関係にない複数のジョブが実行可能な状態になると、それらのジョブは同時に実行されます。ジョブの依存関係の制御は、ワークフロー中のrequiresキーを使います。requiresキーを用いてうまく依存関係をコントロールしましょう。

　たとえば、ソースコードのチェックアウトや依存しているライブラリのインストールを行うinstall_depsと、テストA(test_a)、テストB(test_b)があり、test_aとtest_bはinstall_depsに依存しているが、test_aとtest_bは互いに依存関係にないので、同時に実行したいとします。**図5**で表すと次のようになります。

図5 同時実行ジョブを持つワークフロー例の概念図

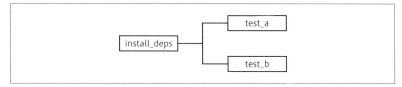

requiresキーを用いて、上記の図をワークフローに落とし込んでみましょう。

```
workflows:
  version: 2
  workflow:
    jobs:
      - install_deps
      - test_a:
          requires:
            - install_deps
      - test_b:
          requires:
            - install_deps
```

この場合、install_depsだけがまずはじめに実行され、成功してはじめて
test_aとtest_bが同時に実行されます。

4.5 ワークスペースによるジョブ間のファイル共有

ワークスペースとは、ジョブが利用できるファイルのストレージのことです。
ワークフロー内のジョブはそれぞれ別のコンテナで実行されるため、通常はフ
ァイルを共有することはできませんが、ワークスペースを用いれば、ジョブか
らジョブにファイルを渡すことができます。ワークスペースはワークフローの
実行ごとに固有です。

ワークスペースの利用方法

ワークスペースを使うには、以下の persist_to_workspace と attach_
workspace の使用を宣言します。

•── persist_to_workspace

persist_to_workspaceでは、ワークスペースに永続化するファイル／ディ
レクトリを宣言します。rootキーでワークスペースのルートディレクトリを指定

し、pathsキーでワークスペースに永続化したいファイルやディレクトリパス
を指定します。指定にはグロブ形式がサポートされています。

```
- persist_to_workspace:
    root: /tmp/dir
    paths:
      - foo/bar
      - baz/*
```

● attach_workspace

attach_workspaceを使い、ジョブからワークスペースにアクセスできるよう
にします。atキーで指定したパスのディレクトリにワークスペースに永続化さ
れているファイルがダウンロードされます[注2]。ダウンロード以降は、通常のファ
イルと同じように扱うことができます。

```
- attach_workspace:
    at: /tmp/dir
```

● 利用できないジョブ

ワークスペースを使用する際に注意することとして、以下の3つのルールが
あります。

❶上流のジョブは、それより下流のワークスペースレイヤを継承できない
❷同名ファイルを「上書き」した場合、下流のレイヤのファイルが使用される
❸同時実行ジョブで同名ファイルを永続化した場合、ワークスペースの展開ができ
**　ない**

先に実行されるジョブを「上流」、それより後に実行されるジョブを「下流」と
したとき、ワークスペースは、上流のジョブから下流のジョブにファイルを渡
すことを目的に設計されています。これに反するような使い方は控えたほうが
よいでしょう。たとえば、次のようなワークフローを設定したとします。

```
workflows:
  version: 2
  workflow:
    jobs:
      - install_deps # ジョブA
      - test_1:      # ジョブB
          requires:
```
▼

注2　atキーで指定するパスは、persist_to_workspaceのrootキーのパスと同一である必要はありませんが、
　　異なる場合ダウンロードしたファイルやディレクトリにアクセスするパスも異なるため注意する必要が
　　あります。

```
         - install_deps
    - test_2:        # ジョブC
        requires:
          - install_deps
    - deploy:        # ジョブD
        requires:
          - test_1
          - test_2
```

このワークフローを図にすると、**図6**のようになります。

図6　ワークスペースを使うワークフロー例の概念図

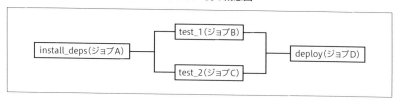

ジョブAは明らかにジョブBとジョブCより上流に位置しているので、ジョブAは先に実行されます。このため、ジョブBとジョブCが作成するワークスペースレイヤをジョブAから利用することはできません（ルール**ⓐ**）。

また、ジョブAとジョブBがともにワークスペースに対してfoo.binファイルを永続化した場合、ジョブDはどちらのファイルを参照することになるでしょうか？ ワークスペースは下流に行くにつれてレイヤを重ね、より下流にあるレイヤが常に適用されます。したがって、より下流に存在するジョブBが生成するfoo.binが適用されることになります（ルール**ⓑ**）。

最後に考慮すべき点は、同時実行ジョブが同じファイルをワークスペースに永続化した場合に、ジョブが**図7**のようにエラー終了してしまうことです（ルール**ⓒ**）。上記の例ではジョブBとジョブCは並列に実行される関係にあります。この2つのジョブがともにfoo.binを生成してワークスペースに永続化すると、ジョブDはワークスペースレイヤを展開できません。

図7　同じファイルを永続化した場合のエラー

```
Downloading workspace layers
  workflows/workspaces/03f43ec4-16a7-46eb-8758-e4e4c5677498/0/81225e96-9824-4205-8
a74-ec6498aaf86e/0/102.tar.gz - 132 B
  workflows/workspaces/03f43ec4-16a7-46eb-8758-e4e4c5677498/0/4dc14d68-94e3-4289-8
fde-ec21b8a66af4/0/102.tar.gz - 132 B
Applying workspace layers
  03bd5641-3de1-42bf-aa4d-4b48740178f3 - persisted no files
  81225e96-9824-4205-8a74-ec6498aaf86e
Concurrent upstream jobs persisted the same file(s) into the workspace:
  - foo.bin
```

```
Error applying workspace layer for job 81225e96-9824-4205-8a74-ec6498aaf86e:
Concurrent upstream jobs persisted the same file(s)
```

ワークスペースのライフサイクル

　ワークスペースは、ワークフロー1つにつき1つ与えられます。それぞれは独立していますが、ワークフローを再実行した場合にのみ同一のワークスペースが使用されます。

　執筆時点現在では、保存期間はワークスペースが初めて使用されてから15日で、それ以降にワークスペースを使用しようとするジョブは失敗します。また、ワークスペースレイヤは重ねることはできますが、永続化されたファイルをワークスペースレイヤから取り除くことはできません。ワークスペースに対して、ファイルの追加／更新はできるが削除はできない、ということです。

キャッシュとの違い

　ワークスペースは同一ワークフローの上流ジョブから下流ジョブにデータを渡すことを目的として設計されているのに対して、キャッシュは異なるワークフローで実行されたジョブからジョブに対してデータを受け渡すことを目的として設計されています。ワークスペースでは異なるワークフローにあるジョブ間でファイルを共有することはできません。キャッシュの使い方は第6章の「キャッシュの活用」を参照してください。

　ほかには**表1**の違いがあります。

表1　ワークスペースとキャッシュの違い

項目	ワークスペース	キャッシュ
グロブ	サポートしている	サポートしていない
ファイルの上書き	上書きできる	上書きできない
数	ワークフローにつき1つ	複数可能

　特に、キャッシュはワークスペースと異なり、上書きができないという点に注意しましょう。すでにキャッシュが存在するキーに対してキャッシュを保存しようとした場合、スキップされます。

　ワークスペースと異なりレイヤの概念もないため、同時実行ジョブで同じキーに対して同じファイルのキャッシュを保存しようとしてもエラーになりません。

証明書エラーへの対応

最低限のライブラリしかインストールしていないプライマリイメージを指定した場合、ワークスペースやキャッシュの保存先であるAmazon S3とSSL通信ができず次のようなエラーとなることがあります。これはジョブを実行するCircleCIのプロセスがイメージのOSに依存していて、SSL通信に必要なライブラリがインストールされていないことに起因します。

```
RequestError: send request failed
caused by: Get https://xxxxxxxx.amazonaws.com/xxxxxxxxxxxxxxxxxx: x509:
certificate signed by unknown authority
```

解決するには、以下の例のようにca-certificatesパッケージをインストールします。

```
- run: apt-get update; apt-get install -y ca-certificates
```

4.6 そのほかのワークフロー

ワークフローには、ブランチ名やコミットタグによるフィルタリング、スケジュール実行機能などもあります。それぞれについて詳しく見ていきましょう。

フィルタリング

filtersキーを使うと、ワークフローを実行したいコミットタグあるいはブランチを指定できます。

●──フィルタリングのしくみ

フィルタリングは、全文一致か厳密なJavaの正規表現パターン一致を使用できます。たとえば、ブランチフィルタに/^staging/と指定したときはstagingブランチにのみ一致します。stagingから始まるほかすべてのブランチ、たとえばstaging-v1などには一致しません。

●──タグによるフィルタリング

タグによるフィルタリングは、ライブラリなどのリリースをバージョンタグを付けて行いたいときやブランチとは異なるレベルでジョブの管理をしたいときに便利です。

CircleCIは明示的にタグフィルタを指定しない限り、タグが含まれるワークフローを実行しません。また、依存しているジョブに対してもタグフィルタを付ける必要があります。例を見ながら確認しましょう。

```
workflows:
  version: 2
  build-and-deploy:
    jobs:
      - build:
          filters:
            tags:
              only: /.*/
      - deploy:
          requires:
            - build
          filters:
            tags:
              only: /^v.*/
            branches:
              ignore: /.*/
```

　filtersキーでは、許可リスト方式（only）とブロックリスト方式（ignore）でタグやブランチ名を指定します。上記のサンプルでは、buildジョブはすべてのタグとすべてのブランチに対して実行されますが、deployジョブはvから始まるタグに対してのみ実行されます。このとき、仮にbuildジョブにタグフィルタを付けることを忘れてしまった場合、このワークフローはvから始まるタグコミットをトリガとして実行されません。なぜなら、buildジョブが実行されないために、それに依存するdeployジョブも実行されないからです。

　また上記の設定では、buildジョブはタグが付いていないコミットにも実行されます。もしbuildジョブがタグ付きのコミットに対してのみ実行されるようにしたい場合は、次のようなブランチフィルタが必要です。

```
- build:
    filters:
      tags:
        only: /.*/
      branches:
        ignore: /.*/
```

●——**ブランチによるフィルタリング**

　ブランチによってデプロイ先の環境を切り替えたい、あるいはジョブの実行をスキップしたいときに、ブランチによるフィルタリングを使いましょう。

```
workflows:
  version: 2
  stage_prod:
    jobs:
      - release_stage:
          filters:
            branches:
              only: /^stage-.*/
      - release_prod:
          filters:
            branches:
              only:
                - prod
```

　たとえば上記の例では、stageブランチとprodブランチにそれぞれ異なるジョブを実行させるためのワークフローです。release_stageジョブは、指定された正規表現/^stage-.*/によりstage-から始まるすべてのブランチにおいて実行されます。release_prodジョブは、prodブランチおいてのみ実行されます。

スケジュール

　すべてのブランチのコミットで実行するには重い処理、あるいは何らかのバッチ処理をワークフローに任せたいとき、あるいは毎日決まった時間に外部APIとのインテグレーションテストを行いたいときに、cronを用いてワークフローの定期実行を行いましょう。

●──スケジュール実行のしくみ

　ワークフローのスケジュール実行にはcronキーを使用します。cronキーはPOSIX(*Portable Operating System Interface for UNIX*)規格におけるcrontabの構文で表記します。多くのシステムで使われているので、すでに慣れ親しんでいる人も多いことでしょう。簡単にその記法を示します(**図8**)。時間はUTC(*Coordinated Universal Time*、協定世界時)で実行されることに注意してください。

図8　crontabの構文

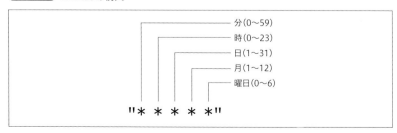

コマンド列は5つの整数で成り立ち、コマンドを繰り返し実行する日時を表します。たとえば毎日0時00分（UTC）に実行する場合、以下のように記述します。

`"0 0 * * *"`

あるいは30分ごとに実行する場合、次のように指定します。

`"0,30 * * * *"`

cron記法のバリデーション関しては「crontab guru」[注3]がとても役に立つので、ぜひ参考にしてみてください。

●── cronキー利用時の注意点

cronを使ううえで注意点は2つあります。1つは、ステップ値（*/1や*/20など）には対応していない点です。もう1つは、どのコミットに対してワークフローを実行するかを filters キーにて指定する必要がある点です。したがって、master ブランチで毎日0時00分（UTC）に実行する場合を例にとると、ワークフローは次のように記述しなければなりません。

```
workflows:
  version: 2
  build_workflow:
    triggers:
      - schedule:
          cron: "0 0 * * *"
          filters:
            branches:
              only:
                - master
    jobs:
      - build_job
```

承認ジョブ

本番環境へのコードのリリースなど、人間がタイミングを見計らって実行したいジョブがあります。承認ジョブを設定することで、ワークフローのジョブ実行をコントロールしましょう。

注3　https://crontab.guru/

●──── ワークフローをコントロール

type: approvalを使うことで、次のジョブの実行に手動承認を要求できます。リポジトリに対するWrite権限があれば、「Approve」ボタンをクリックして、そのジョブに依存するジョブの実行を承認できます（**図9**）。

図9 Approveボタン

●──── 具体的な設定例

たとえばdeployジョブを手動承認して初めて実行したい場合、実際のワークフロー設定は下記のようになります。

```
version: 2.1

jobs:
  build:
    docker:
      - image: busybox
    steps:
      - run: echo "build job"
  deploy:
    docker:
      - image: busybox
    steps:
      - run: echo "deploy job"

workflows:
  version: 2
  build-and-deploy:
    jobs:
      - build
      - hold:
          type: approval
          requires:
            - build
      - deploy:
          requires:
            - hold
```

待機用ジョブholdを、buildとdeployの間に挟み込んであります。holdジョブは待機するためだけに消費されるため、そのステップを定義する必要はありません。また、holdジョブを宣言してステップを定義しても実行されないことに注意しましょう。

　承認がなされるまでは、ワークフローはHOLD状態（**図10**）でジョブは実行されません。なお、HOLD状態のときはクレジットは消費しません。

　承認ジョブの使い方については第7章で再度解説します。

図10　HOLD状態のワークフロー

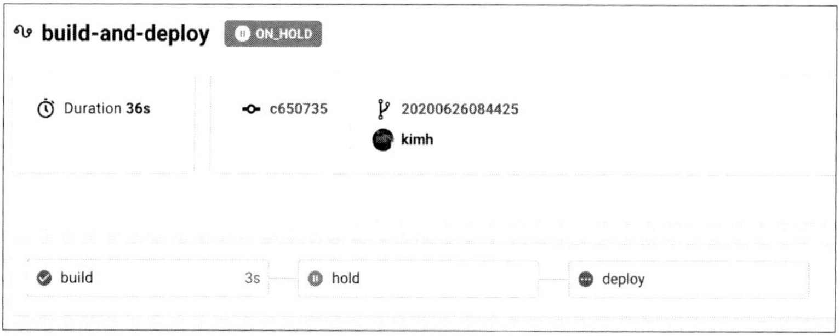

> ୬ **build-and-deploy** ⏸ ON_HOLD
>
> ⏱ Duration **36s** ┈ c650735 ⑂ 20200626084425
> 🕘 kimh
>
> ✓ build　　3s ⏸ hold　　⚫ deploy

第**5**章

実践的な活用方法

本章では、CircleCIを実践的に活用するためのノウハウを解説していきます。

5.1　プロジェクト設定によるジョブの実行タイミングの調整

CircleCIは「Advanced Settings」(**図1**)でさまざまなカスタマイズが可能となっています。

図1　Advanced Settings

プロジェクトを作成したら一度これらのジョブの実行タイミングに関する設定をすべて確認して、必要に応じて設定しておきましょう。

フォークされたリポジトリのビルド

あなたのリポジトリがパブリックリポジトリの場合、誰かがあなたのリポジトリをフォークして、プルリクエストを作成する可能性があります。フォークされたリポジトリはあなたのリポジトリではないため基本的にCircleCIはジョブを実行しませんが、プルリクエストが作成された場合、CIが成功するかどうかを確認してからマージしたいはずです。

そのときは「Build forked pull requests」の設定をオンにすることで、フォークされたリポジトリからプルリクエストが作成された場合のみジョブを実行するように設定できます。

また「Pass secrets to builds from forked pull requests」という設定では、フォークされたプルリクエストに対して環境変数、デプロイキーとユーザーキー、追加されたSSHキーを渡すかどうかを設定できます。もし、仮にこれらの情報が

なければジョブを実行できない場合は設定をオンにしなければなりませんが、必要とならないない限りはオフにしておくとよいでしょう。

この設定を有効にすればCIの成功を確認してから安心してプルリクエストをマージできますが、フォークされたプルリクエストが頻繁に発生する場合、自身のコントールできないところで多くのクレジットを消費する可能性があるため、プランによっては制限がかかりやすくなる可能性が高くなりますので注意が必要です。

プルリクエストのみのビルド

デフォルトではプッシュやマージなどのタイミングでジョブが実行されますが、プルリクエストを作成するまではジョブを実行しなくてよいという考えもあります。

そのときは「Only build pull requests」の設定をオンにします。この設定を有効にすると、プルリクエストを作成していないブランチにプッシュやマージなどを行ったとしてもジョブが実行されなくなります。

気を付けなければならない点として、この設定を有効にしてもGitHubのデフォルトブランチ（通常はmaster）のみ変更があると必ずジョブを実行する点があります。しかし、それ以外のブランチはジョブが実行されなくなるため、プルリクエストをマージした際に、変更が取り込まれたベースブランチでビルドが実行されなくなりますので、ブランチ運用によっては注意が必要です。

自動キャンセルによる最新のコミットのみのビルド

デフォルトのCircleCIでは、ジョブ実行中にプッシュが行われコミットが追加された場合、過去と最新のジョブが同時に実行されることになりますが、設定すれば過去のジョブを自動的にキャンセルできます。

「Auto-cancel redundant builds」の設定をオンにすると、デフォルトブランチを除いて新しいジョブが追加されると、自動的に過去のジョブをキャンセルします。

アプリケーション開発のサイクルが早く頻繁にコミットが行われる組織の場合、この設定を有効にしておくとジョブの実行回数が大幅に節約されるため、特に問題がない限りは有効にしておくとよいでしょう。

なお、キャンセルされたジョブは第3章の「キャンセル」で解説したとおり、失敗と同じステータスになります。また、第4章で解説しているスケジュールジ

ョブは、この設定による影響を受けません。

5.2 GitHubのブランチプロテクションによるマージのブロック

　GitHubにはブランチプロテクションと呼ばれる機能があり、ルールを設定することでブランチを健全な状態に保つことができます。

　ここではブランチプロテクションの機能を簡単に解説したあと、CircleCIとの連携について詳しく解説します。

ブランチプロテクションでできること

　ブランチプロテクションルール(**図2**)は、リポジトリの管理者であれば「Settings」の「Branches」メニューから「Add rule」ボタンで作成できます。

図2 ブランチプロテクションルールの設定画面

Manage access	
Branches	**Branch name pattern**
Webhooks	master
Notifications	
Integrations & services	**Protect matching branches**
Deploy keys	
Autolink references	**Require pull request reviews before merging**
Secrets	When enabled, all commits must be made to a non-protected branch and submitted via a pull request with the required number of approving reviews and no changes requested before it can be merged into a branch that matches this rule.
Actions	
	☑ **Require status checks to pass before merging**
	Choose which status checks must pass before branches can be merged into a branch that matches this rule. When enabled, commits must first be pushed to another branch, then merged or pushed directly to a branch that matches this rule after status checks have passed.

- **Require branches to be up to date before merging**
  This ensures pull requests targeting a matching branch have been tested with the latest code. This setting will not take effect unless at least one status check is enabled (see below).

Sorry, we couldn't find any status checks in the last week for this repository.
Learn more about status checks on GitHub.

- **Require signed commits**
  Commits pushed to matching branches must have verified signatures.

- **Require linear history**
  Prevent merge commits from being pushed to matching branches.

- **Include administrators**
  Enforce all configured restrictions above for administrators.

Rules applied to everyone including administrators

- **Allow force pushes**
  Permit force pushes for all users with push access.

- **Allow deletions**
  Allow users with push access to delete matching branches.

Create

「Branch name pattern」[注1]にマッチするブランチに対して、以下のルールを設定できます。

- ⓐフォースプッシュ（強制プッシュ）やブランチの削除を禁止する
- ⓑプルリクエストをマージする際、レビューの承認を必須とする
- ⓒプルリクエストをマージする際、ステータスチェックの成功を必須とする
- ⓓプルリクエストをマージする際、マージコミットを禁止する
- ⓔ署名済みコミットを必須とする

ⓐについては、ルールを作成したタイミングで自動的に有効となります。それ以外はチェックを付けて任意で有効化する必要があります。

ⓒは、CircleCIなどの外部サービスと連携することで機能する設定となります。CIとGitHubの組み合わせを利用した開発では必須と言える機能なので、詳しく解説していきます。

CIステータスによるマージのブロック

せっかくCIを導入したのに、ジョブの実行に失敗するブランチをマージしてしまっては本末転倒と言えます。その原因としては、ジョブの実行が成功する前にうっかりマージボタンを押してしまうなどの人為的なミスが考えられます。

そこで「Require status checks to pass before merging」ルールを有効にすると、CIが成功するまでマージボタンを押すことができなくなるため、そのような人為的ミスを未然に防ぐことができます。

5.3　CircleCI Checksによる詳細なCIステータスの取得

CircleCI ChecksはGitHubのGitHub Checks APIを利用して、GitHubとの連携をより強化するしくみです。

CircleCI Checksでできること

CircleCI Checksをインストールすると、以下の機能が利用できるようになり

注1　fnmatchの構文（https://ruby-doc.org/core/File.html#method-c-fnmatch）を利用しており、ファイルグロブ（*はワイルドカードとなり正規表現の/.*/と同じ）に似たルールになっています。

ます。

- プルリクエストからCircleCIの個別ジョブのステータスを確認できる（図3）
- プルリクエストのChecksタブからCircleCIのビルドステータスを確認できる（図4）
- ブランチプロテクションの「Require status checks to pass before merging」で特定のジョブを指定できる

図3　プルリクエストのChecks

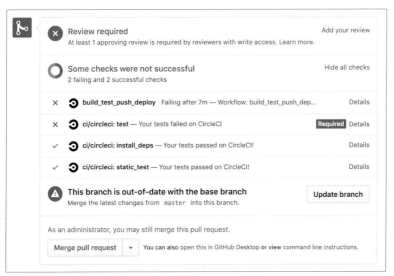

図4　Checksタブ

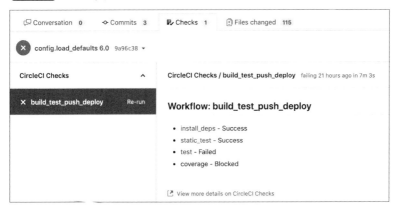

　CircleCI Checksによって得られる機能の本質は、GitHubがCircleCIのビルド全体ではなくワークフローの各ジョブ情報を取得できるようになることにより、詳細な情報をGitHub上で確認できるようになったり、柔軟な設定が行えるようになったりすることです。

CircleCI Checksの導入

　それでは実際にCircleCI Checksを導入してみましょう。

　CircleCI ChecksはGitHub Appsとして提供されているため、CircleCI Checksを利用するためにはGitHubにCircleCI Checksアプリケーションをインストールして適切な設定を行います。

　ここでは個人アカウントで解説しますが、GitHub Organizationの場合も管理者権限が必要であること以外は同じです。

●── 有効化

　CircleCI Checksを導入するには、まずCircleCIの「Organization Settings」から「VCS」設定ページを開きます（**図5**）。

図5　VCS設定

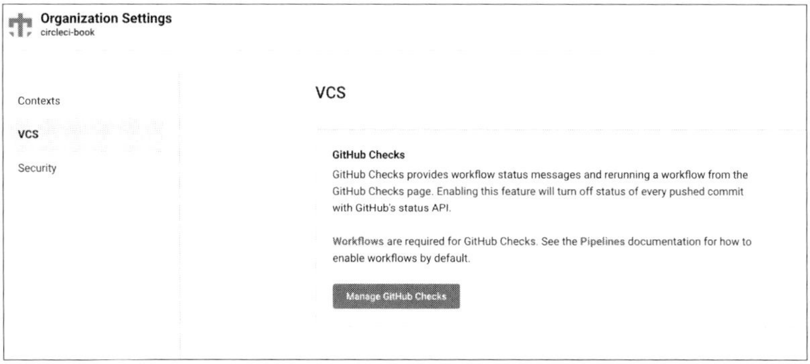

　こちらの「Manage GitHub Checks」ボタンを押すと、CircleCI Checksがまだインストールされていない場合のみCircleCI Checksのインストール画面（**図6**）へと移動します。

図6　CircleCI Checksのインストール画面

　こちらで「Install」ボタンを押すと、インストールが行われてCircleCI Checks
の設定画面(**図7**)へと移動します。

図7　CircleCI Checksの設定画面

「Repository access」は「All repositories」で問題ないはずですが、もし制限したい場合は特定のリポジトリを選択しましょう。

インストールが完了すれば自動的にCircleCI Checksが有効になり、以後プルリクエストのChecksタブにCircleCIの情報が追加されます。

•───無効化

もしCircleCI Checksを無効化したい場合、CircleCI Checksの設定から操作します。インストールの際と同様にCircleCIの「VCS」設定から「Manage GitHub Checks」ボタンを押すと、すぐにCircleCI Checksの設定へと移動できます。

特定のリポジトリのみ有効にしたい場合は、「Repository access」から「Only select repositories」をチェックしてリポジトリを選択します。すべて無効にしたい場合は、最下部にある「Uninstall」ボタンを押して削除してください。

•───ブランチプロテクションの詳細設定

CircleCI Checksが有効な状態でブランチプロテクションのルールを編集すると、**図8**のように「Require status checks to pass before merging」の中に「Status checks found in the last week for this repository」のステータスチェック一覧が表示されるようになります。

図8 ステータスチェックが存在する場合

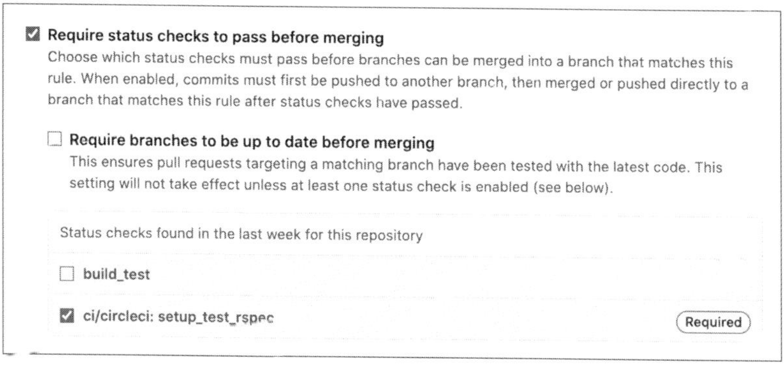

通常、こちらのルールはCircleCIのビルド全体に適用されますが、このステータスチェックを選択すると、選択されたステータスチェックのみがこちらのルールの対象となります。

たとえば、時間がかかるデプロイ関連のジョブがあるけれどテストが成功していればマージしてよいというルールで運用したい場合は、テスト関連のジョ

ブのみ選択しておくことで、デプロイ関連の成功を待たずにマージできるようになります。

　なお、こちらのステータスチェック一覧は「in the last week for this repository」と記載があるように、検知されるまで時間がかかる場合があります。すぐに反映されない場合はしばらく時間を空けて確認してみてください。

5.4　環境変数を利用する理由

　アプリケーションのビルドや動作を切り替える設定として、環境変数を利用する方法が一般的となっています。CircleCIでも環境変数を用いて柔軟にジョブを実行できるようになります。

　ここでは環境変数を利用する理由から、CircleCIで環境変数を利用する方法まで詳しく解説していきます。

　環境変数が利用されるようになった背景として、アプリケーション開発の方法論をまとめた「The Twelve-Factor App」が大きな影響を与えています。利用する理由として、「III. 設定」で、次のように述べられています。

> Twelve-Factor Appは設定を環境変数に格納する。環境変数は、コードを変更することなくデプロイごとに簡単に変更できる。設定ファイルとは異なり、誤ってリポジトリにチェックインされる可能性はほとんどない。また、独自形式の設定ファイルやJava System Propertiesなど他の設定の仕組みとは異なり、環境変数は言語やOSに依存しない標準である。
>
> ——「The Twelve-Factor App」(https://12factor.net/ja/)

　具体的な利用目的としては、ミドルウェアや外部サービスなどのパスワードやAPIキー、アプリケーションのビルド情報、デバッグモード（ログレベル）、APIのエンドポイント、ソースコードの最小化（*Minification*）などを環境変数を用いて切り替えることで、ソースコードを変更することなくさまざまな環境でアプリケーションを動作させられるためです。

パスワードやAPIキーなどの秘匿情報の保護

　パスワードやAPIキーなどの秘匿情報の保護は、環境変数を利用する最たるものです。

　プライベートリポジトリの場合、もしAPIキーをコミットしたとしても大きな問題になることはありませんが、パブリックリポジトリで同様のことをしてしまうと、一瞬でアカウントが乗っ取られたりして大事故につながります。

　Gitリポジトリでは、一度コミットされたものは履歴を書き換えない限りコードから削除したとしても履歴に残り続けるため、プライベートで開発を進めたものをOSS化する場合に、過去にコミットされていたものも漏洩は免れません。

　そのため、秘匿したい情報は環境変数を利用して設定する方法が定石となっています。

アプリケーション設定とコードの分離

　アプリケーションのビルド情報、デバッグモード（ログレベル）、APIのエンドポイント、ソースコードの最小化（*Minification*）などアプリケーションの振る舞いを変更する設定も、環境変数を利用する方法が一般的となっています。環境変数を利用することで、コードを変更することなく動作を変えることができます。

　もちろん、設定ファイルや実行コマンドを動作環境別に複数用意して利用する方法もあります。**表1**に環境変数と設定ファイル分割のメリットとデメリット（設定ファイルをリポジトリにコミットする場合）を挙げてみましたので、こちらから何が最良の選択なのか判断して使い分けてみてください。

表1　環境変数と設定ファイル分割のメリット＆デメリット

方法	メリット	デメリット
環境変数	・ソースコードを変更しなくて済む ・設定ファイルが不要になる、あるいは設定ファイルが1つで済む ・必須の設定に漏れがあればエラーを出すことができる ・ほかの環境へ影響を与えることがなくなる	・定義もデフォルト値もなければエラーになる ・一覧性が低く多過ぎると管理コストがかかる ・変更を記録できない ・数値と文字列の区別ができないなど、型情報が不十分
設定ファイルの分割	・設定する必要がなくなるため、環境構築コストが下がる ・設定漏れがなくなる ・変更がすべての環境に反映される ・コメントを残しやすい（ソースコード、コミットログ） ・正確な型情報を持つことができる	・環境によって設定ファイルを用意しなければならない ・変更のためにコードを変更する必要がある ・設定を間違った場合の影響範囲が大きい

5.5 ビルトイン環境変数

　CircleCIには、あらかじめ用意されているビルトイン環境変数と、ユーザーが自由に定義できる環境変数があります。

　ビルトイン環境変数はCircleCIの中で定義されている環境変数で、ジョブを実行中のコンテナの中で利用可能です。ジョブが実行されると、最初の「Spin Up Environment」ステップに表示され、こちらから変数の中身を確認できます。

ビルトイン環境変数を利用する理由

　ビルトイン環境変数を利用する理由として、よくあるものは次のとおりです。

- CIのみ実行したい処理のフラグとして利用するため
- アプリケーションにビルド情報を埋め込むため
- 並列処理においてノード割り当てを行うため
- Dockerイメージの名前(タグ)として利用するため
- 外部サービスへの通知にジョブ番号を埋め込むため

　ビルトイン環境変数を利用するとこれらが環境に合わせて自動的に設定されるため、異なるプロジェクトでもconfig.ymlが再利用しやすくなります。

主なビルトイン環境変数一覧

　ビルトイン環境変数は、公式ドキュメントの「Using Environment Variables」の「Built-in Environment Variables」[注2]に一覧があります[注3]。その中でよく利用するものを**表2**にまとめましたので参考にしてください。

注2　https://circleci.com/docs/2.0/env-vars/#built-in-environment-variables
注3　執筆時点では、すべてのビルトイン環境変数が紹介されているわけではないようです。

表2　主なビルトイン環境変数一覧

環境変数名	型	説明
CI	真偽値	CI環境であることを表している。値は常にtrue
CIRCLE_BUILD_NUM	数値	CircleCIプロジェクトのジョブ番号※
CIRCLE_BRANCH	文字列	リポジトリのGitブランチ名
CIRCLE_PROJECT_REPONAME	文字列	リポジトリ名
CIRCLE_SHA1	文字列	リポジトリの最終コミットのハッシュ
CIRCLE_TAG	文字列	リポジトリのタグ
CIRCLE_NODE_TOTAL	数値	CIジョブコンテナの合計数
CIRCLE_NODE_INDEX	数値	使用中のCIジョブコンテナの番号

※ジョブという概念がないときに作られたなごりでBUILD_NUMになっています。

ビルトイン環境変数の利用

　ビルトイン環境変数はあからじめ定義されているため、runステップやシェルスクリプトの中で自由に使えるようになっています。

```
version: 2
jobs:
  build:
    docker:
      - image: cimg/node:lts
    steps:
      - run:
          name: ビルトイン環境変数の利用
          command: |
            echo "CI is '$CI'"
            echo "CIRCLE_SHA1 is '$CIRCLE_SHA1'"
            echo "CIRCLE_BRANCH is '$CIRCLE_BRANCH'"
```

　たとえば、上記を実行すると次のように表示されます。

```
$ circleci local execute
  (中略)
====>> Preparing Environment Variables
Using build environment variables:
  BASH_ENV=/tmp/.bash_env-localbuild-1595166528
  CI=true
  CIRCLECI=true
  CIRCLE_BRANCH=master
  (中略)
====>> ビルトイン環境変数の利用
  #!/bin/bash -eo pipefail
echo "CI is '$CI'"
echo "CIRCLE_SHA1 is '$CIRCLE_SHA1'"
echo "CIRCLE_BRANCH is '$CIRCLE_BRANCH'"
```

```
CI is 'true'
CIRCLE_SHA1 is 'c5badb37c77b42f816a0d00e8faa0f905cafe675'
CIRCLE_BRANCH is 'master'
Success!
```

　このようにビルトイン環境変数を利用すると、Gitのコミットハッシュやブランチ名などを簡単に取得できるため、これらの値をビルド情報としてアプリケーションにセットして、Sentry[注4]などのエラートラッキングサービスに詳細な情報を送ることが可能となります。その結果、エラーが発生したコードをコミット単位で特定できるようになり、原因の特定から解決までのリードタイムを短縮できるようになります。

5.6　**ユーザー定義の環境変数**

　次は、ユーザー定義の環境変数を利用する方法を解説します。ユーザー定義の環境変数の利用方法は次の3つが用意されています。

- インライン環境変数を利用する
- プロジェクト設定を利用する
- コンテキストを利用する

　アプリケーションの設定や秘匿情報を利用するのが主な目的となりますが、3つの方法はそれぞれ用途が異なりますので、違いを確認しながら目的に応じた方法を選択してください。

ユーザー定義の環境変数を利用する理由

　ユーザー定義の環境変数を利用する理由として、よくあるものは次のとおりです。

- パスワードやAPIキーなどの秘匿情報を利用する
- アプリケーションの設定を変更する

　たとえば、AWSにデプロイするためのアクセスキー、アプリケーションのデータベース接続情報、動作モード（環境変数NODE_ENV）の指定などは、ユーザー

注4　https://sentry.io/

定義の環境変数を利用して行います。

インライン環境変数の利用

　最も簡単にユーザー定義の環境変数を利用する方法は、config.ymlに直接環境変数を記述する方法です。このような変数をインライン環境変数と呼びます。

　この方法はconfig.ymlだけで完結できるというお手軽な点と、config.ymlを見れば環境変数の定義と値を確認できる点がメリットです。

　ただし、値が直接ファイルに記述されてしまうことから、秘匿情報には利用できません。そのため環境変数で秘匿情報を利用する場合は、後述するプロジェクト設定かコンテキストを利用しましょう。

●──ステップ

　それでは実際にユーザー定義の環境変数を利用してみましょう。まずは、ステップに環境変数を定義してみます。

```
version: 2
jobs:
  build:
    docker:
      - image: cimg/node:lts
    steps:
      - run:
          name: ステップで定義された環境変数を利用する
          environment:
            NODE_ENV: production
          command: echo "NODE_ENV is '$NODE_ENV'"
      - run:
          name: 環境変数は引き継がれない
          command: echo "NODE_ENV is '$NODE_ENV'"
```

　ステップで環境変数を利用する場合は、environmentキーを使って環境変数と値を記述します。上記では、基本となるrunステップに環境変数を定義しています。こちらを実行すると、次のような表示が出力されます。

```
$ circleci local execute
（中略）
====>> ステップで定義された環境変数を利用する
  #!/bin/bash -eo pipefail
echo "NODE_ENV is '$NODE_ENV'"
NODE_ENV is 'production'
====>> 環境変数は引き継がれない
  #!/bin/bash -eo pipefail
echo "NODE_ENV is '$NODE_ENV'"
```

```
NODE_ENV is ''
Success!
```

NODE_ENVという環境変数を定義したステップでは「NODE_ENV is 'production'」と表示され、未定義のステップでは「NODE_ENV is "」と表示されました。このように、ステップで定義した環境変数は、定義されたステップでのみ利用できるようになっています。

なお、ステップでの環境変数の利用はrunステップ以外にdeployステップでも利用可能となっています。

●──ジョブ

続いては、ジョブに環境変数を定義してみます。定義されたジョブ名のキー直下にenvironmentキーを定義します。

```
version: 2
jobs:
  build:
    docker:
      - image: cimg/node:lts
    environment:
      NODE_ENV: production
    steps:
      - run:
          name: ジョブで定義された環境変数を利用する
          command: echo "NODE_ENV is '$NODE_ENV'"
      - run:
          name: ステップで同名の環境変数を定義すると上書きされる
          environment:
            NODE_ENV: test
          command: echo "NODE_ENV is '$NODE_ENV'"
```

こちらを実行すると、次のように表示されます。

```
$ circleci local execute
  (中略)
====>> ジョブで定義された環境変数を利用する
  #!/bin/bash -eo pipefail
echo "NODE_ENV is '$NODE_ENV'"
NODE_ENV is 'production'
====>> ステップで同名の環境変数を定義すると上書きされる
  #!/bin/bash -eo pipefail
echo "NODE_ENV is '$NODE_ENV'"
NODE_ENV is 'test'
Success!
```

ステップに環境変数を定義していなくても、「NODE_ENV is 'production'」と表示されるのが確認できました。また、ステップで同名環境変数を定義した場合は上書きされます。

　ジョブに環境変数を定義すると、その中で実行されるすべてのステップに環境変数が定義されるため、各ステップで共通して利用する場合に便利です。ただし、意図しない環境変数定義が利用される可能性には注意しましょう。

● ── イメージ

　最後は、イメージで環境変数を定義してみます。docker キーのイメージの指定と合わせて environment キーを定義します。

```
version: 2
jobs:
  build:
    docker:
      - image: cimg/node:lts
        environment: # プライマリイメージの環境変数
          NODE_ENV: production
      - image: circleci/postgres:9.6
        environment: # サービスイメージの環境変数
          POSTGRES_USER: root
    steps:
      - run:
          name: プライマリイメージで定義された環境変数を利用する
          command: echo "NODE_ENV is '$NODE_ENV'"
      - run:
          name: ステップで同名の環境変数を定義すると上書きされる
          environment:
            NODE_ENV: test
          command: echo "NODE_ENV is '$NODE_ENV'"
      - run:
          name: サービスイメージの環境変数はステップでは利用できない
          command: echo "POSTGRES_USER is '$POSTGRES_USER'"
```

　こちらを実行すると、次のように表示されます。

```
$ circleci local execute
 (中略)
====>> プライマリイメージで定義された環境変数を利用する
  #!/bin/bash -eo pipefail
echo "NODE_ENV is '$NODE_ENV'"
NODE_ENV is 'production'
====>> ステップで同名の環境変数を定義すると上書きされる
  #!/bin/bash -eo pipefail
echo "NODE_ENV is '$NODE_ENV'"
NODE_ENV is 'test'
====>> サービスイメージの環境変数はステップでは利用できない
  #!/bin/bash -eo pipefail
echo "POSTGRES_USER is '$POSTGRES_USER'"
POSTGRES_USER is ''
Success!
```

　docker キーには、プライマリとサービスのイメージを指定できますが、ステ

ップが実行されるのはプライマリコンテナ(プライマリイメージから起動された
コンテナ)になるため、ステップの中ではプライマリイメージに指定した環境変
数のみが利用できます。

　ステップで定義する場合との使い分けとしては、イメージでの定義は主にコ
ンテナの中で動作するアプリケーションに対して環境変数で設定を行う場合に
利用して、ステップ内で利用するものに関してはステップで定義するとよいで
しょう。

プロジェクト設定の利用

　環境変数の値をリポジトリにコミットせずに利用するためには、ここで解説
するプロジェクト設定か、次に解説するコンテキストを利用して行います。2
つの大きな違いは、プロジェクト設定がプロジェクト固有のものであるのに対
して、コンテキストは複数のプロジェクトで同じものを利用できることです。
　まずプロジェクト設定ですが、こちらはCircleCIのプロジェクト設定の中に
ある「Environment Variables」から環境変数を定義する方法です。
　図9はまだ環境変数が追加されていない状態の設定画面ですが、「Add Variable」
ボタンを利用して追加を行います。

図9　Environment Variables

　「Add Variable」ボタンを押すと、環境変数を1つ追加できる「Add Environment
Variable」ダイアログが表示されるので、こちらに**図10**のように変数名と値を入
れて「Add Environment Variable」ボタンを押します。

図10　Add Environment Variableダイアログ

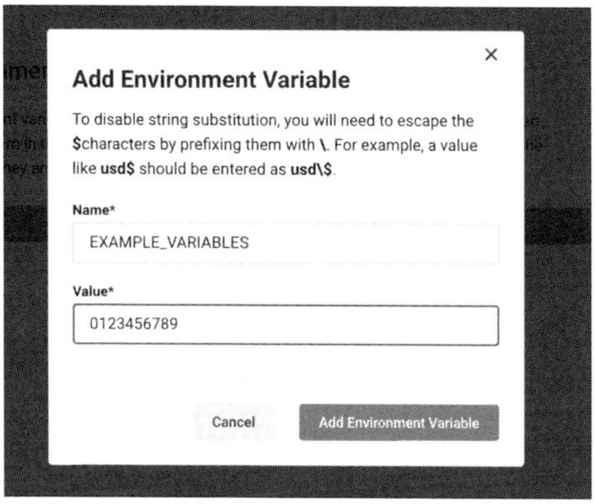

するとリストが更新され、**図11**のように値が一部マスクされた状態で追加した環境変数が表示されるので、値を隠したい環境変数も安全に扱うことができます。

図11　追加後のEnvironment Variables

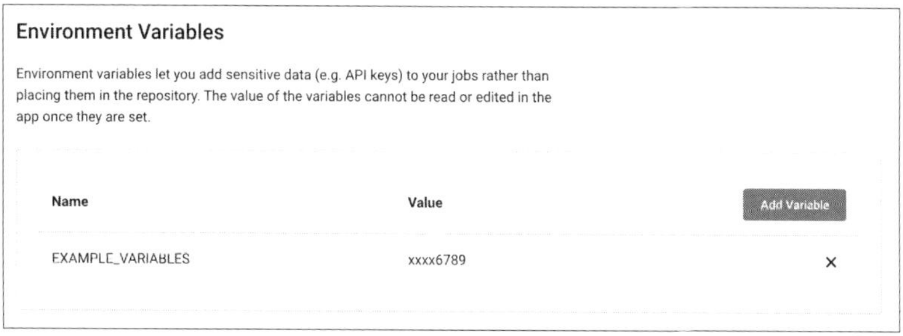

追加した環境変数は、次に実行されるジョブでビルトイン環境変数と同様に「Spin Up Environment」ステップに表示され、config.ymlのどこでも利用できるようになります。

コンテキストの利用

複数のプロジェクトで共通する環境変数を利用する場合、毎回プロジェクト設定に環境変数を登録するのは手間が多くかかります。そんなときコンテキストを利用すると、一度追加した環境変数を異なるプロジェクトで再利用できます。

コンテキストをわかりやすく言えば、CircleCIのOrganizationに対して環境変

数のグループを作成する機能で、各プロジェクトのconfig.ymlからコンテキストに登録された環境変数を呼び出して利用します。

●――コンテキストの設定

コンテキストはOrganization設定「Contexts」から登録を行います。まず右上の「Create Context」ボタンを押して表示される「Create Context」ダイアログ(**図12**)から、コンテキスト名を入力してコンテキストを作成します。

図12 Create Contextダイアログ

Create Context
Create a unique name for your Context. After you create a Context, you will be able to edit security groups and add environment variables.
Context Name
SLACK_INTEGRATION
Cancel
Create Context

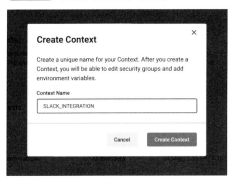

追加すると**図13**のように一覧に表示されるので名前をクリックして、**図14**のコンテキストの設定から、環境変数の追加とセキュリティ設定が行えるようになります。

図13 追加後のContexts

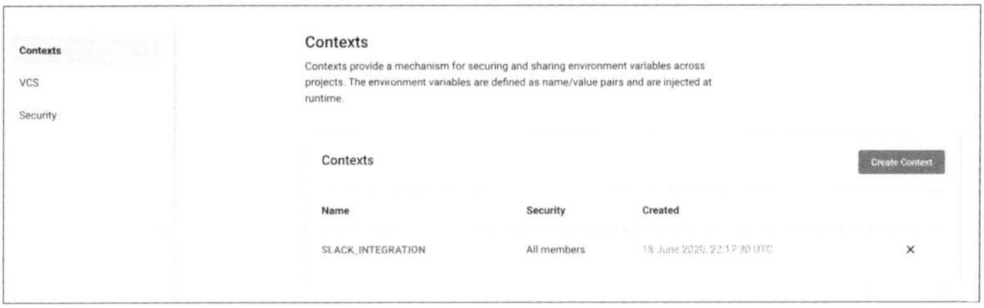

Contexts
VCS
Security
Contexts
Contexts provide a mechanism for securing and sharing environment variables across projects. The environment variables are defined as name/value pairs and are injected at runtime.
Contexts
Create Context
Name
Security
Created
SLACK_INTEGRATION
All members
18 June 2020, 22:17:30 UTC

図14 コンテキストの設定

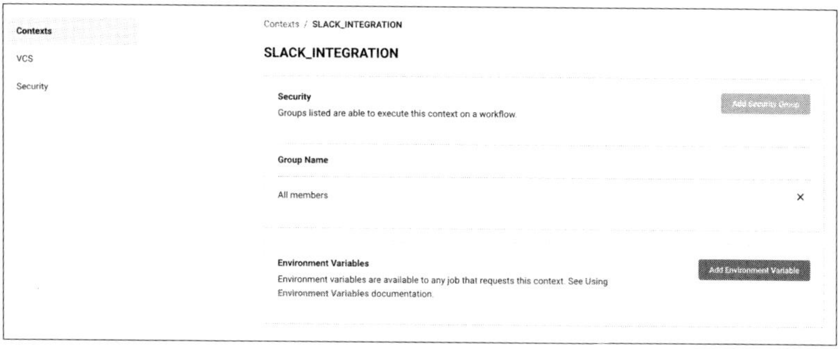

セキュリティ設定は、GitHub Organizationのチームをグループの単位にして、このコンテキストを利用できるグループを指定できます[注5]。グループを指定すると、グループに入っていないメンバーはこのコンテキストを利用したジョブの実行もできなくなります。デフォルトでは「All members」が追加されているので、「Add Security Group」から新しいグループを追加した場合は、「All members」は削除しましょう。

環境変数の追加はプロジェクト設定による追加と同じ流れで「Add Environment Variable」からダイアログを開いて追加すれば、**図15**のように一覧に表示されます。

図15 環境変数追加後のContexts

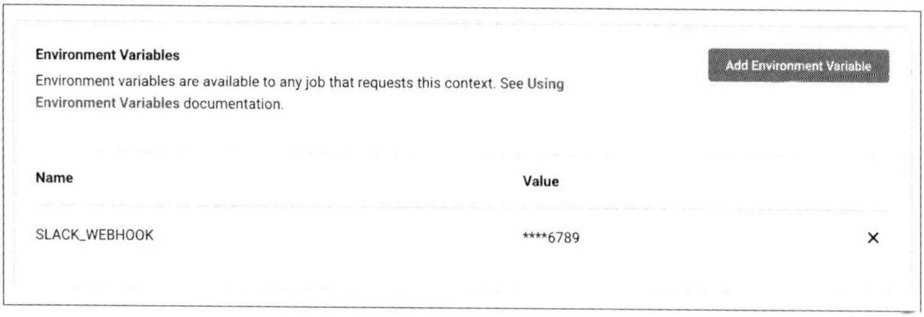

●── コンテキスト環境変数の利用

コンテキストに追加した環境変数は、次のようにして利用します。

```
version: 2.1
jobs:
  slack_test:
    docker:
      - image: cimg/node:lts
```

▼

注5　この機能はBitbucketでは利用できません。

```
    steps:
      - run:
          name: SlackにメッセージをPOSTする
          command: |
            curl -X POST \
            -H 'Content-type:application/json' \
            --data "{'text':'Hi!'}" ${SLACK_WEBHOOK}

workflows:
  version: 2
  main:
    jobs:
      - slack_test:
          context: SLACK_INTEGRATION
```

　ワークフロー定義のjobsフィールドでジョブに対して、利用するコンテキスト名を値に指定したcontextキーを追加します（この例ではSLACK_INTEGRATION）。すると、そのジョブの中では指定したコンテキストに登録されている環境変数（この例ではSLACK_WEBHOOK）が利用できます。

複数行の環境変数を利用する方法

　最後に、複数行の環境変数を利用する特殊ケースを紹介しましょう。
　複数行の環境変数を利用したい場合は、複数行の文字列を可逆性のある1行の文字列に変換して環境変数として定義します。それを、利用するステップで元に戻します。
　具体的に、Base64で符号化した文字列を環境変数として定義して、ステップで復号して利用する例を解説します。
　base64コマンド[注6]を利用して複数行を符号化した文字列を作成します。

```
$ cat env.txt
1行目
2行目
$ cat env.txt | base64
MeihjOebrgoy6KGM55uuCg==
```

　それを次のように環境変数として定義して、ステップの中で利用します。

```
version: 2
jobs:
  build:
    docker:
```

注6　macOSのbase64コマンドはBSD版であり、多くのLinuxに同梱されているGNU版とオプションが異なるので注意してください。CircleCIには基本的にGNU版がインストールされています。

```
    - image: cimg/node:lts
  steps:
    - run:
        name: Base64を利用して複数行の環境変数を扱う
        environment:
          MULTILINE_ENV_VAR: MeihjOebrgoy6KGM55uuCg==
        command: |
          echo $MULTILINE_ENV_VAR | base64 --decode
```

　環境変数を復号すると元の文字列が出力されるので、この方法で複数行の文字列を環境変数として扱うことができます。

```
$ circleci local execute
 （中略）
====>> Base64を利用して複数行の環境変数を扱う
  #!/bin/bash -eo pipefail
echo $MULTILINE_ENV_VAR | base64 --decode

1行目
2行目
Success!
```

　ただし、Base64で登録された環境変数は、次の「セキュリティ」で解説しているとおり復号してechoすることによって画面出力できてしまうので注意が必要です。

セキュリティ

　環境変数のセキュリティについて、こちらでもう一度確認しておきます。

●──環境変数の出力
　ここまでで説明したインライン、プロジェクト設定、コンテキスト、およびBase64を利用したプロジェクト設定の環境変数を、以下のconfig.ymlでechoコマンドを使って標準出力に出力してみます。

```
version: 2.1
jobs:
  envvar_test:
    docker:
      - image: cimg/node:lts
    steps:
      - run:
          name: ステップ定義の環境変数を出力する
          environment:
            STEP_VARIABLE: "This is step variable"
          command: echo $STEP_VARIABLE
```

```
    - run:
        name: プロジェクト設定の環境変数を出力する
        command: echo $PROJECT_VARIABLE
    - run:
        name: コンテキストの環境変数を出力する
        command: echo $CONTEXT_VARIABLE
    - run:
        name: Base64で符号化されたプロジェクト設定の環境変数を出力する
        command: echo $BASE64_PROJECT_VARIABLE | base64 --decode

workflows:
  version: 2
  main:
    jobs:
      - envvar_test:
          context: EXAMPLE_CONTEXT
```

　結果は**図16**のようになり、画面上マスクされていたプロジェクト設定とコンテキストの環境変数はechoコマンドでも出力されないため、公開プロジェクトであってもCircleCIを通じて環境変数の値が漏洩することはありません。

図16　　環境変数の出力テスト

　ですが、Base64で登録された環境変数は登録されている符号化された値は出力されませんが、復号することで符号化前の値が出力できてしまいますので、利用する際は画面に出力しないように注意しましょう。

● ── **SSH接続による環境変数の出力**

それでは、CircleCI に SSH接続した場合はどうでしょうか?

```
$ ssh -p 64535 *.*.*.*
（中略）
circleci@f26ebdb96cb8:~$ echo $PROJECT_VARIABLE
This is project variable
circleci@f26ebdb96cb8:~$ echo $CONTEXT_VARIABLE
This is context variable
```

コマンドのパス(PATH)を通すには?

コマンドのフルパスを入力しなくても、コマンド名だけで実行できるようにすることを通常「パスを通す」と呼びます。多くのOSでは PATH環境変数にシェルがコマンドの場所を探すディレクトリを追加することで、パスを通すことができます。Unix や Windowsを普段から使っている方にとっては日常的な作業ですが、CircleCI では以下のようにしてもうまくいきません。

```
steps:
  - run:
      name: $GOPATH/binをパスに追加
      command: |
        export PATH=$GOPATH/bin:$PATH
```

上記のようにすると、以降のステップでは PATH に $GOPATH/bin が追加されていることを期待しますが、実際には追加したパスは持ち越されません。これは、export コマンドで追加した環境変数はそのシェルの中だけで有効ですが、CircleCI は各ステップごとに新しいシェル(この場合 bash)を立ち上げるからです。

ローカル PC で bash を使っているときは対話モードで起動されるため、PATH を追加する場合は ~/.bash_profile や ~/.bashrc に書けばよいですが、CircleCI は bash を非対話モードで起動するのでこれらのファイルは読み込まれません。

解決方法として、BASH_ENV を使います。BASH_ENV の実体はそのジョブ内で有効な一時ファイルです。bash は非対話モードで起動されても BASH_ENV のファイルを source で読み込んでから起動するようになっています。つまり、以下のようにして BASH_ENV に export コマンドを書けば、ステップをまたいでパスを追加できます。

```
steps:
  - run:
      name: $GOPATH/binをパスに追加
      command: |
        echo "export PATH=$GOPATH/bin:$PATH" >> $BASH_ENV
```

なお、BASH_ENV は bash でしか利用できません。CircleCI のステップで、sh や ash など bash 以外のシェルを使っている場合は、この方法は使えないので注意が必要です。

結果は上記のとおりで、SSH接続すればプロジェクト設定、コンテキストで定義した環境変数もechoコマンドで出力できます。ただし、前述のとおりコンテキストのグループを利用している場合は、限られたメンバーしかジョブを実行できなくなるのでSSH接続もできなくなります。

つまり、CircleCIでジョブを実行できるユーザーであれば、環境変数の値は登録者以外でも閲覧できると理解しておきましょう。

5.7 通知の活用

CI/CDは開発の規模が大きくなればなるほど頻繁に実行されるため、その実行結果を常にチェックするのは生産的とは言えません。もしCI/CDの実行結果をもとに何かしらのアクションを行うのであれば、適切な通知をすることで、余計なチェックをせずとも適切なタイミングでアクションできます。

具体的には、以下のようなアクションが考えられます。

- テストに失敗したとき→コードを修正する
- デプロイに失敗したとき→インフラを確認する
- デプロイに成功したとき→動作確認する

適切なタイミングでこれらのアクションできるように、CircleCIの通知方法を学んでおきましょう。

通知の設定

CircleCIは、標準で次の通知方法を用意しています。

- メール通知
- Web通知(Notifications API)[注7]
- チャット通知

メール通知とWeb通知は、各ユーザーが任意に設定する項目です。左メニューの「Help」の下にあるユーザーアイコンをクリックして「User Settings」を開くと、「Notifications」から**図17**のように設定可能となっているので、自分の好みの設定をしておきましょう。

注7　https://developer.mozilla.org/ja/docs/Web/API/Notifications_API

図17 Notification Settings

チャット通知は、Slackへの通知が標準で用意されていますので、詳しく解説します。

● **Slackへの通知（Webhook URLの取得）**

Slackへの通知は、「Project Settings」の「Slack Integration」から行います（**図18**）。

図18 Slack Integration設定画面

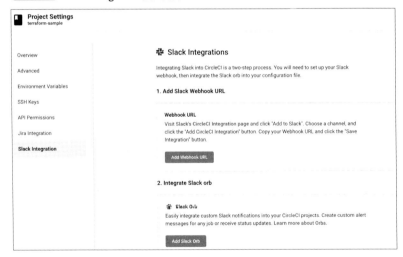

Slack通知を設定するためのステップは2つあります。

最初のステップは、SlackにCircleCIアプリを追加します。設定画面の「Add Webhook URL」ボタンを押すと表示される「Slack's CircleCI Integration page」リンクから、CircleCIアプリのページに行くことができます。アプリを追加すると、Slack上のCircleCIアプリ設定画面（**図19**）でWebhook URLを取得できるの

で、「Slack Integration」ページへ戻り、「Add Webhook URL」ボタンを押して
Webhook URL を登録します(**図20**)。

図19　CircleCIアプリ設定画面

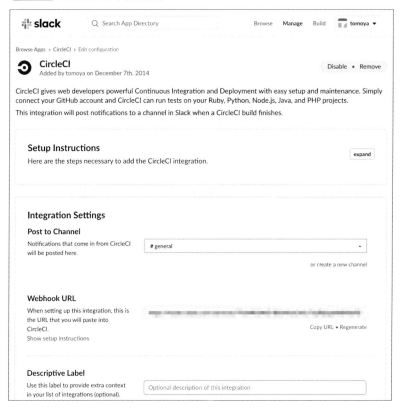

図20　Webhook URLの追加

　設定に問題がなければ、CircleCIアプリの「Post to Channel」で設定されている
チャンネルにテストメッセージが投稿されます。

●── Slackへの通知（Slack Orb）

　2つ目のステップはSlack Orbの利用です[注8]。通知を利用したいプロジェクト
の.circleci/config.ymlで、以下のようなSlack Orbの宣言をします。

```
orbs:
  slack: circleci/slack@3.4.2 # 執筆時点での最新バージョン
```

　基本的な使い方は、slack/notifyによる任意のタイミングでの通知です。

```
steps:
  - slack/notify:
```

　最もよくある使い方としては、ジョブが成功したか失敗したかの通知ではな
いでしょうか。Slack Orbでは以下のようにすることができます。

```
steps:
  （省略）
  - slack/status # slack/statusコマンドはジョブの最後で呼び出す必要があります
```

　デフォルトではCircleCIアプリをインストールしたときに設定したチャンネ
ルに通知が送られますが、以下のようにchannelパラメータで特定のチャンネ
ルを指定することもできます。

```
steps:
  （省略）
  - slack/status:
      channel: random
```

注8　Orbについては第7章で解説します。

● ──── Slack通知の調整

デフォルトの設定では、すべてのジョブが完了したタイミングで成功／不成功のいずれかの通知をSlackに行うようになります。開発の規模が小さければそれでもよいですが、筆者はジョブが失敗した場合のみ通知してくれれば十分なので、先の例を変更してみましょう。

```
steps:
  （省略）
  - slack/status:
      fail_only: true
```

fail_onlyパラメータを使うとジョブが失敗したときだけ通知が来るようになります。

上記の方法では各ジョブごとに失敗の通知を送ることができますが、あるコマンドが終了した時点でのコマンドのステータス（失敗か成功か）を知りたいという場合もあるかもしれません。when属性を組み合わせると、ステップごとに成功時の通知と失敗時の通知を分けて投稿することも可能となります。

```
steps:
  - run:
      name: デプロイ
      command: <デプロイコマンド>
  - slack/notify:
      message: デプロイ成功
      when: on_success
  - slack/notify:
      message: デプロイ失敗
      when: on_fail
```

上記の例では、デプロイが成功すると「デプロイ成功」のメッセージが通知され、デプロイステップがゼロ以外の終了コードを返して失敗すると「デプロイ失敗」のメッセージが通知されます。

ここで紹介したのはSlack Orbの基礎的な使い方です。ほかにもコマンドやさまざまなパラメータが用意されているので、詳しくはSlack Orbのドキュメント[注9]を読んでみてください。

● ──── GitHubへのコメント

次は、CircleCIからGitHubのプルリクエストにコメントして通知する方法を解説します。

注9　https://circleci.com/orbs/registry/orb/circleci/slack

　GitHubもAPIを提供しているのでcurlコマンドからAPIを利用できますが、
ここでもOrbを利用してみましょう。

　`benjlevesque/pr-comment`というサードパーティーOrbを利用すると次のよう
な設定でコメントを行うことができます。

```
version: 2.1
orbs:
  pr-comment: benjlevesque/pr-comment@0.1.4
jobs:
  pull_request_comment_test:
    docker:
      - image: cimg/node:lts
    steps:
      - checkout
      - pr-comment/pr-comment:
          comment: |
            GitHubプルリクエストにコメント
            ${CIRCLE_BUILD_URL}
          maxComments: 10
workflows:
  version: 2
  main:
    jobs:
      - pull_request_comment_test
```

　このOrbは、ghi[注10]というRuby製のツールを内部で利用しており、GitHubの
パーソナルアクセストークン（以下、GitHubトークン）を通じてAPIを利用して
います。そのため、下準備としてGitHubの「Settings」→「Developer settings」→
「Personal access tokens」から**図21**のように「repo」にチェックを入れてGitHubト
ークンを作成して、プロジェクトの環境変数`GHI_TOKEN`として保存します。な
お、このGitHubトークンの権限はユーザーがアクセスできるすべてのリポジト
リの操作になりますので扱いには注意してください。

注10 https://github.com/stephencelis/ghi/

図21　New personal access token

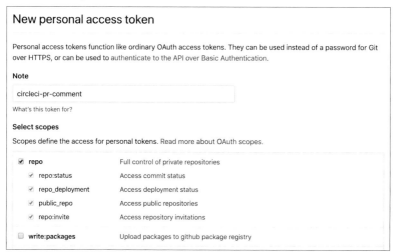

そして、コードをプッシュしてプルリクエストを開いた状態でCircleCIのジョブが実行されると、**図22**のようにプルリクエストのコメントにCircleCIからコメントが通知されます。

図22　プルリクエストのコメント

このように、標準の通知以外にもCircleCIの設定からさまざまな通知が行えますので、必要に応じて便利な通知を導入してみましょう。

ステータスバッジ

CircleCIは、ステータスバッジという機能を提供しています。

READMEファイルに挿入することで、**図23**のように開発しているプロジェクトがCircleCIを導入していることと、指定したGitブランチのHEADがCIをパスしているかどうかを一目で確認できるようになります。

図23　ステータスバッジを導入しているプロジェクトのREADMEファイル

●──────テンプレートコード

　ステータスバッジを作成する専用の画面はなく、以下のようなテンプレートを自分で置き換える必要があります。過去のCircleCIのUIでは存在しましたが、新しいUIでは残念ながら廃止されてしまったようです。

```
[![<ORG_NAME>](https://circleci.com/<VCS>/<ORG_NAME>/<PROJECT_NAME>.svg?style=svg)
](<LINK>)
```

　項目の意味は以下のとおりです。

- ORG_NAME
  CircleCIのOrganization
- VCS
  VCSの名前。執筆時点ではgithubかbitbucketのいずれか
- PROJECT_NAME
  プロジェクトの名前
- LINK
  バッジをクリックしたときのリンク先

　以下は、第8章で扱うサンプルアプリケーション[注11]のステータスバッジの例です。

```
[![circleci-book](https://circleci.com/gh/circleci-book/terraform-sample.svg?style
=svg)](https://app.circleci.com/pipelines/github/circleci-book/terraform-sample)
```

　この例はMarkdownですが、公式ドキュメント[注12]にはほかのフォーマットのテンプレートも掲載されています。

●──────プライベートリポジトリの場合

　ステータスバッジの画像URLはリポジトリ名を利用しており推測しやすくなっているため、プライベートリポジトリの場合はそのままでは表示できなくな

注11 https://github.com/circleci-book/terraform-sample
注12 https://circleci.com/docs/2.0/status-badges

っています。

そこでCircleCIには、CircleCI APIトークン（以下、CircleCIトークン）を利用することでステータスバッジを表示する手段が用意されています。

まずは、プロジェクト設定の「API Permissions」（**図24**）から「Add API Token」ボタンを押します。

図24　API Permissions

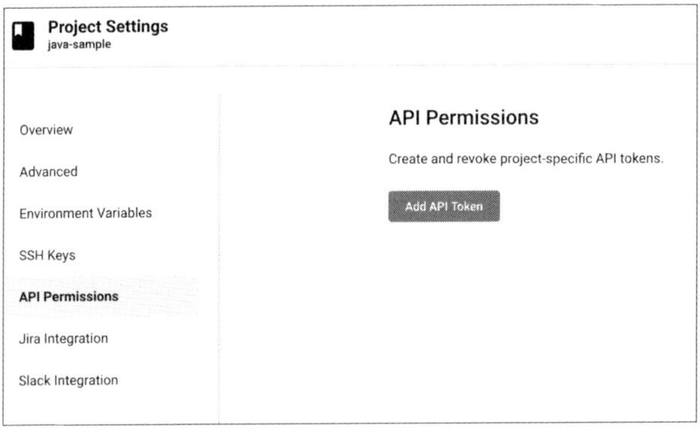

Project Settings
java-sample

Overview

Advanced

Environment Variables

SSH Keys

API Permissions

Jira Integration

Slack Integration

API Permissions

Create and revoke project-specific API tokens.

Add API Token

すると表示される「Add an API token」ダイアログでは、スコープはStatusを選択して、ラベルは任意で入力して（例では status badge としました）「Add API Token」ボタンを押します。作成されると、**図25**のように一覧にCircleCIトークンが表示されます。

図25　追加後のAPI Permissions

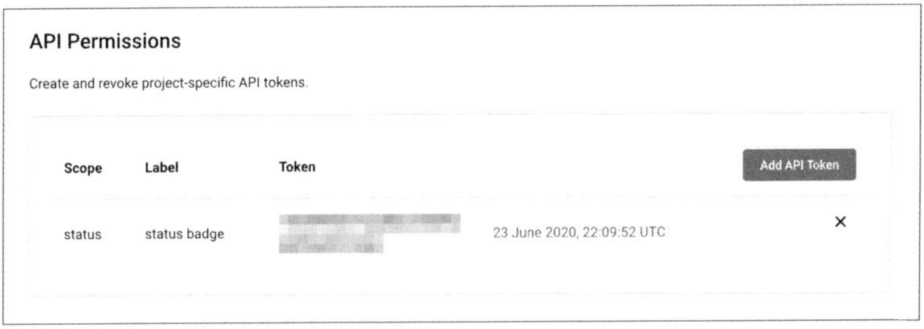

API Permissions

Create and revoke project-specific API tokens.

Scope	Label	Token			Add API Token
status	status badge		23 June 2020, 22:09:52 UTC	✕	

CircleCIトークンをステータスバッジで使うには、URLパラメータとして circle-token=<CircleCIトークン>を以下のように追加します。

```
[![<ORG_NAME>](https://circleci.com/<VCS>/<ORG_NAME>/<PROJECT_NAME>.svg?style=svg&
circle-token=<CircleCIトークン>)]](<LINK>)
```

このコードを挿入すれば、プライベートリポジトリのステータスバッジも表

示されるようになります。

5.8　SSHキーの活用

すでに解説したとおり、CircleCIはプロジェクトを追加するとき、リポジトリに登録されるデプロイキーを利用してソースコードのチェックアウトを行います。このデプロイキーは単一リポジトリからの読み込み権限のみを持つ安全なSSHキーになっていますが、もし次の理由などでプロジェクトリポジトリ以外のプライベートリポジトリのソースコードをチェックアウトしたい場合は、別途SSHキーを登録する必要があります[注13]。

- リポジトリに書き込み権限が必要な場合
- ほかのプライベートリポジトリを取得する場合(サブモジュールも含む)
- 依存パッケージにプライベートリポジトリを含む場合

CircleCIはこれらを解決するしくみとして、ユーザーキーとデプロイキーの2つのSSHキーを扱う方法を用意しています。ここではCircleCIがSSHキーを登録する方法と、それぞれの違いを確認したのち、具体的な利用方法を解説します。

SSHキー登録のしくみ

CircleCIが公式に用意している、SSHキーを登録する方法は2つあります。1つはcheckoutステップで、もう1つはadd_ssh_keysステップです。

ステップが実行されると、それぞれ次のファイルが~/.sshディレクトリに追加されます。

- checkout**ステップ**
  - id_rsa
  - known_hosts
- add_ssh_keys**ステップ**
  - id_rsa_<フィンガープリント>
  - config

known_hostsファイルとconfigファイルの中身は以下のようになっています。これらの情報を踏まえて、それぞれのしくみを整理します。

注13　パブリックリポジトリの場合は不要です。

known_hostsファイル
```
github.com ssh-rsa <パブリックキー>
bitbucket.org ssh-rsa <パブリックキー>

|1|FBd2（中略）HAs= ssh-rsa <パブリックキー>
```

configファイル
```
Host <ホスト名>
  IdentitiesOnly yes
  IdentityFile /<ホームディレクトリのパス>/.ssh/id_rsa_<フィンガープリント>
```

　checkoutステップは、id_rsaとknown_hostsファイルを作成します。id_rsaファイルはプロジェクト追加時に登録されるデプロイキーのプライベートキーになっていて、known_hostsファイルにGitHubとBitbucketのパブリックキーを追加することで、それぞれのホストに確認なしでSSH接続してソースコードを取得できるようにしています。

　それに対してadd_ssh_keysステップはid_rsa_<フィンガープリント>とconfigファイルを作成することで、指定されたホスト名の接続に追加したプライベートキーを利用してSSH接続するようにしています。ただし、known_hostsファイルは作成しないため、先にcheckoutステップを実行しておくか、明示的に作成しなければSSH接続時に確認を求められてジョブが失敗することになります。

　つまり、上記2つのステップの動作を踏まえると、github.comにSSH接続する前提のときは以下の内容に注意する必要があります。

- **どちらのステップも実行しない場合はSSH接続はできない**
- **checkoutステップを実行するまで**known_hosts**ファイルは存在しない**
- **add_ssh_keysステップを実行してホスト名が**github.com**のSSHキーを追加すると、checkoutステップで追加されたSSHキー**(id_rsa)**は使えなくなる**
- **add_ssh_keysステップでホスト名が**github.com**のSSHキーを複数追加すると、最初に追加されたものが優先され、それ以外は無視される**

　少し複雑ですが、このあとの解説を読んだあとに読み返してみると理解が深まると思いますので、ここではあまり深く考え過ぎずに先に進んでください。

ユーザーキーとデプロイキー

　ユーザーキー(**図26**)は、CircleCIのプロジェクトからGitHubアカウントに登録されるSSHキーです。ユーザーキーを登録したプロジェクトはGitHubアカウ

ントのユーザー(より正確には、そのユーザーと同じSSHキーを持つ場合)と同等の権限を持つことになり、GitHubアカウントがアクセスできるすべてのリポジトリへの書き込み／読み込みが可能になります。

図26 ユーザーキー

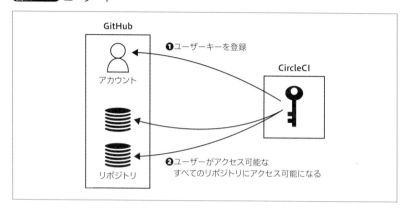

デプロイキー(**図27**)は、GitHubのリポジトリに登録されるSSHキーです。CircleCIはプロジェクト追加時に必ず1つデプロイキー(以下、初期登録デプロイキーと呼び区別します)を登録しますが、それ以外にも、自分でSSHキーを作成してリポジトリに追加登録することで、新たなデプロイキー(以下、追加デプロイキーと呼び区別します)としてCircleCIで利用できます。

図27 デプロイキー

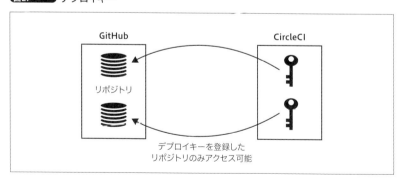

デプロイキーはGitHubで一意であるため、一度デプロイキーとして登録したSSHキーはほかのリポジトリに(もちろんユーザーキーとしても)登録できません。
ユーザーキーはプロジェクトにとって必要のないリポジトリも取得できてしまったり、SSHキーを登録したGitHubアカウントがプロジェクトから外れてし

まうと使えなくなるというリスクがあります。このリスクを回避する方法として、必要なリポジトリにのみアクセス権を与えたGitHubアカウントを作成してユーザーキーを登録します。

GitHubでは、このように特定の目的のみで利用するアカウントをマシンユーザー[14]と定義しています[15]。

ベストプラクティス

CircleCIのSSHキー登録のしくみと、ユーザーキーとデプロイキーの違いについて整理したところで、それぞれの使い分けについてのベストプラクティスを考察しましょう。

Best Practices for Keys[16]に書かれているCircleCIの方針の中から、重要なポイントを抜粋します。

- 可能な限りデプロイキーを利用する
- デプロイキーが使えない場合は、マシンユーザーのユーザーキーを利用する。ただし、アクセス権は必要最小限にする
- マシンユーザー以外のユーザーキーは利用しない（キーはジョブに関連付けて特定個人には関連付けない）

つまり、できるだけデプロイキーを利用して、どうしても難しい場合のみユーザーキーを使うことを推奨しています。

それでは実際のところ、どこまでがデプロイキーで対応可能で、どこからユーザーキーが必要となるのでしょうか。

1つの答えとして、筆者が考える方針を紹介しておきますので参考にしてみてください。

- すべてパブリックリポジトリ：初期登録デプロイキー
- メインリポジトリへの書き込み権限が必要：追加デプロイキー
- 外部プライベートリポジトリが1つ：追加デプロイキー
- 外部プライベートリポジトリが2つ以上：ユーザーキー

注14　https://developer.github.com/v3/guides/managing-deploy-keys/#machine-users
注15　ただし、フリープランを除いてマシンユーザーもGitHub、CircleCIともに1アカウントとしてカウントされるため、念のため料金の増加に注意してください。
注16　https://circleci.com/docs/2.0/gh-bb-integration/#best-practices-for-keys

　すべてパブリックリポジトリの場合は、追加のSSHキーなしで対応できます。メインリポジトリに書き込み権限が欲しい場合と外部プライベートリポジトリが1つの場合は、追加のデプロイキーさえあれば対応可能です。ちなみに、書き込み権限で追加デプロイキーが必要となるのは、CircleCIが初期登録するデプロイキーは読み取り専用であるためです。

　外部プライベートリポジトリが2つ以上の場合、デプロイキーを利用するとSSHキーの切り替えが発生するため、どうしても安全（特に書き込み権限を与えずに）にCIを実行したい場合を除いて、必要最小限のリポジトリのアクセス権を有するマシンユーザーを作成してユーザーキーを使うのがよいでしょう。

デプロイキーの使い方

　それでは、ここからは実際にデプロイキーとユーザーキーの使い方を解説していきます。

　デプロイキーはユーザーキーに比べて不要な権限を与えることがないため安全に利用できますが、ユーザーキーに比べてやや扱いが難しいところがあります。

　ですが、ここでしっかりと解説しますので、ぜひしくみを理解して自由に使えるようになってください。

●――追加

　デプロイキーを追加するには、まずGitHubとCircleCIにそれぞれ登録するためのSSHキーペアを作成する必要があります。

　macOSでSSHキーペアを作成する場合は、次のコマンドで作成してCLIからキーの中身を送ってクリップボードに貼り付けることができます（pbcopyは標準入力をクリップボードで受け取れるコマンドです）。

```
$ ssh-keygen -m PEM -t rsa -C "tomoya.ton@gmail.com"
Generating public/private rsa key pair.
Enter file in which to save the key (/Users/tomoya/.ssh/id_rsa): ci_test_id_rsa
Enter passphrase (empty for no passphrase):
Enter same passphrase again:
Your identification has been saved in ci_test_id_rsa.
Your public key has been saved in ci_test_id_rsa.pub.
The key fingerprint is:
SHA256:fLZxVKakQRZUE75Xpuel7cHdOsplhBU/uQhEOa8wLtg tomoya.ton@gmail.com
The key's randomart image is:
+---[RSA 2048]----+
|        oB=*.+    |
|        ..B = o.|
|         ..* .o+|
```

```
|      . o ..=.+o|
|     o S * =.+.o|
|    . E + = o.=+|
|      . .   +o=|
|         . o.o.|
|          o....|
+----[SHA256]-----+
$ cat ci_test_id_rsa | pbcopy
```

この例ではci_test_id_rsaという名前でキータイプRSAのSSHキーペアをPEMフォーマット[注17]で作成しています。デプロイキーはパスフレーズを空にしておく必要があります。もし登録できないときは確認してみてください。

SSHキーペアが作成できたら、GitHubリポジトリにデプロイキーを追加します。追加したいGitHubリポジトリの「Settings」→「Deploy keys」から「Add deploy key」ボタンを押して、**図28**のように「Key」にパブリックキーを入力して「Add key」ボタンを押します。また、このデプロイキーに書き込み権限を与えたい場合は「Allow write access」にチェックを入れます。

図28　Add deploy key

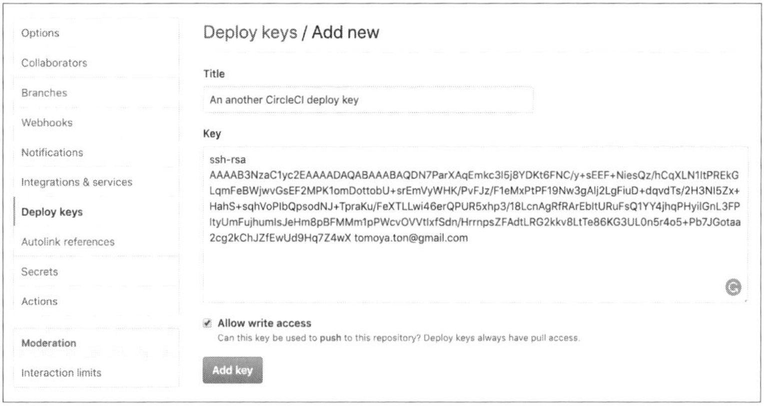

デプロイキーが追加されると、**図29**のように「Deploy keys」の一覧に表示されます。こちらの例では「An another CircleCI deploy key」というタイトルのキーを書き込み/読み込み権限（Read/write）で追加しているので、こちらのデプロイキーを利用すると、初期登録デプロイキーでは行えないリポジトリへのプッシュも行えるようになります。

注17　CircleCIに登録できるSSHキーのキータイプはRSAのみで、フォーマットはssh-keygenデフォルトのOpenSSHフォーマットではなく、PEMフォーマットでなければなりません。

図29 Deploy keys

• 利用

　追加デプロイキーを利用するには、プロジェクト設定の「SSH Keys」からデプロイキーとして作成したSSHキーペアのプライベートキーを登録します。「Add SSH Key」ボタンを押すとプライベートキーが追加できる「Add an SSH Key」ダイアログが表示されるので、**図30**のように「Private Key」にプライベートキーを入力して「Add SSH Key」ボタンを押して追加します。

図30 Add an SSH Keyダイアログ

Add an SSH Key　　　×

Hostname

github.com

Private Key*

Cancel　Add SSH Key

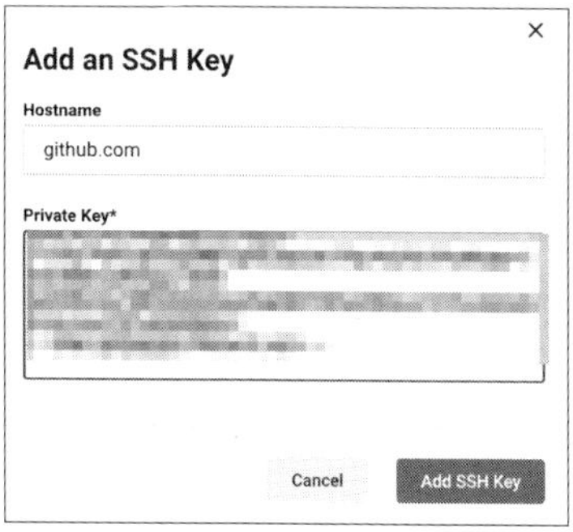

　「Hostname」は任意ですが、GitHubのデプロイキーとして利用する場合はgithub.comと入力します。そうすることで、configファイルの中身が以下のようになり、GitHubにSSH接続する際にcheckoutステップで追加されるid_rsaより優先してid_rsa_<フィンガープリント>がSSHキーとして使われるようになります。

```
Host github.com
  IdentitiesOnly yes
  IdentityFile /<ホームディレクトリのパス>/.ssh/id_rsa_<フィンガープリント>
```

プライベートキーが追加されると、**図31**のように「Additional SSH Keys」に追加されます。

図31　追加後のAdditional SSH Keys

「Fingerprint」に表示されるフィンガープリントをコピーして、次のように add_ssh_keys ステップで fingerprints キーにリストの値として指定します。

```
version: 2.1
jobs:
  deploy_key_test:
    docker:
      - image: cimg/node:lts
    steps:
      - checkout
      - add_ssh_keys:
          fingerprints:
            - "<フィンガープリント>"
      - run:
          command: git push origin master

workflows:
 version: 2
 main:
   jobs:
     - deploy_key_test
```

すると、id_rsa_<フィンガープリント>と config ファイルの追加が行われ、add_ssh_keys ステップ以降では追加デプロイキーが利用されます。

同一ホストの複数デプロイキー

同一ホストのデプロイキーを複数扱う方法を紹介します。この場合はユーザーキーを利用する方法が多いのであまりないケースだとは思いますが、どうしてもデプロイキーを利用したいという場合もあるかと思いますので参考にして

ください。

●—— **add_ssh_keysの複数回実行**

1つ目の方法は、add_ssh_keysステップを複数回実行する方法です。プラベートリポジトリAとBの両方の「Hostname」をgithub.comで登録します。そのうえで、必要なタイミングでadd_ssh_keysステップを実行してSSH接続を行ったあと、configファイルを削除します。

具体的には次のような設定を書くことで、2つのデプロイキーの使い分けができます。

```
version: 2.1
jobs:
  deploy_key_test:
    docker:
      - image: cimg/node:lts
    steps:
      - checkout
      - add_ssh_keys:
          fingerprints:
            - "<フィンガープリントA>"
      - run:
          command: git clone <プライベートリポジトリA>
      - run:
          command: rm -f ~/.ssh/config
      - add_ssh_keys:
          fingerprints:
            - "<フィンガープリントB>"
      - run:
          command: git clone <プライベートリポジトリB>

workflows:
  version: 2
  main:
    jobs:
      - deploy_key_test
```

rm -f ~/.ssh/configコマンドでconfigファイルを削除してからadd_ssh_keysステップを実行すると新しいconfigファイルが作成されるので、新たに追加したデプロイキーが利用されるようになります。

ただし、この方法はやや強引なやり方で、configファイルを削除したタイミングで最初に利用したデプロイキーが利用できなくなります。そのため、可能であるならば次の環境変数を利用する方法を取るのがよいでしょう。

●—— **環境変数の利用**

2つ目の方法は、GIT_SSH_COMMAND環境変数を利用する方法です。この方法を

利用してプライベートリポジトリAとBをそれぞれサブモジュールとして取り込んでみましょう。

具体的には次のような設定で取り込むことができます。

```
version: 2.1
jobs:
  deploy_key_test:
    docker:
      - image: cimg/node:lts
    steps:
      - checkout
      - add_ssh_keys:
          fingerprints:
            - "<フィンガープリントA>"
            - "<フィンガープリントB>"
      - run:
          command: git submodule update --init --remote <サブモジュールA>
          environment:
            GIT_SSH_COMMAND: ssh -i ~/.ssh/id_rsa_<フィンガープリントA>
      - run:
          command: git submodule update --init --remote <サブモジュールB>
          environment:
            GIT_SSH_COMMAND: ssh -i ~/.ssh/id_rsa_<フィンガープリントB>

workflows:
 version: 2
 main:
   jobs:
     - deploy_key_test
```

こちらは、SSHキーを指定してSSH接続を行うため、configファイルの内容を気にする必要がなくなります。そのため、add_ssh_keysステップで2つのプライベートキーを同時に追加できます。

ただし、GIT_SSH_COMMAND環境変数で指定できるSSHキーは1つなので、--remoteオプションを使ってリポジトリの数だけrunステップを分けて、git submodule update --initコマンドを実行する必要があります。

なお、add_ssh_keysステップで指定するフィンガープリントとid_rsaファイルの末尾に付くフィンガープリントは、前者が:が含まれていて、後者は:が取り除かれているので注意してください。

ユーザーキーの使い方

次はユーザーキーの解説です。こちらはCircleCIのUIから追加を行うだけで完了するためとても簡単なのですが、前述のとおり非常に強い権限を持つため、プ

ロジェクトで利用する場合は必ずマシンユーザーを作成して利用してください。

●──追加

ユーザーキーの追加は、プロジェクト設定の「Checkout SSH Keys」から行います。**図32**のように「User Key」というセクションがあるので、「Authorize With GitHub」ボタンを押します。

図32 Checkout SSH Keys

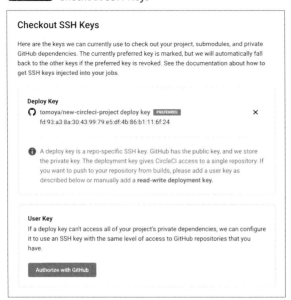

すると**図33**のようにSSHキーを管理する権限（Public SSH Keys）をGitHubで認証済みのCircleCIアプリケーションに追加する画面が開きますので、問題なければ「Authorize circleci」ボタンを押してください（アイコンでGitHubアカウントをしっかりと確認しましょう）。

図33 パブリックSSHキーの認証画面

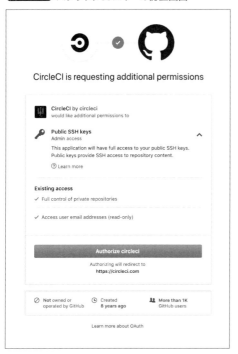

　なお、この許可を与えたあとに権限を取り除くには、認証済みのCircleCIアプリケーションを一度削除して再度追加する必要があります。

　無事に認証が完了して「Checkout SSH Keys」を開くと、「User Key」の内容が**図34**のように変化して「Add User Key」ボタンが表示されます。

図34 認証後のUser Key

> **User Key**
> If a deploy key can't access all of your project's private dependencies, we can configure it to use an SSH key with the same level of access to GitHub repositories that you have.
>
> Add User Key

　「Add User Key」ボタンを押すと、CircleCIがSSHキーを新規作成してGitHubアカウントに登録を行います。完了するとSSHキーリストが更新され、**図35**のようにユーザーキーが表示されます。

図35 追加後のCheckout SSH Keys

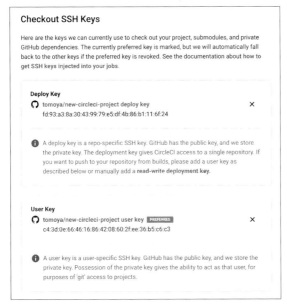

GitHubの「Settings」→「SSH and GPG keys」を開くと（追加されたユーザーキーからリンクになっています）、**図36**のようにCircleCIによって追加されたSSHキーが表示され、こちらから削除も可能となっています。

図36 SSH and GPG keys

●── 利用

　ユーザーキーが追加されると、CircleCIはユーザーキーをデフォルトのSSHキーとして利用します。「Checkout SSH Keys」一覧で「Preferred」にチェックが

入っているのはそのためです。

　具体的には、checkout ステップで作成される id_rsa が、初期登録デプロイキーからユーザーキーへと変化します。そのため、checkout ステップを実行したあとは、ユーザーキーがアクセスできるすべてのリポジトリの書き込み／読み込み権限を CircleCI で実行中のジョブが持つことになります。

　なお、ユーザーキー追加後に初期登録デプロイキーが利用されることはありません。「Checkout SSH Keys」一覧からすべての SSH キーを削除すると再度デプロイキーを追加できるようになっているので、初期登録デプロイキーは削除してもよいでしょう。

第**6**章

テストの基本と最適化

本章では、さまざまなテストの実行と最適化について解説していきます。まずは一般的なテスト実行方法を解説したあと、CircleCIで効率的にテストを実行するためのTipsをふんだんに解説していきますので、まだ導入していない便利な設定があればぜひあなたのプロジェクトに導入して活用してみてください。

6.1　基本的なテストの実行方法

最小構成のテスト

CIにおけるテスト実行の基本は、ローカル環境で構築したテスト実行環境をCIで実行するだけです。

まずはリポジトリを取得して、パッケージ管理ツールを使って依存パッケージ[注1]をインストールするだけでテストが実行できる最小構成でテストを実行します。

最小構成では特別な設定も必要ないため、構築されたテスト環境があなたの環境に依存していない限りは、そのままCIでも実行できます。もし、CIでうまく動かない場合は、何かしらの環境依存[注2]が存在している可能性が高いので、チームメンバーの開発環境で動作しないときはこの機会に見なおしてみるとよいでしょう。

●──設定

それではテストを実行してみましょう。ここではJestを使って、TypeScriptプロジェクトの設定例を解説します。

```
executors: ❶複数のジョブで再利用可能な実行環境を定義
  default: # デフォルトのDockerイメージ
    docker:
      - image: cimg/node:lts
    working_directory: ~/repo

version: 2.1
jobs:
  setup: ❷依存パッケージのインストールを行い実行環境を構築するジョブ
    executor: default
    steps:
```
▼

注1　ライブラリ、モジュールなどさまざまな呼び方がありますが、本書では特に断りがない限りパッケージで統一します。

注2　よくある環境依存は、ソフトウェアのバージョン（開発言語、ライブラリなど）が考えられます。

```
      - checkout
      - run:
          name: Nodeモジュールのインストール
          command: yarn install
      - persist_to_workspace: ❸node_modulesを永続化
          root: ~/repo
          paths:
            - node_modules

  test_jest: ❹テスト実行ジョブ
    executor: default
    steps:
      - checkout
      - attach_workspace: ❺node_modulesをダウンロード
          at: .
      - run:
          name: Jestを実行
          command: npx jest --ci --maxWorkers=2 ❻オプションを指定してテストコマン
ドを実行

workflows:
  version: 2
  build_test:
    jobs:
      - setup
      - test_jest:
          requires: # setupのあとに実行
            - setup
```

この設定では setup（❷）と test_jest（❹）ジョブが定義されていて、build_
test ワークフローによって一つ一つ順番に実行されています。無事にテストが
成功した場合の実行結果は**図1**のようになります。

図1 build_testワークフローの実行結果

●——解説

設定の中身については、まず❶で、executorsを使ってテストを実行する
Dockerイメージと作業ディレクトリを定義しています。各ジョブでも指定でき
ますが、2回以上同じexecutorを利用する場合はexecutorsを使って1回で定義
しましょう。

各ジョブは、最初に実行されるsetupジョブ（❷）でパッケージをインストー
ルして、次に実行されるtest_jestジョブ（❹）でテストの実行を行っています。
ただ、ジョブが分かれているため、単純にtest_jestジョブを実行してもsetup
ジョブでインストールされるパッケージが共有されません。そのため、test_
jestジョブでnode_modulesが存在せずにエラーになってしまいます。

そこで、第4章で解説したpersist_to_workspace（❸）とattach_workspace
（❺）を使って、ワークスペースの中でnode_modulesを共有しています。ただし、
インストールするパッケージが増えると、パッケージインストールとデータ共
有のステップに長い時間がかかるようになります。後半で解説するキャッシュ
を使うことでCIの実行を大幅に短縮できデータ共有も可能になりますので、こ
の方法は1つの参考例ととらえてください。

最後に、Jestの実行で指定している--ciと--maxWorkersの2つのオプション
（❻）について触れておきます。

まず、--ciはスナップショット[注3]を保存しないCIモードで起動します。特に
問題ない限りCIではこのオプションを付加しておきましょう。

次に--maxWorkersは最大ワーカ数を指定します。デフォルトのJestは、最大で
「CPU数-1」のワーカを起動します[注4]。ただ、CircleCIで取得されるCPU数はDocker
に割り当てられているものではなくホストOSのCPUとなっており、実際に使え
るCPU数よりもかなり大きな数になってしまうため、パフォーマンスが低下した
りメモリ不足でテストが失敗してしまったりしてしまう恐れがあります。そのた
め、--maxWorkersを指定して適切な数に調整しておく必要があります。

データベースを使ったテスト

Webアプリケーションのテストは、データベースなどのミドルウェアに依存
している場合があります。そのため、テストを実行するにはCircleCIでもデー

注3　Jestのスナップショットテストでは、ソースコードから生成されるUIの状態をスナップショット、それ
　　をファイルとして保存したものをスナップショットファイルと言います。そして、スナップショットと
　　スナップショットファイルを比較して差分あればテスト失敗とみなします。
注4　ここでのCPU数は論理プロセッサ数を表しています。

タベースを起動する必要があります。

　第2章の「Executor——ジョブの実行環境」でも解説しましたが、Executorの
dockerキーは、2つ以上のイメージを指定することで同時に複数のDockerコン
テナを起動できます。最初に指定したイメージからプライマリコンテナが起動
されます。そして、この中で定義されたステップが実行されていきます。

　2番目以降のイメージはサービスイメージなので、ステップは実行できませ
ん。しかし、共通のネットワーク[注5]上で起動するため、ネットワーク越しにプ
ライマリイメージのコンテナからアクセスできます。

●── 設定

　それでは、RailsアプリケーションでRSpec[注6]を実行する設定例を使って解説
を行います。

```
executors:
  with_db: # MySQLのDockerイメージも同時に起動する
    docker:
      - image: cimg/ruby:2.7.1 ❶
        environment:
          DB_HOST: 127.0.0.1 ❷
          RAILS_ENV: test
      - image: circleci/mysql:8.0.18-ram ❸
        environment:
          MYSQL_ALLOW_EMPTY_PASSWORD: true
          MYSQL_ROOT_PASSWORD: ''
          MYSQL_DATABASE: <テストデータベース名>
        # MySQL 8.0.4以降の認証プラグインを変更する
        command: mysqld --default-authentication-plugin=mysql_native_password
    working_directory: ~/repo

version: 2.1
jobs:
  setup_test_rspec:
    executor: with_db
    steps:
      - checkout
      - run:
          name: gemのインストール
          command: bundle install ❹
      - run:
          name: データベースの起動を待機
          command: |
            dockerize -wait \
```

▼

注5　Network Namespacesを利用しています。Network NamespacesはLinuxカーネルの機能の一つで、仮想ネットワークインタフェースやルーティングテーブルを作成して、一つの物理マシンの中に複数のネットワークを作成して扱えるようにする機能です。
注6　https://rspec.info/

```
              tcp://${DB_HOST}:3306 -timeout 120s ❺
    - run:
        name: データベースのセットアップ
        command: bundle exec rake db:schema:load --trace
    - run:
        name: RSpecを実行
        command: bundle exec rspec

workflows:
  version: 2
  build_test:
    jobs:
      - setup_test_rspec
```

●──解説

　この例では、プライマリイメージは cimg/ruby:2.7.1（❶）、サービスイメージは circleci/mysql:8.0.18-ram（❸）を利用しています。データベース用のプリビルドイメージには接尾に -ram が付くものが用意されています。インメモリで動作することにより -ram なしよりも高速に動作するため、メモリ不足にならない限りはこちらの利用をお勧めします。

　RSpec の実行は、基本的に bundle install コマンドを実行（❹）して gem をインストールしたあとに bundle exec rspec コマンドを実行するだけでよいのですが、データベースは起動に時間がかかるため dockerize -wait コマンド（❺）を利用して起動を待機することで、データベースが起動せずに接続エラーが発生する現象を未然に防ぐことができます。

　1点注意事項として、MySQL はデータベースのホスト名が localhost だとソケット通信になってしまい共通ネットワークにあるデータベースに接続できないため、ホスト名（❷）には 127.0.0.1 を利用する必要があります。そこで、Rails の config/database.yml の host を次のように書き換えて、プライマリイメージに DB_HOST 環境変数を定義してデータベースに接続できるようにする必要があります。

```
--- a/config/database.yml
+++ b/config/database.yml
@@ -15,7 +15,7 @@ default: &default
   pool: <%= ENV.fetch("RAILS_MAX_THREADS") { 5 } %>
   username: root
   password:
-  host: localhost
+  host: <%= ENV.fetch("DB_HOST") { 'localhost' } %>

development:
  <<: *default
```

ブラウザを使ったテスト

　ブラウザを使ったE2E（*End to End*）テストもCircleCIで実行できます。クロスブラウザに対応していて、画面録画（静止画と動画）もできる高機能なテストツールであるCypress[注7]の公式サンプルリポジトリをCircleCIで動かしてみましょう。

● ── 設定

　cypress-io/cypress-example-kitchensink[注8]リポジトリをフォークして、リポジトリにあるbasic/circle.ymlファイルをコピーして.circleci/config.ymlファイルを作成しましょう。

```
version: 2
jobs:
  test:
    docker:
      - image: cypress/base:10
    steps:
      - checkout
      # restore folders with npm dependencies and Cypress binary
      - restore_cache:
          keys:
            - cache-{{ checksum "package.json" }}
      # install npm dependencies and Cypress binary
      # if they were cached, this step is super quick
      - run:
          name: Install dependencies
          command: npm ci
      - run: npm run cy:verify
      # save npm dependencies and Cypress binary for future runs
      - save_cache:
          key: cache-{{ checksum "package.json" }}
          paths:
            - ~/.npm
            - ~/.cache
      # start server before starting tests
      - run:
          command: npm run start:ci
          background: true
      - run: npm run e2e:record

workflows:
  version: 2
  build:
    jobs:
      - test
```

注7　https://www.cypress.io/
注8　https://github.com/cypress-io/cypress-example-kitchensink

config.ymlは上記のような内容になっています。必要なパッケージのインストールや検証を行ったあと、npm run start:ciコマンドでWebサーバを起動して、npm run e2e:recordコマンドでテストを実行しています。

●───**解説**

npm run e2e:recordコマンドの中身はcypress run --recordコマンドとなっていて、Cypressダッシュボードに**図2**のようにテスト結果を記録します。この画面ではテストのログだけでなく、ブラウザ画面の録画を見ることもできます。この機能を利用するには、Cypressアカウントの作成とプロジェクトの作成を行って、「Project settings」から取得できる「Record Key」をCircleCIに環境変数CYPRESS_RECORD_KEYとして定義する必要があります。

図2　　Cypressのテスト記録

サンプルリポジトリにはすでに別のCypressアカウントによって作成されたプロジェクトのprojectIdがセットされているため、「Record Key」を取得するにはcypress.jsonファイルを削除してnpm run cy:openコマンドを実行して、新たなプロジェクトを作成する必要があります。詳しくはCypress DocumentationのProjects[注9]を確認してみてください。

テスト結果を記録する必要がなければ、npm run e2eコマンドを実行するように設定してください。すると、CircleCIのみでジョブを実行できるようになります。

注9　https://docs.cypress.io/guides/dashboard/projects.html

　Cypressはcypress-io/cypress[注10]というパートナーOrbを提供しています。サンプルリポジトリの`circle.yml`にはこのOrbを使った設定サンプルがありますので、より高度なテストを実行したい場合はこちらを参考に設定してみてください。

CircleCIでテストを実行する際の注意点

　ここまで基本的なテストの実行について解説しましたが、ここでCircleCIでテストを実行する際の注意点を確認しておきましょう。

●───並列実行数

　CircleCIは並列実行をサポートしています。そのため、互いに依存しないジョブであれば、ワークフローを利用して同時に実行させることが可能です。なお、フリープランのプライベートリポジトリの場合のみ、機能制限により並列実行が行えないので注意してください。

　また、並列実行しているジョブの中で`save_cache`や`persist_to_workspace`によるデータ永続化を同じパスに対して実行した場合、実行タイミングが確定しないため一意性を保つことができませんので注意してください。詳しくはAppendixで解説します。

●───メモリ量

　CircleCIのDocker Executorで、利用される標準コンテナ（Medium）のメモリ量は4GBとなっています。もしメモリ不足になった場合はエラーが発生してジョブが失敗しますが、高確率でエラーログが出力されないため、エラー原因の特定が難しくなります。

　Jestなど並列実行をサポートするツールでワーカ数が増えすぎた場合などに発生するケースであれば適切なワーカ数に設定することでエラーが回避できますが、単純に実行メモリが足りない場合は一気に対応が難しくなります。

　そういうときは、有料になりますが`resource_class`キーによってよりメモリの多いコンテナに変更することにより、メモリ不足によるエラーを解決できる可能性があります。

注10　https://circleci.com/orbs/registry/orb/cypress-io/cypress

6.2　CI実行速度の改善

　CIを導入することで品質と開発速度の向上が得られるようになりますが、一度導入したら終わりではなく、プロダクトの成長に合わせて随時改善するのが望ましいです。

　そうして、日々の小さな問題を解決することで、開発者はよりプロダクトにとって必要なことのみにフォーカスできるようになっていきます。

CIを改善するタイミング

　CIを改善するタイミングとして、よくあるのは以下のケースです。

ⓐテストの実行時間が遅くなったとき
ⓑオペレーションミスが発生したとき

　ⓐについては、ローカル開発においてもボトルネックとなることがあります。成長したプロジェクトの場合、すべてのテスト実行に10分以上、あるいは1時間以上かかるケースもあります。

　CIの実行に時間がかかるとコードをリポジトリにプッシュするのを躊躇したり、完了まで時間を持て余したりすることになり、開発体験を損ねてしまいます。CIはできるだけ早く完了させるように改善していきたいところです。

　速度改善は未来の開発に大きく貢献しますので、ここから紹介する改善方法を参考に必要に応じて導入してみてください。

　ⓑについては、オペレーションミスが発生したとして、それを自動的に検知するのをしくみ化できるのであれば、そのしくみをCIに導入してしまおうというものです。

　たとえばデータベーススキーマ[注11]（以下、DBスキーマ）の変更を含む開発のとき、マイグレーションが成功すれば既存のデータは問題ありませんが、シードデータ[注12]（以下、シード）を変更後のDBスキーマに対応させ忘れてしまい、新規でシードを投入するときにエラーが発生してしまうケースがあります。

　このケースは一般的なテストでは検知できず、最新のDBスキーマでシードを投入して初めて発生するため、ついつい放置されてしまう可能性があります

注11　データベースのテーブルやカラムの定義のことです。
注12　データベースに登録するデータレコードのことです。

が、毎回最新のDBスキーマでシードを投入するコマンドをCIで実行することで、こういったミスを未然に防ぐことができるようになります。

ほかにもCIによってさまざまなしくみ化が行えますが、具体的な方法はそれぞれのプロダクトによって異なるため解説は割愛します。

実行時間の改善方法

CIの実行時間を短縮するための改善方法として、主に4つの方法があります。

●── 複数ジョブの同時実行

複数ジョブの同時実行は、すでに何度か解説しているワークフローを用いて複数のジョブを同時に実行する方法です。

前のジョブからデータの引き継ぎがない、あるいはテストの成功を確認してから実行する必要があるデプロイなどとは異なり依存するジョブが存在しないジョブは、できる限り同時に実行することで実行時間を短縮できます。

具体的には、次のようなワークフローを作成します。こちらは、Jestの例を拡張して、Jest、ESLint[注13]、TypeScriptの型チェック、webpack[注14]によるジョブを同時に実行して、それらすべての成功を確認してからmasterブランチをデプロイするワークフローになっています。

```
workflows:
  version: 2
  build_test:
    jobs:
      - setup
      - test_jest:
          requires:
            - setup
      - test_eslint:
          requires:
            - setup
      - test_tsc:
          requires:
            - setup
      - build:
          requires:
            - setup
      - deploy:
          requires:
            - test_jest
```

注13　https://eslint.org/
注14　https://webpack.js.org/

```
            - test_eslint
            - test_tsc
            - build
        filters:
          branches:
            only:
              - master
```

　一見して、buildジョブはテストが成功してからでよいように思うかもしれ
ませんが、buildジョブはテスト結果に依存しておらず、テスト結果に依存し
ているのはdeployジョブです。そのため、buildジョブが成功してもテストジ
ョブが失敗すればdeployジョブを実行されないようにするだけでよいので、
buildジョブはsetupが完了したタイミングで実行して問題ないと言えます。そ
してbuildジョブをテストと並行して先に実行することにより、deploy実行ま
での時間が短縮されるようになります。
　このように、一見して依存関係があるように見えるジョブも、実は厳密に依
存関係を整理すると先に実行して問題ない場合がありますので、正しく依存関
係を整理してワークフローを組むことで実行時間の短縮が可能となります。

●──キャッシュ

　キャッシュも、適切に利用することでジョブの時間を短縮できる機能の一つ
です。具体的には、ネットワークを利用する依存パッケージのインストールや
コンパイルが必要な処理などが、キャッシュを利用することで大幅に時間を短
縮できます。
　ただし、やみくもにキャッシュを利用すると、今度は転送時間がボトルネッ
クとなる場合があるため、適切な利用判断が求められます。
　詳しい使い方は、本章の「キャッシュの活用」で解説します。

●──ジョブ内の並列実行

　ジョブ内の並列実行は有料プランのみ利用できる方法ですが、テストを実行
するジョブの時間を大幅に短縮したいときなどにとても効果的です。
　Appendixの「jobs」で解説するparallelismキーを利用して、1つのジョブを並
列実行します。これによりジョブの実行時間を2分の1、あるいは3分の1近く
に減らすことが可能となります。
　詳しい使い方は、本章の「ジョブ内並列実行の活用」で解説します。

● ── リソースクラスの変更

　リソースクラスの変更は、CPUやメモリなど純粋にマシンリソースの不足に起因する問題を解決します。

　こちらも利用できるのは有料プランのみですが、よりハイスペックなマシンを利用することで、メモリ不足で実行できないジョブを実行可能にするなど、コードレベルで解決が難しい問題を解決できる手段になります。

　詳しい使い方は、本章の「リソースクラスを活用し、ジョブ実行環境の性能を変更」で解説します。

改善方法の決定方針

　ここで紹介した4つの改善方法の中でどの方法を選択するのが効率的なのか、具体的に考えてみましょう。

　たとえば、最初に解説したRailsのテストのケースでは、「gemのインストール」ステップのみ1分以上かかっていて、ボトルネックになっていることがわかります（**図3**）[注15]。パッケージのインストールはキャッシュを利用することで短縮できることが多いので、まずはこちらを導入してみましょう。

図3　キャッシュを利用しないRailsのテスト

注15　Container circleci/mysql:8.0.18-ram ステップはDBを起動するサービスイメージのステップであり、最後のステップが完了するまでバックグラウンドで起動し続けるため改善対象外となります。

Cypressのテストのケースでは、「npm run e2e」ステップが2分弱かかっています（**図4**）[注16]。Cypressはパラレルジョブ実行をサポートしているので、こちらを利用することで時間を短縮できます。

図4　Cyrepssのテスト

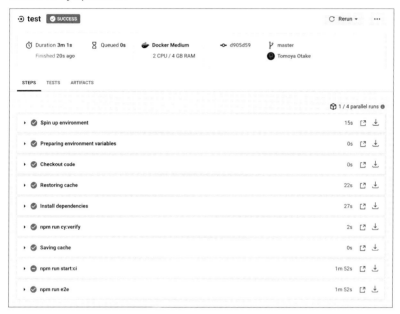

ほかにも、Linter[注17]による文法チェックなどテストするステップが増えれば、ワークフローを利用して複数ジョブの同時実行を利用することを検討してみてください。

最後にメモリ不足によるエラーが頻繁に発生する場合は、第8章の「OOM問題対策」のようにパフォーマンスチューニングを試してみたうえで、どうしても解決が難しい場合はリソースクラスの変更を検討してみるとよいでしょう。

6.3　キャッシュの活用

ジョブの実行時間短縮に最も単純で効果的な施策は、キャッシュを活用する

注16　npm run start:ci ステップは E2E テストを実施する Web サーバを起動するステップで、こちらも最後の
ステップが完了するまでバックグラウンドで起動し続けるため、改善対象外となります。

注17　文法をチェックするプログラムです。

ことです。そのためジョブを最適化したい場合、まずはキャッシュの導入を検討してみましょう。

ですが、キャッシュはしくみを正しく把握せずに利用すると思わぬ落とし穴にはまることもありますので、ここでしっかりと学んでおきましょう。

キャッシュの種類と特徴

キャッシュとはブラウザキャッシュなどに代表されるように、転送されたデータを保存しておいて同じデータが必要になったときにはキャッシュから読み取ることで、転送や計算時間を省略して高速化させるしくみです。

CircleCIにも同様に、データを保存して高速化させるためのキャッシュ機能が提供されています。1つは「ファイルキャッシュ」、もう1つは「Dockerイメージキャッシュ」です。まずはそれぞれの特徴を確認したあと、活用方法を解説します。

●── ファイルキャッシュ

ファイルキャッシュは、実行中のジョブコンテナの中にあるファイルおよびディレクトリをキャッシュする機能です。

ファイルキャッシュで主に短縮できるのは、ファイルのダウンロードとコンパイル時間です。そのため、主にプロジェクトの依存パッケージで使われます。逆にダウンロード速度などが十分高速な場合はファイルキャッシュのほうが時間がかかる可能性もあるため、どちらが最適か確認が必要です。

ファイルキャッシュのコストは保存と復元時の転送時間になっていて、ファイルサイズが大きくなるほど時間がかかります。そのため、毎回キャッシュを作成したり、巨大なファイルをキャッシュするとパフォーマンスが低下してしまいます。

CircleCIはキャッシュキーというしくみによってキャッシュの作成と復元をコントロールできるようになっているので、これをうまく活用することで余計なキャッシュを作成せずに済むようになっています。

●── Dockerイメージキャッシュ

Dockerイメージキャッシュは、CircleCIのDockerレイヤキャッシュ（以下、DLC）と呼ばれる機能を用いて、Dockerイメージをビルドする際の各レイヤをキャッシュします。これを利用することで、`docker build`や`docker compose`コマンドの実行時間を短縮します。Machine Executorと`setup_remote_docker`を

用いたリモートDocker環境のみ利用可能となっています。

ファイルキャッシュの活用方法

それでは実際にファイルキャッシュを活用してみましょう。

ファイルキャッシュはsave_cacheステップを使って保存して、restore_cacheステップを使って復元します。Appendix「save_cache/restore_cache」の解説のとおりkeyとkeysで指定したキャッシュキーを見て、キャッシュの作成／復元を行うかを判断します。具体的にはsave_cacheはキャッシュキーに変更があればキャッシュを作成し、restore_cacheはキャッシュキーがヒットしたときのみキャッシュを復元します。

キャッシュは多くの場面でパフォーマンス向上に効果的ですが、逆に思わぬバグを発生させる可能性があり、安全性とのトレードオフになっています。

キャッシュをできる限り安全に活用しつつパフォーマンスも向上させるためにはキャッシュキーの適切な設計が重要となりますので、詳しく解説していきます。

● ── 依存パッケージのキャッシュ

まずは、基本となる依存パッケージのキャッシュを行ってみましょう。本章の最初に解説したRailsアプリケーションの設定では、**図5**のように「gemのインストール」ステップだけ1分以上かかっていましたが、これをファイルキャッシュを使って改善してみましょう。

図5 キャッシュ導入前のステップ実行時間

▶ ✅ Spin up environment	12s	↗	↓
▶ ⊖ Container circleci/mysql:8.0.18-ram	1m 28s	↗	↓
▶ ✅ Preparing environment variables	0s	↗	↓
▶ ✅ Checkout code	0s	↗	↓
▶ ✅ gemのインストール	1m 23s	↗	↓
▶ ✅ データベースの起動を待機	0s	↗	↓
▶ ✅ データベースのセットアップ	2s	↗	↓
▶ ✅ RSpecを実行	1s	↗	↓

具体的には次のように設定を書き換えます。

```
--- a/.circleci/config.yml
+++ b/.circleci/config.yml
@@ -5,6 +5,7 @@ executors:
      environment:
        DB_HOST: 127.0.0.1
        RAILS_ENV: test
+       BUNDLE_PATH: vendor/bundle ❶
    - image: circleci/mysql:8.0.18-ram
      environment:
        MYSQL_ALLOW_EMPTY_PASSWORD: true
@@ -20,9 +21,18 @@ jobs:
    executor: with_db
    steps:
      - checkout
+     - restore_cache:
+         name: gemキャッシュの復元
+         keys:
+           - v1-bundle-{{ checksum "Gemfile.lock" }}
      - run:
          name: gemのインストール
-         command: bundle install
+         command: bundle check --path vendor/bundle || bundle install
--deployment ❷
+     - save_cache: ❸
+         name: gemキャッシュの保存
+         key: v1-bundle-{{ checksum "Gemfile.lock" }}
+         paths:
+           - vendor/bundle
      - run:
          name: データベースの起動を待機
          command: |
```

BUNDLE_PATH環境変数（❶）は、指定したパスのgemを使うための指定です。また bundle install コマンド（❷）は--deploymentフラグを付けることでgemを vendor/bundleにインストールするようになるので、save_cacheステップ（❸）の pathsキーにvendor/bundleを指定して、インストールしたgemをキャッシュしして保存しています。

bundle check コマンド（❷）はインストールされているgemの状態を確認するコマンドで、チェックして最新状態ではなかった場合のみbundle installを行うようにしています。

この結果、初回はキャッシュが存在しないため通常どおりインストールが行われますが、キャッシュが存在していれば**図6**のようにキャッシュの復元から保存までを2秒で完了するまで短縮できました。

図6 キャッシュ導入後のステップ実行時間

```
  ▸ ✓ Spin up environment                          11s  ⤢  ↓
  ▸ ⊖ Container circleci/mysql:8.0.18-ram          10s  ⤢  ↓
  ▸ ✓ Preparing environment variables              0s   ⤢  ↓
  ▸ ✓ Checkout code                                0s   ⤢  ↓
  ▸ ✓ gemキャッシュの復元                            2s   ⤢  ↓
  ▸ ✓ gemのインストール                             0s   ⤢  ↓
  ▸ ✓ gemキャッシュの保存                            0s   ⤢  ↓
  ▸ ✓ データベースの起動を待機                        4s   ⤢  ↓
  ▸ ✓ データベースのセットアップ                      2s   ⤢  ↓
  ▸ ✓ RSpecを実行                                  0s   ⤢  ↓
```

　キャッシュキーは{{ checksum "Gemfile.lock" }}というテンプレート[注18]を使うことで、bundlerが生成するGemfile.lockロックファイル[注19]のチェックサムを用いています。これにより、gemに変更がない限りキャッシュを復元して、gemに更新があれば新しいキャッシュを作成するようにしています。

● ──キャッシュのクリア

　CircleCIのファイルキャッシュは削除機能がありません。そのため、一度使用したキャッシュキーによるキャッシュは書き換え不可能となります。

　キャッシュの保存期間は30日となっているため、もし間違った内容のキャッシュを作成してしまった場合は、新しいキャッシュキーを利用して新規にキャッシュを作成しない限り間違った内容のキャッシュが復元され続けてしまいます。

　たとえば、次のようなキャッシュの設定をして実行したとしましょう。

```
- save_cache:
    name: キャッシュの保存
    key: v1-cache-{{ checksum "<ロックファイル>" }}
    paths:
      - <ファイルパスA>
```

注18　テンプレートについてはのちほど「適切なキャッシュキーの設計」で詳しく解説しています。
注19　依存パッケージやランタイムのバージョンを記述して、環境構築や動作の再現性を確保するために用いられるファイルです。

ファイルパスBもキャッシュしたいと考えて、次のように変更します。

```
- save_cache:
    name: キャッシュの保存
    key: v1-cache-{{ checksum "<ロックファイル>" }}
    paths:
      - <ファイルパスA>
      - <ファイルパスB>
```

この場合、ロックファイルの内容が変更されない限り、復元されるのはファイルパスAのみとなります。理由は、キャッシュキーが更新されない限り新しいキャッシュの保存が実行されないためです。

このようなときにどうしてもキャッシュを更新したい場合は、次のようにキャッシュキーを明示的に書き換えて対応しましょう。

キャッシュを削除できない理由──不変性とべき等性

　本章の「キャッシュのクリア」を読んで、キャッシュの削除ができないなんて不便だ、と思われた方もいるのではないでしょうか？ 実はCircleCIでキャッシュが削除できないのは、機能不足ではなくデザインでそのようになっています。このデザインには不変性（*Immutability*）とべき等性（*Idempotency*）が関係しています。

　不変性とは、一度作ると変更も削除もできないデータ構造の性質を指します。べき等性とは、ある操作を何度行っても結果が同じであることこと意味します。ソフトウェア開発においては、コードに変更がなければ、そのコードのテスト結果も変わってはいけないはずです。しかし、開発の現場では、「Aさんのマシンでは成功したテストが、Bさんのマシンでは失敗する」ということは多々あります。原因はさまざまですが、たとえば実行するマシンの性能が違ったり、依存パッケージをきちんとインストールしていなかったりなどの理由があります。つまり、本来はべき等でなければならないテストが、さまざまな外部の影響でべき等でなくなってしまっているということです。

　CIはこの問題を解決しなければいけません。そのためには、テストが可能な限り同じ環境で実行されるように保証することが最も大切です。しかし、キャッシュされた依存パッケージが不変ではない場合（同じキャッシュキーで復元される内容が変わってしまう）、コード自体に変更はなくても復元された依存パッケージの差異によってテストがべき等ではなくなってしまう可能性があります。CircleCIではこのようなことが起こらないように、一度作成したキャッシュは削除も変更もできないようになっています。

　余談ですが、CircleCIの開発チームでは不変性とべき等性を重要視する関数型言語の一つであるClojureをメインの言語として採用しています。

```
- save_cache:
    name: キャッシュの保存
    key: v2-cache-{{ checksum "<ロックファイル>" }}
    paths:
      - <ファイルパスA>
      - <ファイルパスB>
```

このように、キャッシュを明示的にクリアするケースも考慮して、キャッシュキーには v1- のような変更しやすい接頭辞を付けておくとよいでしょう。

●──部分キャッシュリストア

　もしキャッシュから復元した依存パッケージがパッケージマネージャにより要求されるバージョンよりも古かった場合、そのままだと動作に支障をきたす可能性があります。

　ですが多くのパッケージマネージャは、古いバージョンのパッケージが見つかると古いもののみ更新する機能を持っているため、一部のパッケージが古くても問題なく動作させられるようになっています。CircleCI では、このしくみを「部分キャッシュリストア」(*partial cache restore*)と呼んでいます。

　部分キャッシュリストアが使えるプロジェクトであれば、たとえ少しくらい古いキャッシュであっても、キャッシュを復元して利用することでパフォーマンスの向上が期待できます。

　キャッシュを復元する restore_cache ステップの keys はリストになっていて、次のように複数のキャッシュキーをセットすることで、できる限りキャッシュを利用させるようにできます。

```
- restore_cache:
    name: キャッシュの復元
    keys: # 複数のキャッシュキーをセット
      - v1-cache-{{ .Branch }}-{{ checksum "<ロックファイル>" }}
      - v1-cache-{{ .Branch }}
      - v1-cache
- <依存パッケージのインストールステップ>
- save_cache:
    name: キャッシュの保存
    # restore_cacheステップの1つ目(一番上)のキーを指定する
    key: v1-cache-{{ .Branch }}-{{ checksum "<ロックファイル>" }}
    paths:
      - <ファイルパス>
```

　keys に複数のキャッシュキーを指定すると、CircleCI は次のルールに従ってキャッシュの復元を試みます。

- リストの上から順番に前方一致で探索する
- リストのキャッシュキーの中から最初にヒットしたキャッシュを復元する
- キャッシュキーが複数のキャッシュにヒットする場合は、最新の(作成日時が新しい)キャッシュを復元する

そのため次のような順番で復元を行います。

❶同じブランチとロックファイルで作成されたキャッシュ
❷同じブランチで作成された最新のキャッシュ
❸すべての中から最も最新のキャッシュ

つまり、この例ではキャッシュが存在していれば、事実上すべてのキャッシュが復元の対象となります。

部分キャッシュリストアを活用する場合は、できる限り余計なパッケージ更新を発生させないように、テンプレートを1つずつ減らして、徐々にマッチする範囲を広げてヒットしやすいキャッシュキーを指定していくのが一般的な方法になっています。

● ── 適切なキャッシュキーの設計

一般的に、キャッシュは次の条件を満たすのが望ましいとされています。

- キャッシュ対象のファイルが更新されたとき必ずキャッシュを作成する
- できる限りキャッシュを利用する

これに加えて、CircleCIの場合は次の条件も含めることで、より効率的なキャッシュの活用が期待できます。

- キャッシュ対象のファイルに変更がない限りキャッシュは作成しない

そこで、キャッシュキーに使えるテンプレートをうまく活用して、この3つの条件をできる限り満たすようなキャッシュキーを考えてみましょう。

テンプレートの特徴を**表1**に整理しました。更新頻度が低いものほどキャッシュの復元率が上がりキャッシュが効果的に活用されるので、必然的によく利用されます。逆に更新頻度が高いものは、キャッシュを活用しづらいためあまり利用されません。

表1　テンプレートの特徴

テンプレート	効果	注意点	更新頻度
`{{ checksum "<ファイル名>" }}`	ロックファイルを指定して依存パッケージやランタイムの更新を監視できる。lsなどのコマンド出力をファイルにして利用することもできる	OSの変更は検知できないので、クロスプラットフォームの場合は動作が保証されない	低
`{{ arch }}`	クロスプラットフォームでも安全性の高いキャッシュを作成できる	クロスプラットフォーム以外は変化しない	低
`{{ .Environment.<環境変数名> }}`	プロジェクト設定やコンテキストの環境変数を使ってconfig.ymlを変更せずにキャッシュキーを変更できる	ビルトイン環境変数とプロジェクト設定、コンテキスト以外の環境変数は利用できない	低
`{{ .Branch }}`	ブランチごとのキャッシュを作成して、ほかのブランチの変更による影響を受けないようにできる	ブランチを作成するたびに新しいキャッシュを作成する	中
`{{ .Revision }}`	コミットごとにキャッシュを作成できる	再実行と同一ワークフロー以外はキャッシュを復元できない	高
`{{ .BuildNum }}`	ジョブごとにキャッシュを作成できる	同一ジョブ以外はキャッシュを復元できない	高
`{{ epoch }}`	必ずキャッシュを作成できる	キャッシュキーにヒットしない	高

　具体例を挙げると、次のような**リスト1**と**リスト2**のテンプレート設計では、どちらも1行目のキャッシュキーは同じ（順番が違っても同じ内容であれば結果は等しくなる）なのですが、2行目ではリスト1はほかのブランチで作成されたキャッシュもGemfile.lockが変更されていなければ復元対象とするのに対して、リスト2はできる限り同じブランチのキャッシュの復元を試みるという違いがあります。

リスト1　キャッシュを最大限活用するテンプレート設計

```
v1-bundle-{{ checksum "Gemfile.lock" }}-{{ .Branch }}
v1-bundle-{{ checksum "Gemfile.lock" }}
v1-bundle
```

リスト2　安全にキャッシュを活用するテンプレート設計

```
v1-bundle-{{ .Branch }}-{{ checksum "Gemfile.lock" }}
v1-bundle-{{ .Branch }}
v1-bundle
```

　判断基準としては、部分キャッシュリストアを最大限に活用したければリス

ト1を利用するのがよく、ほかのブランチの影響をできる限り受けたくない場合はリスト2を利用することになります。

　ほかに気を付けておくポイントがあるとすれば、Electron[注20]などのようなフレームワークを使ってWindows/macOS/Linux用のアプリケーションを開発している場合などでは、ネイティブモジュール[注21]がありほかのOSで作成されたバイナリを含むキャッシュを使ってしまうと、バイナリの互換性がないためアプリケーションが動作しません。

　そのため部分キャッシュリストアを活用するとしても、キャッシュキーには次のように{{ arch }}を入れて、プラットフォームごとに生成されたキャッシュのみを使うようにしておく必要があります。

```
v1-npm-{{ arch }}-{{ checksum "package-lock.json" }}-{{ .Branch }}
v1-npm-{{ arch }}-{{ checksum "package-lock.json" }}
v1-npm-{{ arch }}
```

　キャッシュキーの設計は判断の難しいところがありますが、テンプレートの特徴を正しく理解したうえで、自身のプロジェクトに合った設計を考えてみてください。

Dockerイメージキャッシュの活用方法

　Dockerイメージキャッシュを利用すると、Dockerイメージのビルドの高速化が実現できます。ここでは、動作のしくみと使い方を解説していますので、Dockerイメージのビルドの速度を改善したい人は参考にしてみてください。

●── Dockerイメージとレイヤ構造

　Dockerイメージキャッシュのしくみを理解するために少しだけ回り道をして、どのようにしてDockerのイメージが管理されているかについて解説します。

　ある1つのDockerイメージは、複数のイメージのレイヤ(層)で作られています。各レイヤにはファイルやディレクトリが含まれています。これらのレイヤを重ね合わせて最終的に一つのファイルシステムとして見せるしくみをユニオンファイルシステム(UnionFS)と呼びます。

　イメージレイヤは読み込み専用になっていて、ファイルに変更がない限りDockerは同じイメージレイヤを使います。言い換えると、一度あるイメージレ

注20　Node.jsとChromiumで動作する、クロスプラットフォームアプリケーション開発用のフレームワークです。
注21　C++で書かれたバイナリモジュールのことです。

イヤをダウンロードして保存すれば、変更がない限りDockerは同じレイヤを使い続けることができます。

たとえば、ubuntu:20.04というイメージにcurlをインストールした新しいmy-20.04というイメージを作成するために、以下のようなDockerfileを用意するとします。このイメージを作るにはdocker build -t my-20.04 .というコマンドを実行します。

```
FROM ubuntu:20.04
RUN apt-get update; apt-get -y install curl
```

1度目のdocker buildの実行は以下のようになり、実際にcurlをダウンロードしてインストールしていることがわかります。

```
$ docker build -t my-20.04 .
Sending build context to Docker daemon  6.748MB
Step 1/2 : FROM ubuntu:20.04
 ---> a3282b72a167
Step 2/2 : RUN apt-get update; apt-get -y install curl
 ---> Running in 2d9700f80c61
Get:1 http://security.ubuntu.com/ubuntu focal-security InRelease [79.7 kB]
Get:2 http://archive.ubuntu.com/ubuntu focal InRelease [255 kB]
Get:3 http://archive.ubuntu.com/ubuntu focal-updates InRelease [79.7 kB]
（省略）
Successfully built f4edf3d3afe3
Successfully tagged my-20.04:latest
```

Dockerfileに何も変更を加えずにもう一度同じコマンドを実行すると、今度はcurlのダウンロードは行われず、以下のようにUsing cacheと表示されているのがわかります。

```
$ docker build -t my-20.04 .
Sending build context to Docker daemon  6.748MB
Step 1/2 : FROM ubuntu:20.04
 ---> a3282b72a167
Step 2/2 : RUN apt-get update; apt-get -y install curl
 ---> Using cache
 ---> f4edf3d3afe3
Successfully built f4edf3d3afe3
Successfully tagged my-20.04:latest
```

これは、2回目のdocker buildが、1回目で作られたcurlをインストールしたレイヤを再利用しているためです。このように、Dockerはイメージのレイヤに変更がないときはすでに作成されたレイヤを使うことで、イメージの管理を効率良く行っています。

● ── DLCのしくみ

Dockerのイメージをキャッシュする機能を、CircleCIではDLC (*Docker Layer Caching*) と呼びます。ここではCircleCIがどのようにDockerイメージキャッシュを実現しているかのみ解説し、実際の使い方は後述します。

通常ジョブが完了すると、そのジョブで使用されたExecutorのファイルシステムは保存されません。しかしDLCがジョブで有効にされると、CircleCIはジョブの終了後も使用可能なボリューム[注22]を用意し、そのボリュームをExecutorにアタッチしてジョブを実行します。

次に同じジョブが実行されると、CircleCIは前回のボリュームをExecutorにアタッチします。つまり、ジョブの中でDockerのイメージをビルドした際、作成されたレイヤを以後の同ジョブに引き継ぐことができます。

前述したように、Dockerはレイヤがすでに存在すればそれをキャッシュとして利用するため、レイヤの内容が変更されない限りイメージのビルドを高速に行えるようになります。

● ── DLCの利用

本書の執筆時点では、DLCを利用する方法は2つあります[注23]。

1つ目は、以下のようにMachine Executorのオプションとして指定する方法です。

```
version: 2.1
jobs:
  dlc_job:
    machine:
      docker_layer_caching: true
```

2つ目は、setup_remote_docker ステップのオプションとして指定する方法です。

```
- setup_remote_docker:
    docker_layer_caching: true
```

DLCはDockerのビルドを高速化するのでとても便利ですが、使いすぎには注意が必要です。DLCを利用したジョブは追加で200クレジットを消費するので、使いすぎるとあっと言う間にクレジットを消費します。あくまで最も効果的なジョブでのみDLCを使うように心がけましょう。

[注22] 永続化されたDLC専用の特別なストレージです。
[注23] DLCは有料プランでのみ利用可能です。DLCを使わずにDockerのイメージをキャッシュする方法は第8章の「Dockerイメージのキャッシュ戦略」で解説します。

6.4　**最適化済みDockerイメージの活用**

　ファイルキャッシュとDockerイメージキャッシュでも最適化がもの足りないという人は、CI用のDockerイメージを用意するという方法があります。

CI用のDockerイメージを用意するメリット

　たとえば、CircleCIでジョブを実行する際に、本当に必要なステップを実行する前に必要なツールをインストールしたり設定を用意したりなどの、下準備に該当するステップに時間を要していませんか?

　そういったときは、下準備に該当するステップを実行済みのCI用のカスタムDockerイメージ(以下、カスタムイメージ)をあからじめ用意しておくことで、イメージをプルするだけで本当に必要なステップのみを実行できるようになります。

イメージの取得

　CircleCIのDocker Executorでは、基本的にimageキーで指定したイメージをDocker Hubから取得しますが、GCR(*Google Container Registry*)[注24]、Quay.io、ECRなどのコンテナリポジトリも利用できるようになっています。

　また、authキーやaws_authキーを付けることでプライベートなイメージを取得できるようになっているので、秘匿情報を含むイメージも安全に利用できるようになっています。

　ここではDocker HubとECRを用いてカスタムイメージを活用する方法を解説します。

●──── Docker Hubからの取得

　それではDocker Hubにカスタムイメージをプッシュして、それをプルしてCircleCIを実行してみましょう。

　たとえば、AWS CLIが必須となるジョブで毎回AWS CLIインストールするのではなく、AWS CLIインストール済みのカスタムイメージを取得して実行してみます。

注24　公式名称はContainer Registryですが、gcr.ioドメインからGCRの略称が一般的であるため、本書ではGCRで統一します。

　まずは次のようなDockerfileを作成します。

```
FROM cimg/node:lts

RUN sudo apt-get update && sudo apt-get install -y python \
    && cd ~/ \
    && curl "https://s3.amazonaws.com/aws-cli/awscli-bundle.zip" -o "awscli-bundle
.zip" \
    && unzip awscli-bundle.zip \
    && sudo ~/awscli-bundle/install -i /usr/local/aws -b /usr/local/bin/aws \
    && rm -rf awscli-bundle awscli-bundle.zip

CMD ["/bin/sh"]
```

　ベースイメージにはプリビルドイメージを使っているので、これまで使って
いた cimg/node イメージと同じコマンドを使うことができます。
　次のコマンドでビルドとプッシュを実行します。

```
$ docker build . -t <Docker Hubアカウント名>/circleci-node-aws-cli
Sending build context to Docker daemon  455.3MB
 (中略)
Successfully built <ハッシュ>
Successfully tagged circlec-node-aws-cli:latest
$ docker login --username <Docker Hubアカウント名>
Password:
Login Succeeded
$ docker push <Docker Hubアカウント名>/circleci-node-aws-cli:latest
The push refers to repository [docker.io/<Docker Hubアカウント名>/circleci-node-aw
s-cli]
 (中略)
latest: digest: sha256:<ハッシュ> size: 3056
```

　無事にプッシュまで完了したら、ローカルビルドを実行してAWS CLIコマン
ドが使えるか試してみましょう。

```
version: 2
jobs:
  build:
    docker:
      - image: <Docker Hubアカウント名>/circleci-node-aws-cli
    steps:
      - run:
          name: AWS CLIのバージョン確認
          command: aws --version
```

　先ほどのイメージを指定して、aws --versionコマンドを実行します。

```
% circleci local execute
 (中略)
====>> AWS CLIのバージョン確認
  #!/bin/bash -eo pipefail
aws --version
```

```
aws-cli/1.18.97 Python/2.7.17 Linux/4.19.76-linuxkit botocore/1.17.20
Success!
```

問題なく AWS CLI コマンドを実行できました。

●──── ECRからの取得

次はカスタムイメージをECRにプッシュして、それをプルしてCircleCIを実行してみましょう。

ECRで circleci-node-aws-cli リポジトリを作成して、次のコマンドでビルドとプッシュを実行します。先ほどのビルド済みイメージがあれば、ビルドはタグを付けるだけなので一瞬で完了します。

```
$ docker build . -t <AWSアカウントID>.dkr.ecr.us-east-1.amazonaws.com/circleci-nod
e-aws-cli:latest
$ aws ecr get-login-password | docker login --username AWS --password-stdin
https://<AWSアカウントID>.dkr.ecr.us-east-1.amazonaws.com/circleci-node-aws-cli
Login Succeeded
$ docker push <AWSアカウントID>.dkr.ecr.us-east-1.amazonaws.com/circleci-node-aws-
cli:latest
The push refers to repository [<AWSアカウントID>.dkr.ecr.us-east-1.amazonaws.com/c
ircleci-node-aws-cli]
  (中略)
latest: digest: sha256:<ハッシュ> size: 3056
```

プッシュが完了したら、ローカル環境でジョブを実行して確認してみます。「Docker Hubからの取得」で記述した config.yml を次のように書き換えます。

```
--- a/.circleci/config.yml
+++ b/.circleci/config.yml
@@ -2,7 +2,10 @@ version: 2
 jobs:
   build:
     docker:
-      - image: <Docker Hubアカウント名>/circleci-node-aws-cli
+      - image: <AWSアカウントID>.dkr.ecr.us-east-1.amazonaws.com/circleci-node-aw
s-cli:latest
+        aws_auth:
+          aws_access_key_id: <AWSアクセスキーID>
+          aws_secret_access_key: <AWSシークレットアクセスキー>
     steps:
       - run:
           name: AWS CLIのバージョン確認
```

具体的には image の値をECRのイメージURI(*Uniform Resource Identifier*)に変更し、aws_authキーを追加しています。「AWSアクセスキーID」などはGitリポジトリにコミットしないほうが安全なので、実際にはプロジェクトの環境変数やコンテキストを利用しましょう。

イメージ URI や認証情報が正しければ、次のように AWS CLI コマンドの実行を確認できます。

```
$ circleci local execute
 （中略）
====>> AWS CLIのバージョン確認
  #!/bin/bash -eo pipefail
aws --version
aws-cli/1.18.97 Python/2.7.17 Linux/4.19.76-linuxkit botocore/1.17.20
Success!
```

6.5　テストサマリーでテスト結果をわかりやすく表示する

テストやソースコードのファイル数が多くなると、CircleCI に表示されるテスト結果から原因となるメッセージを見つけるのが困難になります。そのときに役に立つのがテストサマリーです。

テストサマリーは、テストツールが出力するレポートファイルを CircleCI に保存することで、便利な機能を提供してくれます。

テストサマリーを利用する目的

テストサマリーを利用すると、実行されたテストに関する情報を一目で確認できます。

エラーレポートの確認

テストが失敗すると、テストサマリーの表示は**図7**のようになります。

図7　失敗時のテストサマリー

　失敗したテスト結果のみが抽出されて表示されるため、ジョブが失敗したときに CircleCI のジョブページを開けばすぐに失敗したテストの確認ができます。

　一般的にテストの数が増えるにつれてログも長大になるため確認漏れが発生しやすくなってしまいますが、テストサマリーのおかげでそういった見落としを減らすことができます。

テストサマリーの利用方法

　テストサマリーを利用するには、CircleCI がサポートしているフォーマットのレポートファイルをテストツールから出力して、それを保存するステップを記述します。

●──サポートされているレポートフォーマット

　CircleCI のレポートファイル保存は、JUnit XML ファイルか Cucumber JSON ファイルを利用するため、そのいずれかを出力できるテストツールのみが利用可能となります。

　多くのテストツールはどちらかをサポートしています。「Collecting Test

Metadata」[注25]で各ツールの対応方法が紹介されていますので、本書で紹介していないものについてはこちらを参考にしてください。

•───さまざまなツールによるレポートファイル出力

たとえばJestのレポートファイルを出力したい場合は、次のように記述します。

```
test_jest:
  executor: default
  steps:
(省略)
    - run:
        name: jest-junitパッケージを追加
        command: yarn add --dev jest-junit
    - run:
        name: Jestを実行
        command: |
          npx jest --ci --maxWorkers=2 \
          --reporters=default --reporters=jest-junit
        environment: # テストレポートの出力先を指定
          JEST_JUNIT_OUTPUT_DIR: "reports/jest"
```

jest-junitパッケージの追加は、あらかじめリポジトリで実行しておいても問題ありません。その場合は「jest-junitパッケージを追加」のステップは不要になります。

Jestの実行で追加されたのは、`--reporters=default --reporters=jest-junit`という引数と`JEST_JUNIT_OUTPUT_DIR`環境変数です。これらの設定を追加することで、Jestは実行後に`reports/jest/junit.xml`というファイルを出力するようになります。

次にESLintのレポートファイルを出力したい場合ですが、こちらは標準でJUnit XML形式のファイルを出力できます。

```
test_eslint:
  executor: default
  steps:
(省略)
    - run:
        name: ESLintを実行
        command: |
          npx eslint . --ext .js,.ts,.tsx \
          --format junit -o reports/eslint/junit.xml
```

そのため、`--format junit -o reports/eslint/junit.xml`という引数を追加するだけで、`reports/eslint/junit.xml`ファイルを出力してくれます。

注25 https://circleci.com/docs/2.0/collect-test-data/

● ──── レポートファイルの保存

　レポートファイルを保存するには、store_test_resultsステップを利用します。このステップはpathキーで指定したディレクトリ（サブディレクトリも含む）の中にあるレポートを保存します。.（ドット）から始まる隠しディレクトリは指定できませんので注意してください。

　こちらを利用してJestのレポートファイルを保存してみましょう。

```
test_jest:
  executor: default
  steps:
(省略)
    - run:
        name: jest-junitパッケージを追加
        command: yarn add --dev jest-junit
    - run:
        name: Jestを実行
        command: |
          npx jest --ci --maxWorkers=2 \
          --reporters=default --reporters=jest-junit
        environment: # レポートファイルの出力先を指定
          JEST_JUNIT_OUTPUT_DIR: "reports/jest"
    - store_test_results: # レポートファイルを保存
        path: reports
```

　Jest実行後にstore_test_resultsステップを実行して無事に保存されると、**図8**のようにテストサマリーが表示されるようになります。

図8　正常にレポートファイルが保存されたときの表示

　ちなみに、もし設定が間違っていてレポートファイルが保存されなくても、store_test_resultsステップはFound no test results, skippingと表示する

だけでジョブの実行は成功するので注意してください。

ジョブ内並列実行の活用

　ここまででも何度か名前が出てきましたが、ジョブの実行時間を大幅に短縮したいときに最も効果を発揮するのがジョブ内の並列実行です。

　テストの実行時間がCIのボトルネックになってきたのであれば、ぜひ使い方を覚えて活用してみましょう。

並列実行のしくみ

　CircleCIはワークフローによってジョブを並列実行させることが可能になっていますが、ジョブ単体の実行は基本的に1つのコンテナで実行されるため、リソースクラスを変更しない限りはCPUによる処理時間はほぼ一定となります。

　そこで、CircleCIでは**図9**のように同じジョブを同時に複数のコンテナで実行させ、処理するテストファイルを各コンテナに分配することで、実行時間を短縮する手段を提供しています。それがジョブ内の並列実行です。

図9 ▶ ジョブ内の並列実行

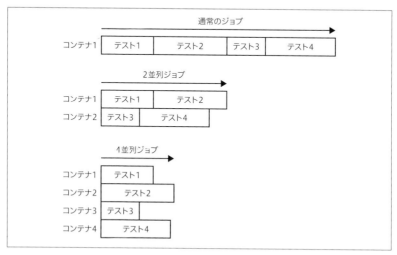

　なお、CircleCIのUIでは並列実行の単位は、**図10**のように「Parallel Runs」と表現されていますが、実体はあくまでコンテナです。旧UIでは「Containers」で

したが、新UIへの移行にともない変更されたようです。しかし、「Parallel Runs」という言い方は日本語にすると若干わかりにくいことと、CircleCI内部でまだ呼び方が固まっていない印象を受ける（執筆時点では公式ドキュメントに記載がない）ので、本書では実行単位を「コンテナ」と呼びます。

図10　Parallel Runs

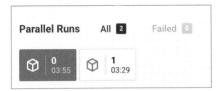

●──**テスト分割コマンドの使い方**

テストを分割するには、`circleci tests glob`と`circleci tests split`の2つのコマンドを利用します。

`circleci tests glob`コマンドは、ファイルグロブを利用してテストファイル一覧を取得します。

```
version: 2
jobs:
  build:
    docker:
      - image: cimg/node:lts
    steps:
      - checkout
      - run:
          name: テストファイル一覧の取得
          command: |
            echo $(circleci tests glob "__tests__/*.ts")
```

たとえば上記のようなconfig.ymlをローカル実行すると、パターンにマッチしたテストファイル一覧が確認できます。

```
$ circleci local execute
 (中略)
====>> テストファイル一覧の取得
  #!/bin/bash -eo pipefail
echo $(circleci tests glob "__tests__/*.ts")

__tests__/sum.test.ts __tests__/double.test.ts
Success!
```

`circleci tests split`コマンドは、標準入力で受け取ったテストファイル一覧を並列実行数に応じて適切に分配してくれる役割を担っています。具体的には次のようにして実行します。

```
circleci tests glob "__tests__/**/*.ts" | circleci tests split
```

こうすると、テストファイルが並列実行されるコンテナ数で分割されるように
なります。実際に次のようなconfig.ymlで確認してみましょう。

```
version: 2
jobs:
  build:
    docker:
      - image: cimg/node:lts
    steps:
      - checkout
      - run:
          name: 2並列のテストファイル分割（1番目のコンテナ）
          command: |
            circleci tests glob "__tests__/*.ts" | \
            circleci tests split --total=2 --index=0
      - run:
          name: 2並列のテストファイル分割（2番目のコンテナ）
          command: |
            circleci tests glob "__tests__/*.ts" | \
            circleci tests split --total=2 --index=1
```

circleci tests splitコマンドは--total と --indexフラグによって並列実
行するコンテナ数と実際に実行するコンテナの番号を指定できます。こちらを
使うことで、実際には並列実行ができないローカル実行でも確認できるように
なっています。

```
$ circleci local execute
（中略）
====>> 2並列のテストファイル分割（1番目のコンテナ）
  #!/bin/bash -eo pipefail
circleci tests glob "__tests__/*.ts" | \
circleci tests split --total=2 --index=0

__tests__/double.test.ts
====>> 2並列のテストファイル分割（2番目のコンテナ）
  #!/bin/bash -eo pipefail
circleci tests glob "__tests__/*.ts" | \
circleci tests split --total=2 --index=1

__tests__/sum.test.ts
Success!
```

実行すると、上記のように2つのテストファイルが分配されて出力されるこ
とが確認できます。
あとは、出力された結果を実行対象となるテストファイルとしてテストコマ

ンドの引数に利用[注26]することで、テストファイルを適切に分配してテストを実行できるようになります。

● ── **タイミングデータを利用したテストの分割**

　circleci tests splitコマンドは、--split-byフラグによってテストファイルの分割方法を制御します。指定できる方法は次の3つです。

• **name**
ファイル名の順番で分割する（デフォルト）
• **filesize**
ファイルサイズで分割する
• **timings**
実行時間で分割する（要タイミングデータ）

　図9のとおり、ジョブの総実行時間は一番実行時間が長いコンテナの実行時間に等しくなります。そのため、テストファイルの最適な分割がジョブの実行時間を左右します。

　デフォルトではcircleci tests splitコマンドはファイル名の順番で分割しますが、この方法は最適とは言えません。そこで効果的なのがtimingsを利用することです。タイミングデータを利用するtimingsは、計測されたテストファイルごとの実行時間をもとに、最適な時間配分になるように分割を行います。

　タイミングデータはテストサマリーから取得できるため、前述したテストサマリーを利用していれば、circleci tests split --split-by=timingsと指定するだけで最適な時間配分となるようにテストファイルを分割できます。

並列実行の利用方法

　それでは実際に、ジョブ内の並列実行を利用してみましょう。これまで何度か登場した、Jestを実行するジョブを並列実行してみましょう。並列実行するには、まずジョブ名の直下にparallelismキーを設定します。値は2以上であれば並列実行されるようになりますので、ここでは2にしておきましょう。

```
test_jest:
  parallelism: 2
  executor: default
  steps:
```

▼

注26　テストコマンドが、実行するテストファイルを引数として受け取って指定できることが前提となります。

```
    - checkout
    - attach_workspace:
        at: .
    - run:
        name: jest-junitパッケージを追加
        command: yarn add --dev jest-junit
    - run:
        name: Jestを並列実行
        command: |
          npx jest --ci --maxWorkers=2 \
          --reporters=default --reporters=jest-junit \
          -- $(circleci tests glob "__tests__/*.ts" | \  ❶
          circleci tests split)
        environment:
          JEST_JUNIT_OUTPUT_DIR: "reports/jest"
    - store_test_results:
        path: reports
```

　「Jestを並列実行」のステップでJestを実行するコマンドの後ろ（❶）に、`--`と先ほど解説した`circleci tests glob`と`circleci tests split`を利用して、テストファイルを分割して引数として与えています。`$()`を使って、パイプ（`|`）を使った2つのコマンドを1つにまとめています。

　こちらを実行すると**図11**のように「Parallel Runs」のところで「All **2**」となり、ジョブ内で並列実行が行われるようになります。

図11 並列実行したジョブの結果画面

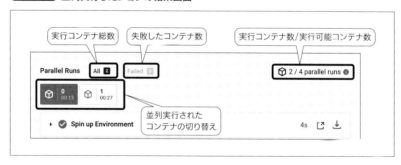

　タイミングデータを利用する場合は、次のように`--split-by=timings`を付けて、`JEST_JUNIT_ADD_FILE_ATTRIBUTE`環境変数を追加します。

```
--- a/.circleci/config.yml
+++ b/.circleci/config.yml
@@ -34,9 +34,10 @@ jobs:
        npx jest --ci --maxWorkers=2 \
        --reporters=default --reporters=jest-junit \
        -- $(circleci tests glob "__tests__/*.ts" | \
```

```
-              circleci tests split)
+              circleci tests split --split-by=timings)
         environment:
           JEST_JUNIT_OUTPUT_DIR: "reports/jest"
+          JEST_JUNIT_ADD_FILE_ATTRIBUTE: "true"
    - store_test_results:
         path: reports
```

Jestは`JEST_JUNIT_ADD_FILE_ATTRIBUTE`環境変数を追加すると、レポートファイルにファイル名を付けるようになります。もしこの環境変数を追加しなかった場合、CircleCIは「No timing found for "テストファイル名"」という出力を行い、タイミングデータを取得できなかったことを通知します。

6.7 リソースクラスを活用し、ジョブ実行環境の性能を変更

CircleCIは、ジョブを実行するExecutorの性能をリソースクラスというしくみによって簡単に変更可能となっています。

リソースクラスとは？

リソースクラスは、AWSのインスタンスタイプやGoogle Cloud Platform（以下、GCP）のマシンタイプのように仮想ハードウェアリソースをジョブ単位で選択できるしくみです。

明示的に指定するだけで、ジョブを実行するExecutorのCPUやメモリのサイズを変更して、より最適な環境でジョブを実行できるようになっています。

リソースクラスの利用方法

ここでは利用できるリソースクラスの種類を確認したあと、実際の利用方法を解説します。

●──種類と選択方針

執筆時現在、利用可能なリソースクラスは**表2**のようになっていて、どのExecutorも`medium`がデフォルトのリソースクラスです。無料プランでは`small`と`medium`のみが選択でき、有料プランはすべて選択できます。

表2 リソースクラス一覧

Executor	リソース クラス名	仮想 CPU数	メモリ	GPU 数	GPU メモリ	クレジット 数(毎分)
Docker	small	1	2GB	—	—	5
	medium	2	4GB	—	—	10
	medium+	3	6GB	—	—	15
	large	4	8GB	—	—	20
	xlarge	8	16GB	—	—	40
	2xlarge※	16	32GB	—	—	80
	2xlarge+※	20	40GB	—	—	100
macOS	medium	4	8GB	—	—	50
	large※	8	16GB	—	—	100
Windows	medium	4	15GB	—	—	40
	large	8	30GB	—	—	120
	xlarge	16	60GB	—	—	210
	2xlarge	32	128GB	—	—	500
	windows.gpu.nvidia.medium※	16	60GB	1	16GB	500
Machine	medium	2	7.5GB	—	—	10
	large	4	15GB	—	—	20
	xlarge	8	32GB	—	—	100
	2xlarge	16	64GB	—	—	200
	gpu.nvidia.small※	4	15GB	1	8GB	160
	gpu.nvidia.medium※	8	30GB	1	16GB	240

※使用に際して、CircleCIのサポートチームへの連絡と承認が必要となっています。

　リソースクラスを上げると一般的に早く処理が終わるようになりますが、同時に消費されるクレジット数も上がるため、過度な上げすぎは禁物です。逆にあまりCPUやメモリを利用しないジョブであればsmallを選択することでクレジットを節約できます。

　明確にリソースクラスを上げたほうがよいのは、メモリ不足でジョブが失敗してしまうケースです。この場合は1つ上のリソースクラスに上げてみて、ジョブが安定して成功するか確かめてみましょう。

resource_classキーの利用

　リソースクラスの利用はとても簡単で、次のようにジョブ名の直下にresource_classキーを設定するだけです。

```
test_jest:
  executor: default
```

```
resource_class: large
steps:
  - checkout
```

　これだけでリソースクラスは`medium`から`large`へと変更されて、ハイパフォーマンスな環境でジョブが実行されるようになります。

第**7**章

継続的デプロイの実践

　本章では、継続的デプロイとは何かについて見ていきます。開発現場でよく
あるテストの問題について考え、継続的デプロイがどのようにテストの問題を
解決するのかを見ていきます。

　また継続的デプロイを導入することにより、より良い製品を早く開発するた
めに必要な、フィードバックループの構築ができるようになることも見ていき
ます。

　よく混同しがちな継続的デリバリとの違いについてもここでしっかり押さえ
ておきましょう。

7.1　継続的デプロイ

　継続的デプロイとは英語でContinuous Deployment（または省略してCD）を意
味します。コードに変更があるたびに自動的にCIでテストを行い、すべてのテ
ストが通った変更を本番環境へデプロイします。通常はすべてのコード変更に
対してデプロイするのではなく、作業用のブランチからmasterなどトランクへ
のマージをトリガにしてデプロイされます。

継続的デリバリとの違い

　継続的デプロイと似た用語に、継続的デリバリというものがあります。継続
的デリバリとは、CIですべてのテストがパスしたのち、コードをいつでも本番
環境へデプロイ可能な状態にしておくことを意味します。ポイントはあくまで
デプロイ可能な状態にしておくだけで、本番環境へデプロイするかどうかは人
間の判断に任されるという点です（**図1**）[注1]。

図1　継続的デリバリの流れ

注1　なお、文脈によっては同じ継続的デリバリという用語でも異なる意味で使われる点が非常に紛らわしい
　　　のですが、それについては「広義の継続的デリバリ」で後述します。

対して継続的デプロイでは人間の判断が入る余地はなく、すべての変更が自動で本番環境にデプロイされるというのが継続的デリバリとの大きな違いです（**図2**）。

図2 継続的デプロイの流れ

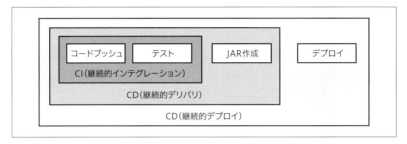

「デプロイ可能な状態にしておく」と言われてもイメージが難しいと思うので、Javaのアプリケーションを例に説明します。Javaのアプリケーションをデプロイする際はJavaのコードを1つにまとめたJAR（*Java Archive*）形式に変換する必要があります。継続的デリバリではCIを通ったコードのJARを常に作成して保存しておき、デプロイするJARのバージョンやタイミングは人間が判断します。対して、継続的デプロイはトランクで作成されたすべてのJARを本番環境に自動でデプロイします。

つまり、継続的デリバリをさらに自動化したものが継続的デプロイとなります。

広義の継続的デリバリ

継続的デリバリの意味が、コードを常に本番環境へデプロイ可能な状態にしておくということがわかりました。しかし、継続的デリバリにはもう1つの意味があります。やや抽象的な説明になってしまいますが、ビジネス価値を継続的に自分たちのプロダクトに加えていく、という意味でも使われます。これを実現するためには技術的な要素に加えて、さまざまなチームが連携してすばやく顧客のフィードバックに基づいてプロダクトを改善していくことが不可欠です。これを実現する方法論を継続的デリバリと呼びます。

つまり、継続的デリバリと言ったとき、技術的な側面のみで使われる狭義の継続的デリバリと、ビジネスプロセスも含めた広義の継続的デリバリの2つがあります。

なぜ継続的デプロイを行うのか

　用語の確認がしっかりできたところで、ここからはなぜ継続的デプロイをするのか、という本題に戻ります。

本番環境によるテスト

　筆者が考える継続的デプロイの最大のメリットの一つとして、本番環境によるテストが挙げられます。通常、バグをリリースしてしまうと修正が困難なので、そうならないようにテスト環境で入念にテストします。しかしながら、テスト環境ですべてのバグを見つけることは困難です(詳しくは後述します)。そこで、本番環境にリリースしてからテストすることで、テスト環境では見つけることが困難なバグを早期に発見して修正できるようになります。

　ここではテスト環境の問題と、本番環境によるテストがどのようにそれらの問題を解決するかを見ていきます。

●──テスト環境でのQAの限界

　継続的デプロイをする理由の一つに、テスト環境でのQA(*Quality Assurance*、品質保証)の限界が挙げられます。

　通常、リリースする前に問題なくソフトウェアが動くかチェックするためのQAプロセスが存在します。これは開発環境やステージングを含むテスト環境で行われます。理想的にはここですべてのバグを見つけ出せればよいのですが、どんなに入念にQAを行ってもそうなることはほとんどありません。

●──実際の失敗事例

　まずは、テスト環境での入念なQAがうまくいかない具体例を見てみましょう。

　ある製品を本番環境にリリースする前に、テスト環境で1週間しっかりテストしたとします。同じバージョンのコードを使い、さまざまなテストシナリオを実行して問題がないことが無事に確認できました。

　しかし、いざ本番環境にリリースしてみると、テスト環境では見られなかったバグが発生します。バグをよく調べたところ、使っているミドルウェアの特定のバージョンで発生するバグであることがわかりました。本番環境とテスト環境で使用しているミドルウェアのバージョンが違っていたせいで、QA時には再現できなかったのです。

このようにテスト環境と本番環境に差異があるせいで、バグを見逃すことは珍しくありません。

●── 何が問題なのか？

この事例から見える問題はテストと本番環境の差異によりバグを見逃したことですが、実はそれは問題の本質ではありません。たとえまったく同じ環境を用意できたとしても、QAでバグを見逃す可能性は常にあります。それはなぜでしょうか？

ソフトウェアエンジニアリングという仕事はとても複雑です。ビジネス要求、外部依存サービス、本番トラフィックなどのさまざまな要素が影響し合って1つのソフトウェアが本番環境で動きます。しかしテスト環境上のQAでは、これらの要素のほんの一部分しかチェックできません。たとえば、仮に本番環境とまったく同じテスト環境を用意できたとしても、依存する外部サービスについてはこちらの管理外なので同じ環境を用意することはできません。

このように考えると、テスト環境でのQAの問題の本質は「本番環境とすべての条件が同じな環境を構築することはできない」と言うことができます。そのような状況でいくら入念にテストを行ったとしても、すべてのバグを見つけるのは困難です。

●── 本番環境でのテスト

継続的デプロイは、QAテストの問題に対する1つの解決方法を提供します。

それは、本番環境でテストするということです。「リリース前に完全にテストができないのであれば、本番環境にリリースしてからテストをしよう」というのがこの方法の基本的な考え方です。DevOpsの文脈では、しばしば英語表記をそのまま用い「Test in Production」と呼ぶこともあります。

詳しくは後述しますが、継続的デプロイで変更をすばやく本番環境にリリースできるようになれば、仮に本番環境で問題が見つかったとしても修正を即座にデプロイできます。

本番環境でテストし、問題を発見し、修正をデプロイする。これの繰り返しが、継続的デプロイを使った本番環境テストの基本の流れとなります。

フィードバックループの構築

継続的デプロイの利点は、本番環境でテストできるようになることだけではありません。継続的デプロイを行うと、フィードバックループも構築できるよ

うになります。

●――フィードバックループとは何か？

　フィードバックループとは、システムの出力が自身の入力になり、これが繰り返し行われるしくみを意味します。このしくみをソフトウェア開発に応用することで、不確実性を減らし、ユーザーが望んでいる製品の開発をすばやくできるようになります。

　たとえばテスト駆動開発をしている場合、まずテストを書き、最初のコードがテストで失敗することを確認してから成功するように実装していきます。その後テストがビジネス要件を満たしているか見なおし、再度テストが通るように実装を修正します。このようにして、コードを少しずつ必要なビジネス要件に近付けていく作業はフィードバックループと言えます。

　チームでプロジェクトの進捗を確認し、うまくいったことやいかなかったことを振り返り、改善方法を考える定例ミーティングも、フィードバックループの例と言えます。

　このようにさまざまな形のフィードバックループが存在しますが、どれも以下のような共通する目的があります。

- 早期に失敗を発見する
- 発見した失敗を修正する
- これらの繰り返しをできるだけすばやく回す

　本章では実際にその製品を使うユーザーから意見や評価を集め、それをもとに製品を改善する作業を繰り返し行うことを意味します。

●――フィードバックループの重要性

　なぜフィードバックループが重要なのでしょうか？ それは、一言で言うとユーザーが必要な機能を最初から理解することは難しいからです。

　ソフトウェアの要件を最初から正しく定義できることはまれです。多くの場合、要件定義の初期段階ではどのようなものを作るべきかはあいまいで、開発が進むにつれて本当に必要な機能がわかってきます。また顧客の要件自体も時間とともに変わっていくことも多々あります。

　この現実を無視して初期段階ですべての要件定義をしようとすると、開発の終盤で大きな変更を余儀なくされることがあります。

　この問題への有効な対処法として、フィードバックループがあります。製品をできるだけ早い段階でユーザーに使ってもらい、そこから得たフィードバッ

クを分析して製品の改良に役立てることで、すばやく要件に合った製品を開発することが可能となります。

●——継続的デプロイとフィードバックループの関係

フィードバックループはとても有効な手法ですが、ユーザーからのフィードバックを製品に早く反映させることができなければ意味がありません。もしフィードバックに基づいた機能を開発しても、それをリリースして使ってもらえなければ、次のフィードバックにつながらずループが止まってしまいます。

継続的デプロイは常に変更を本番環境にリリースするので、フィードバックに基づいた機能や改善をいち早くユーザーに使ってもらうことができます。リリース→フィードバック→改善→またリリースというループが回ることで、ユーザーが本当に欲しい機能をすばやく提供できるようになります。

このことから、継続的デプロイはフィードバックループの構築には必要不可欠と言えるでしょう。

7.3 継続的デプロイの難しさ

Amazonでは11秒ごとにデプロイが行われ、最大で1時間に1,079回ものデプロイが行われたという報告が、AWSの技術カンファレンスの「re:Invent」でされました[注2]。驚くことに、これは2012年の話です。AWSでは継続的デプロイを何年も前から導入していたようです。

しかし、すべての組織がAmazonのように継続的デプロイを導入できるわけではありません。ここでは継続的デプロイを導入するための主な障壁を見ていきましょう。

組織的な理由

継続的デプロイ導入の壁の一つとして、組織的な理由が挙げられます。具体的には、本番環境にデプロイするために別のチームや上長から承認などが必要な場合です。

このようなルールが社内にあると、いくら優れたCI/CDツールがあっても、承認を得るために一度デプロイの流れを止める必要があり継続的デプロイを行

注2　https://www.publickey1.jp/blog/12/amazon11000_aws_reinventday2_am.html

えません。

ビジネス的な理由

　ビジネス的な理由も、継続的デプロイ導入の妨げになることがあります。よくある例として、顧客側で知らない間に機能がアップデートされると問題があるようなケースです。このような場合、新たな機能をリリースするときはあらかじめリリース日を通知する必要があり、継続的にデプロイできません。

7.4　継続的デプロイの導入を助ける手法

　組織的／ビジネス的な継続的デプロイ導入の壁は開発チーム単独では乗り越えることが難しいこともあり、すぐに解決できません。そこで、ここでは少しずつでも継続的デプロイを導入するために有効な手法を解説します。

承認ジョブによる承認フローへの対応

　第4章で解説した承認ジョブを使えば、承認ボタンが押されるまでワークフローの実行を途中で止めることができます。このしくみを利用すれば、ほかのチームや上長から承認が必要な事情に対応できます。

●──── 承認ジョブの設定例
　承認ジョブの設定はとても簡単です。ジョブのパラメータに type: approval を設定するだけです。

```
workflows:
  version: 2
  main:
    jobs:
      - build
      - hold:
          requires:
            - build
          type: approval
      - deploy-to-production:
          requires:
            - hold
```

　上記は承認ジョブの設定例です。hold ジョブに type: approval のパラメータ

を渡すことで承認ジョブにしています。こうするとholdジョブをrequiresに指定しているdeploy-to-productionというジョブは、holdジョブが承認されるまで実行されません。

●──── 承認ジョブの注意点

承認ジョブは簡単に設定できますが、いくつかの注意点があります。第4章でも簡単に解説しましたが、間違いやすい点なのでもう一度おさらいしましょう。

まず、当該のリポジトリへ書き込み権限を持っているユーザーなら誰でも承認ボタンを押せてしまうことです。本当に承認権限がある人しか承認ボタンを押さないように気を付けましょう。

また、承認ジョブそのものは中身が実行されない空のジョブということにも注意が必要です。上記の例だとholdジョブはジョブの定義はされておらず、workflowsセクションでtype: approvalを渡すためだけに存在するジョブです。直感的にはdeploy-to-productionジョブにtype: approvalパラメータを渡したくなりますが、そうするとdeploy-to-productionは承認のボタンを表示するだけで、実際のデプロイの処理は実行されないので注意が必要です。

フィーチャーフラグによる段階的リリース

もう1つ継続的デプロイの導入を助ける機能としてフィーチャーフラグがあります。フィーチャーフラグとは、アプリケーションの機能を簡単にオン／オフできる機能です。

フィーチャーフラグを使えば、どの機能を／誰に／いつリリースするかをコントロールできるようなるので、リリースのタイミングを顧客ごとに合わせる必要があるときに役立ちます。また、万が一その機能に問題があったときはフラグをオフにするだけで簡単に機能を隠すことができるので、開発者はより積極的に新機能をリリースできるという効果もあります。

●──── フィーチャーフラグの使用例

たとえば、常に新しい機能のリリースを求める顧客Aと、リリース前には必ず事前連絡が必要な顧客Bがいるとします。継続的デプロイで常に新しい機能をリリースすると顧客Aには喜んでもらえるかもしれませんが、顧客Bは不満を持つでしょう。

そこでフィーチャーフラグを使います。継続的デプロイを使い新しい機能は常に本番環境にデプロイしておき、その機能をフィーチャーフラグでコントロ

ールします。

　顧客Aにはデプロイと同時にフラグが有効になるようにして、顧客Bには事前に通知した日に有効化すれば、どちらの顧客も満足させることができます。

　このようにフィーチャーフラグを使うと、デプロイとリリースを分けることができるようになります。フィーチャーフラグのようにデプロイとリリースをより安全かつ効率的にできるようにする分野の技術をリリースエンジニアリン

デプロイとリリースは同じ？

　本書ではデプロイとリリースという単語を特に区別せずに使っています。本書に限らずこの2つの言葉は同じような意味で使われているのをよく見かけますが、デプロイとリリースは本当に同じ意味なのでしょうか？

　リリースはデプロイを包含する用語で、これらは異なることを意味します。この説明だけではわからないので、デプロイとリリースがそれぞれ何を意味するのか見てみましょう。

　デプロイとは、コードを本番環境に配置する作業を意味します。新しいバージョンのコードを本番環境にインストールする、と言い換えるとわかりやすいかもしれません。

　対してリリースとは、デプロイした新しいバージョンのコードを実際にユーザーに使ってもらう作業を意味します。サービスを開発している場合は新しいバージョンのコードでユーザーのトラフィックを処理する作業と言えます。これが最初に説明した、リリースはデプロイを包含する、ということです。

　従来は、デプロイとリリースは同じものを意味していました。なぜなら、コードを本番環境にデプロイすれば即座に古いコードを置き換え、ユーザーが使いはじめるからです。

　しかし、カナリアリリース[注a]やフィーチャーフラグに代表されるリリースエンジニアリングの手法が発達するにつれてデプロイしたコードの段階的なリリースが可能となったため、もはやデプロイは即時リリースを意味しなくなりました。

　普通の文脈であればそこまで違いについて意識する必要はないですが、デプロイとリリースは同じ意味ではないということはしっかり覚えておいてください。

　リリースエンジニアリングは今後必ず重要になってきます。特にバックエンドやインフラ関連の仕事をしているならば、ぜひ押させておきたい技術の一つです。英語になりますが、無料で公開されている「Site Reliability Engineering」の第8章の「Release Engineering」[注b]に入門向けの内容が掲載されているので、興味があればぜひ読んでみてください。

注a　本番環境の一部にだけ開発中のコードをリリースして検証する方法です。
注b　https://landing.google.com/sre/sre-book/chapters/release-engineering

グと呼びます。本章のコラム「デプロイとリリースは同じ？」でもう少し詳しく解説しているので、興味があれば読んでみてください。

●──フィーチャーフラグの導入方法

　CircleCIそのものにはフィーチャーフラグの機能はないのでCircleCI以外の方法で導入する必要があります。主にSaaS型のサービスを使う方法と、自分たちで実装する方法の2つがあります。

　SaaS型の代表サービスとしてはLaunchDarkly[注3]が有名で、CircleCIの開発チームでも使われています。また最近ではA/BテストサービスのOptimizely[注4]でもフィーチャーフラグの機能が提供されています。

　自分たちで実装する場合はライブラリを使うと便利です。言語によってさまざまな実装があるのでユースケースにあったものを選びましょう。たとえばJavaでは、ff4j[注5]というライブラリが有名どころとして挙げられます。もし使用している言語にフィーチャーフラグの定番ライブラリがなければ、自分たちで簡易的なしくみを作るのも一つの手です。

新規プロジェクトからの導入

　プロジェクトの種類や事情によっては、途中からCDを導入することは難しい場合もあるでしょう。そのような場合、筆者は既存のプロジェクトへの導入は諦め、新規プロジェクトではCDからはじめることをお勧めしています。

　「CDからはじめる」とは、プロジェクトの初期の段階でCDを導入することを意味します。つまり、プロジェクトの初期でデプロイ環境を用意し、そこに対して自動でデプロイするCDのフローを構築するということです。

●──リリースの前倒し

　CDがプロジェクトの初期で構築されていれば、リリースの作業を大幅に前倒しできます。通常、リリース作業はプロジェクトの終盤で行われますが、そうすると上述した「QAの限界」に直面することになり、予定どおりリリースすることは簡単ではありません。しかし、CDによりデプロイ作業が日々の開発に組み込まれていれば、いざリリース日直近になっても慌てる必要はありません。こ

のように CD をプロジェクトの初期に導入すれば、リリースはもはや特別な作業ではなくなります。

●───アジャイル的な思考の普及

　CDを新規プロジェクトへ導入することで実際に目に見える効果があがれば、ほかのプロジェクトに関わっている開発者に「自分たちもやってみよう」と思わせることができるかもしれません。上述したように、CDを導入できないのは技術的な理由よりも、組織やビジネス的な事情が大きいというのが筆者の考えです。これは、言い換えればアジャイル的な思考の欠如と言えるでしょう。もし、新規プロジェクトがCDの活用により新機能を安定的にかつすばやくリリースできれば、組織全体にアジャイルの力を見なおしてもらうきっかけにつながる可能性は大いにあります。

7.5　Orbsを使った継続的デプロイの実践例

　Orbsを使えばジョブの設定の再利用ができることについては第2章ですでに触れました。ここではOrbsを実際に使ってAWSへ継続的デプロイをしてみましょう。

Orbsの探し方

　Orbsは、第2章でも紹介したOrb Registryで登録したり検索したりできます。

●───認定済み、パートナー、サードパーティーOrbs

Orbsには次の3種類があります。

- **認定済みOrbs**
  CircleCIが作成／メンテナンスしている公式なOrbs

- **パートナーOrbs**
  CircleCIテクノロジパートナー[注6]に参加しているパートナー企業により作成／メンテナンスされているOrbs。主に、パートナー企業のサービスや製品とインテグレーションするためのOrbsが提供されている

- **サードパーティーOrbs**
  上記以外のOrbs。各個人が開発したOrbsはここに分類される

注6　https://circleci.com/partners/

3種類のOrbsの最も大きな違いはセキュリティです。認定済みOrbsとパートナーOrbsは、CircleCIとパートナー各社がOrbs内で秘密情報を盗むようなコードが埋め込まれていないことをチェックしていますが、サードパーティーOrbsは必ずしもそのようなチェックがされているとは限りません。よって、どの種類のOrbsを使うか迷った場合は、まず認定済みOrbsもしくはパートナーOrbsに欲しいものがあるかどうか探して、なければサードパーティーOrbsを探しましょう。

●── Orbsのバージョン

Orbsには、バージョニングに関していくつか覚えておくべきことがあります。ここではOrbsを使うために必要な部分だけ解説します。詳細に関しては第12章で解説します。

Orbsは、セマンティックバージョニング[注7]を採用しています。セマンティックバージョニングとは、ソフトウェアのバージョンをX.Y.Zの3つの区分で表す手法です。

- X
  メジャーバージョン。ソフトウェアが大きく変わるときに更新される
- Y
  マイナーバージョン。後方互換性のある機能アップデートが入るときに更新される
- Z
  パッチバージョン。バグフィックスがあるときに更新される

使用するバージョンを直接書く以外にも、volatileとワイルドカードで指定する方法もあります。

volatileを使用すると、常に最新のバージョンに解決されます。たとえば、circleci/python@2.1.0とcircleci/python@1.9.5とcircleci/python@1.9.2が存在する場合、2.1.0のほうが1.9.xよりもセマンティックバージョンでは最新を意味するので、circleci/python@volatileと指定するとcircleci/python@2.1.0に解決されます。

メジャーバージョン以外の区分を省略して書くワイルドカードという指定方法もあります。省略した区分の最新のバージョンに解決されます。上記のcircleci/pythonの場合であればcircleci/python@2と指定すればcircleci/python@2.1.0に解決され、circleci/python@1.9と書けばcircleci/

注7　SemVerとも呼ばれます。https://semver.org/lang/ja/

python@1.9.5に解決されます。

必要なもの

　本解説を自分の環境で行うためには以下のものが必要となります。あらかじめ準備してください。

●──── **アカウント**

以下のアカウントを用意してください。

- **AWS**
- **GitHub**
- **CircleCI**

●──── **Docker**

　解説の中でDockerを使ってイメージをプッシュするので、Dockerをインストールしてください。

●──── **サンプルコード**

　本章で使うサンプルコードはhttps://github.com/circleci-book/ecr_ecsに用意してあります。あらかじめ自分のGitHubアカウントへフォークしてください。

　このリポジトリは簡単なconfig.yml、HTMLファイル、Dockerfile、そして後述するCloudFormationのテンプレートで構成されています。

　HTMLファイルは、画像を表示するだけのシンプルな内容です。

```
<meta http-equiv="content-type" charset="utf-8">

<h1>Success!</h1>

<img alt="Success!" src="green-build.png" width="500" height="500">
```

　Dockerfileは、上記のHTMLファイルを表示するnginxのイメージを作成します。

```
FROM nginx
COPY html /usr/share/nginx/html
```

●──── **CircleCIプロジェクト**

　フォークしたサンプルコードのリポジトリをCircleCIのプロジェクトに追加します。サンプルコードにはすでに.circleci/config.ymlがあるので、「Use Existing

Config」→「Start Building」でプロジェクトを追加します。この時点ではまだ環境の構築ができていないので最初のジョブは失敗しますが問題ありません。プロジェクトの追加方法については第3章の「config.ymlの手動追加」で解説しています。

全体の流れ

ここでは実際にOrbsを使って、nginxのDockerコンテナをAWSへ継続的デプロイする方法を解説します。

解説ではAWS ECR[注8]とAWS ECS[注9]を使用します。全体的な流れとしては、ECRへDockerイメージをデプロイして、そのイメージのコンテナをECSで起動します。この一連の流れをCircleCIからOrbsを使って自動化します（**図3**）。

図3　デプロイの全体像

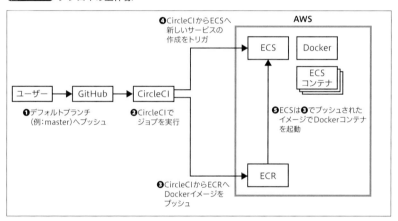

なお、本解説では可能な限り環境の構築を自動化するために、AWS Cloud Formationを使用します。CloudFormationを使用すると、あらかじめ用意されたテンプレートにしたがってパラメータを入力するだけで、環境を簡単に構築できます。

注8　AWSがホスティングするDockerイメージのレジストリで、自分で作ったDockerイメージをアップロードできます。Docker HubのAWS版と考えるとわかりやすいかもしれません。正式名称はAmazon Elastic Container Registryです。

注9　Dockerコンテナのアプリケーションを運用できる環境です。ECSを使うと、基盤のインフラを意識することなくDocker化したアプリケーションを簡単に運用できます。正式名称はAmazon Elastic Container Serviceです。

ECRへのデプロイ

•──── IAMユーザーの権限

CloudFormationでは、AWSのさまざまなリソースにアクセスして目的の環境を構築します。そのためにはCloudFormationを実行するユーザーに必要な権限を与える必要があります。

IAM[注10]の画面へ行き、CloudFormationを実行するユーザーに以下のポリシーを付与してください。

- **AmazonEC2FullAccess**
- **IAMFullAccess**
- **AmazonEC2ContainerRegistryFullAccess**
- **AmazonS3FullAccess**
- **AmazonEC2ContainerServiceAutoscaleRole**
- **CloudWatchLogsFullAccess**
- **AmazonEC2ContainerServiceFullAccess**
- **AWSCloudFormationFullAccess**
- **ApplicationAutoScaling（カスタムポリシー）**

権限を付与するには、IAMの画面へ行き、付与するユーザーを選び「アクセス権限の追加」ボタンを押します（**図4**）。

図4　アクセス権限の追加

注10　IAM（*AWS Identity and Access Management*）では、AWSのサービスに関するアクセス制御を管理できます。

　「既存のポリシーを直接アタッチ」を選び、付与するポリシーを選択して確認画面から付与してください。

　なお、解説を簡単にするためにEC2やIAMなど、それぞれのシステムのフルアクセスを付与しています（**図5**）。本番環境で運用する場合は、適切な権限のみを付与するようにしてください。

図5　アクセス権限の選択と確定

　カスタムポリシーのApplicationAutoScalingは、以下のインラインポリシーを作成してください。

```
{
  "Version": "2012-10-17",
  "Statement": [
      {
          "Sid": "VisualEditor0",
          "Effect": "Allow",
          "Action": [
              "application-autoscaling:*",
              "cloudwatch:DescribeAlarms",
              "cloudwatch:PutMetricAlarm"
          ],
          "Resource": "*"
      }
  ]
}
```

　インラインポリシーを作成するには、IAMユーザーの画面から「インラインポ

リシーの追加」を押して「JSON」タブを選択し、上記のポリシーを貼り付けます
（**図6**）。

図6 インラインポリシーの追加

ポリシーが作成できたら IAM ユーザーの画面に戻り、「アクセス権限の追加」
→「既存のポリシーを直接アタッチ」から選択して追加してください。

「ポリシーの確認」ボタンを押すと確認画面に移動するので、作成するポリシー
に名前を付け（解説では ApplicationAutoScaling）、ポリシーの作成を完了します。

● CloudFormation で ECR の作成

まずは、ECR のリポジトリを作成する必要があります。CloudFormation の画
面へ行き、「スタックの作成」→「テンプレートファイルのアップロード」から`ecr_`
`cf.yml`をアップロードしてください。`ecr_cf.yml`は本書用のものを用意してい
ます[注11]。

「スタックの名前」に任意の名前を入力します（**図7**）。解説では「circleci-book-
ecr-stack」としています。入力したら「次へ」を押して先に進みます。途中いろい
ろな設定画面が出ますが、今回は特に何も入力する必要はありません。最後に
「スタックの作成」を押すと、CloudFormation が ECR 作成を開始します。最初は

注11 https://github.com/circleci-book/ecr_ecs/blob/master/ecr_cf.yml

ステータスが`CREATE_IN_PROGRESS`で（**図8**）、`CREATE_COMPLETE`になれば完了です（**図9**）。

図7 ECRスタックの名前を入力

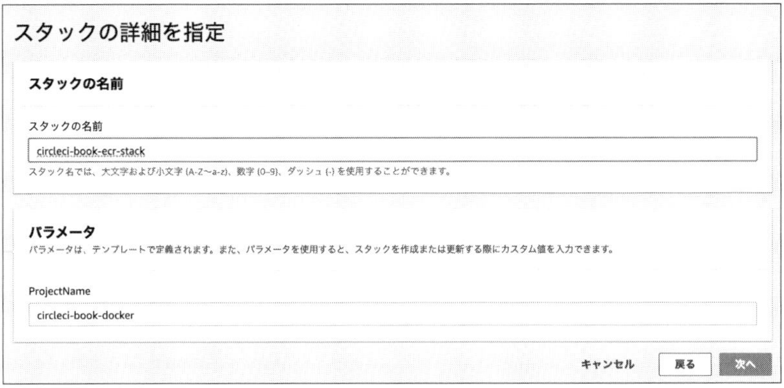

図8 ECRの作成中

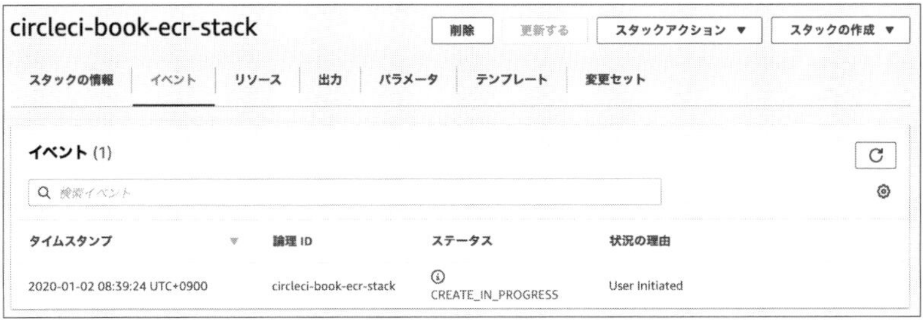

図9 ECRの作成成功

作成された ECR の nginx リポジトリに行くと「表示するイメージがありません」と表示されているはずです。これは、リポジトリが作られただけで、中身の Docker のイメージがまだ作成されていないためです。

nginx のリポジトリの画面で右上に表示されている「プッシュコマンドの表示」をクリックすると、**図10**のように必要なコマンドが表示されます。各コマンドの意味は AWS の画面上で説明されていますのでここでは解説しません。

図10 プッシュコマンド

---

nginx のプッシュコマンド   ✕

　　macOS / Linux　　**Windows**

AWS CLI および Docker の最新バージョンがインストールされていることを確認します。詳細については、Amazon ECR の
開始方法 🗗 を参照してください。

次の手順を使用して、リポジトリに対してイメージを認証し、プッシュします。Amazon ECR 認証情報ヘルパーなどの追加の
レジストリ認証方法については、レジストリの認証 🗗 を参照してください。

1. 認証トークンを取得し、レジストリに対して Docker クライアントを認証します。
   AWS CLI を使用します。

   ```
   aws ecr get-login-password --region ap-northeast-1 | docker login --username AWS --password
   ```

   注意: AWS CLI の使用中にエラーが発生した場合は、最新バージョンの AWS CLI と Docker がインストールされていることを確認してくださ
   い。

2. 以下のコマンドを使用して、Docker イメージを構築します。一から Docker ファイルを構築する方法について
   は、「こちらをクリック 🗗」の手順を参照してください。既にイメージが構築されている場合は、このステップ
   をスキップします。

   ```
   docker build -t nginx .
   ```

3. 構築が完了したら、このリポジトリにイメージをプッシュできるように、イメージにタグを付けます。

   ```
   docker tag nginx:latest ▓▓▓▓▓▓▓▓▓▓▓▓.amazonaws.com/nginx:latest
   ```

4. 以下のコマンドを実行して、新しく作成した AWS リポジトリにこのイメージをプッシュします。

   ```
   docker push ▓▓▓▓▓▓▓▓▓▓▓▓.amazonaws.com/nginx:latest
   ```

   　　　　　　　　　　　　　　　　　　　　　　　　　　　　　　　　　　　　閉じる

表示されているコマンドを、ローカル PC で実行していきます。クローンしたサンプルコード[注12]のディレクトリでプッシュコマンドを実行してください。

```
$ $(aws ecr get-login-password --region ap-northeast-1 | docker login --username
AWS --password-stdin xxxxxxxxxxxxx.dkr.ecr.ap-northeast-1.amazonaws.com)

Login Succeeded
```

注12 https://github.com/circleci-book/ecr_ecs

```
$ docker build -t nginx .
Sending build context to Docker daemon  125.4kB
Step 1/2 : FROM nginx
 ---> 56637ef625db
Step 2/2 : COPY html /usr/share/nginx/html
 ---> 91c7bb2c8baa
Successfully built 91c7bb2c8baa
Successfully tagged nginx:latest

$ docker tag nginx:latest xxxxxxxxxxxxx.dkr.ecr.ap-northeast-1.amazonaws.com/
nginx:latest

$ docker push xxxxxxxxxxxxx.dkr.ecr.ap-northeast-1.amazonaws.com/nginx:latest
The push refers to repository [xxxxxxx.amazonaws.com/nginx]

b6251c56dee8: Preparing
b6251c56dee8: Pushed
4dea87594054: Pushed
16b56702f2d5: Pushed
90c719b24442: Pushed
4c8307278029: Pushed
6b5e2ed60418: Pushed
92c15149e23b: Pushed
0a07e81f5da3: Pushed
latest: digest: sha256:f31914e1714931a83835503560cf93a170542805e0994be1122e450ede1
df10e size: 1983
```

　最後まで問題なく実行できると、latestというタグが付いたDockerのイメージがプッシュされたことがECR上で確認できます（**図11**）。

図11 プッシュされたイメージ

ECR ＞ リポジトリ ＞ nginx

nginx

イメージ (1)

	Image タグ	イメージの URI	プッシュされた日時 ▼
	latest	1.amazonaws.com/nginx:latest	20/01/02 08:18:45

これでECR側の準備は完了です^{注13}。

──── CircleCIで環境変数の設定

CircleCI側で設定する必要のある環境変数は**図12**のとおりです。

図12　環境変数の一覧

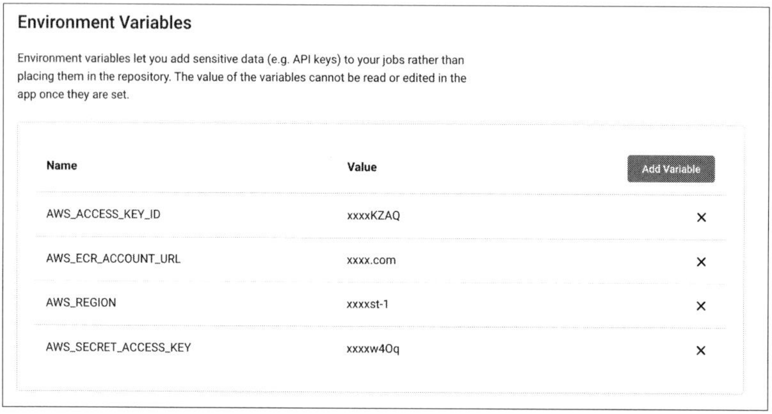

Environment Variables

Environment variables let you add sensitive data (e.g. API keys) to your jobs rather than placing them in the repository. The value of the variables cannot be read or edited in the app once they are set.

Name	Value	Add Variable
AWS_ACCESS_KEY_ID	xxxxKZAQ	✕
AWS_ECR_ACCOUNT_URL	xxxx.com	✕
AWS_REGION	xxxxst-1	✕
AWS_SECRET_ACCESS_KEY	xxxxw4Oq	✕

以下は各環境変数の説明です。

- `AWS_ACCESS_KEY_ID`
  CircleCIで使うAWSアクセスキーID
- `AWS_SECRET_ACCESS_KEY`
  CircleCIで使うAWSシークレットアクセスキー
- `AWS_ECR_ACCOUNT_URL`
  ECRのリポジトリのURI。ECRの画面からコピー＆ペーストできる
- `AWS_REGION`
  ECRがあるAWSアカウントのリージョン。東京リージョンを使っている場合は`ap-northeast-1`となる

`AWS_ECR_ACCOUNT_URL`を取得する際の注意点としては、ECRの画面からコピー＆ペーストするとアカウントのURIにリポジトリ名が含まれてしまいますが、アカウントのURIのみを入力する必要があります。

- **誤**：`<AWSアカウントID>.dkr.ecr.us-east-1.amazonaws.com/nginx`
- **正**：`<AWSアカウントID>.dkr.ecr.us-east-1.amazonaws.com`

注13　少なくとも一度は上記の手順で`latest`タグが付いたDockerイメージをプッシュしてください。`latest`がない場合、後述するECSのCloudFormationが失敗します。

●── .circleci/config.yml

次に、CircleCI側の作業に移ります。まず最初に必要な`.circleci/config.yml`を掲載します。

```
version: 2.1
orbs:
  aws-ecr: circleci/aws-ecr@6.2.0 ❶
workflows:
  build-and-deploy:
    jobs:
      - aws-ecr/build-and-push-image: ❷
          account-url: AWS_ECR_ACCOUNT_URL ❸
          repo: 'nginx' ❹
          tag: '${CIRCLE_SHA1}' ❺
```

●── ECR Orbのインポート

❶では`orbs`キーで、使用するOrbsを宣言します。ここでは`circleci/aws-ecr`の6.2.0バージョンを`aws-ecr`という名前にマッピングしています。この行以降、`aws-ecr`でこのOrbを参照できます。

●── aws-ecr/build-and-push-imageジョブ

❷の部分がこのOrbのキモとなる行です。`circleci/aws-ecr`をインポートすることで、新たに`aws-ecr/build-and-push-image`というジョブが使えるようになりました。このジョブを使うことで、ECRへイメージをプッシュする設定を大幅に簡素化できます。

❸はECR上に記載されているアカウントのURIです。「CircleCIで環境変数の設定」のところで設定した`AWS_ECR_ACCOUNT_URL`を指定します。なお、ここで指定する値は環境変数(`${AWS_ECR_ACCOUNT_URL}`)ではなく、環境変数の名前(`AWS_ECR_ACCOUNT_URL`)であることに注意が必要です。

❹はECRのリポジトリの名前です。今回は`nginx`としています。

❺は`tag`でDockerイメージに付与するタグを指定しています。Dockerではタグを使うことで、異なる内容のイメージのバージョンを管理できます。この例ではCircleCIのビルトイン環境変数である`CIRCLE_SHA1`を使用しています。`CIRCLE_SHA1`にはジョブの実行時のGitコミットのSHAの値が入っています。この値をDockerのタグに使うことで、コードのバージョンとDockerイメージのバージョンを一緒に管理できます。

これで、CircleCI側の準備が完了しました。GitHubへプッシュすると、CircleCI上で`aws-ecr/build-and-push-image`ジョブが、DockerのイメージからECRへのプッシュまでの一連の作業を行ってくれます。

`aws-ecr/build-and-push-image`ジョブが成功したら、ECRの画面に行って新しいイメージが作成されたことを確認します（**図13**）。`CIRCLE_SHA1`をタグにした新しいイメージが作成されているはずです。

図13 ECRに作成された新しいイメージ

ECSへのデプロイ

次はOrbsを使い、ECSへのデプロイを自動化してみましょう。

●── CloudFormationでECSの作成

ECSを使うと、Dockerを使ったアプリケーションを簡単にAWS上で動かすことができます。ここではECS Orbを使用して、簡単にアプリケーションに対する変更をECSへデプロイしてみましょう。

ECS環境を最初から構築すると解説が長くなってしまうため、必要な環境を簡単に構築できるようにCloudFormationのテンプレートを用意しています。まずはそちらを使ってECS環境を構築しましょう。

CloudFormationの画面へ行き、「スタックの作成」→「テンプレートファイルのアップロード」から`ecs_cf.yml`をアップロードしてください。`ecs_cf.yml`はサンプルコード注14にあるものを使ってください。なお、本サンプルコードはDevelopers.IO注15に掲載されている記事を参考にしています。

「スタックの名前」に任意の名前を入力します（**図14**）。解説では「circleci-book-ecs-stack」とします。入力したら「次へ」を押して先に進みます。

注14　https://github.com/circleci-book/ecr_ecs/blob/master/ecs_cf.yml
注15　https://dev.classmethod.jp/cloud/aws/cloudformation-fargate/

図14 ECSスタックの名前を入力

ECSImageNameに、先ほど作成したECRリポジトリのURIを入力します。URI
を取得するには、ECRの画面へ行きコピーボタンを押します（**図15**）。

図15 ECSのURIをコピー

URIを入力できたら（**図16**）、「次へ」を押して先に進みます。

図16 ECSImageNameを忘れずに

「AWS CloudFormationによってIAMリソースがカスタム名で作成される場合があることを承認します。」(**図17**)にチェックを入れて「スタックの作成」を押すと、CloudFormationがECR作成を開始します。ステータスがCREATE_COMPLETEになれば完了です。

図17 カスタムリソース作成の承認

無事にECSが作成されたら、アクセスできるか確認しましょう。まずはアクセス可能なDNS(*Domain Name System*)名を調べる必要があります。Amazon EC2(*Elastic Compute Cloud*)の画面から「ロードバランサー」の画面へ行きます。CloudFormationで作成されたロードバランサのDNS名(**図18**)に、ブラウザからアクセスしてみましょう。

図18 ロードバランサの画面でDNSの取得

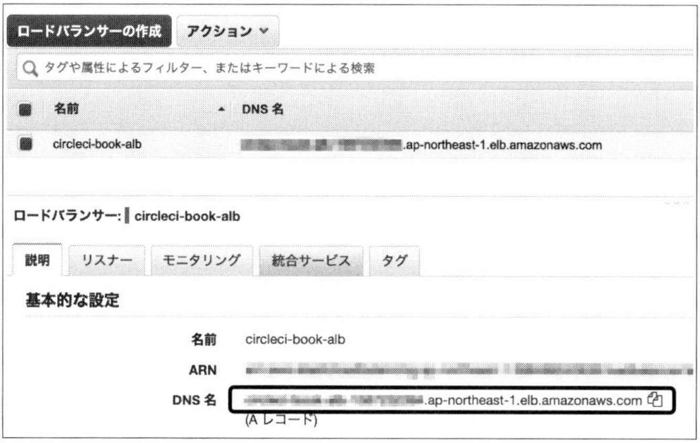

ロードバランサーの作成	アクション ∨

Q タグや属性によるフィルター、またはキーワードによる検索

	名前	▲	DNS 名
■	circleci-book-alb		.ap-northeast-1.elb.amazonaws.com

ロードバランサー: ‖ circleci-book-alb

説明	リスナー	モニタリング	統合サービス	タグ

基本的な設定

名前　circleci-book-alb
ARN　
DNS 名　.ap-northeast-1.elb.amazonaws.com
　　　　(A レコード)

アクセスできれば、ECSの環境は問題なく作成されています(**図19**)。

図19 デプロイされたアプリケーションの動作確認

● ——— .circleci/config.yml

次に、ECSを継続的デプロイするために .circleci/config.yml に ECS Orb を
追加します。先ほどの ECR を継続的デプロイする CircleCI の設定に ECS を追加
したのが以下となります。

```
version: 2.1
orbs:
  aws-ecr: circleci/aws-ecr@6.10.0
  aws-ecs: circleci/aws-ecs@1.2.0 ❶
workflows:
  build-and-deploy:
    jobs:
      - aws-ecr/build-and-push-image:
          account-url: AWS_ECR_ACCOUNT_URL
          repo: 'nginx'
          tag: '${CIRCLE_SHA1}'

      - aws-ecs/deploy-service-update: ❷
          requires:
            - aws-ecr/build-and-push-image ❸
          family: 'circleci-book-task' ❹
          service-name: 'circleci-book-service' ❺
          cluster-name: 'circleci-book-cluster' ❻
          container-image-name-updates: 'container=circleci-book-container,image-
and-tag=${AWS_ECR_ACCOUNT_URL}/nginx:${CIRCLE_SHA1}' ❼
```

── ECS Orbのインポート

❶ではorbsキーで、ECS Orbの使用を宣言します。ここではcircleci/aws-ecsの1.2.0バージョンをaws-ecsという名前にマッピングしています。

── aws-ecs/deploy-service-updateジョブ

❷では、ECR Orbのときと同じようにcircleci/aws-ecsをインポートして、新たにaws-ecs/deploy-service-updateというジョブが使えるようにしています。

❸の部分でaws-ecr/build-and-push-imageジョブが完了することを必須としています。これは、ECSへデプロイするためのDockerイメージをまず作成する必要があるからです。

❹でECSのタスク名をfamilyに指定します。

❺でECSのサービス名をservice-nameに指定します。

❻でECSのクラスタ名をclusterに指定します。

❼でcontainer-image-name-updatesにタスク定義で使用するコンテナの情報を記載します。

これで、ECSを継続的デプロイする準備が整いました。html/index.htmlを好きなように編集してGitHubへプッシュしてください。そうすると、更新されたhtml/index.htmlを使って新しいDockerのイメージがCircleCI上でビルドされます。さらにイメージはGitコミットのSHAが保存されている${CIRCLE_SHA1}のタグが付けられ、ECRへプッシュされます。

この解説で最もキモとなるのがcontainer-image-name-updatesの部分です。ここで${CIRCLE_SHA1}を使ってイメージのタグを指定していることに注目してください。Gitコミットに対するDockerイメージを使って新しいECSのタスクを作成することで、常に最新のバージョンのアプリケーションがECS上で実行されます。

CircleCIでジョブが成功したら、先ほどのDNS名にブラウザからアクセスしてみてください。更新したhtml/index.htmlが表示されれば成功です。

今回はとても簡単な例でしたが、Orbsの便利さを感じてもらえたと思います。Orbsにパッケージングされている設定は、最終的にはすべてconfig.ymlに展開されます。今回の例では展開されたconfig.ymlは400行以上になりますが、Orbsを使えばわずか20行足らず書けてしまう利便性がOrbsの強みと言えます。

展開前と展開後のconfig.ymlをUIから確認することもできます。確認したいジョブのページで画面右上の「Configuration File」へ行き（**図20**）、「Source」（展開前）と「Compiled」（展開後）を切り替えることでそれぞれのconfig.ymlを確認できます（**図21**）。

図20 プロジェクトの設定をUIで確認

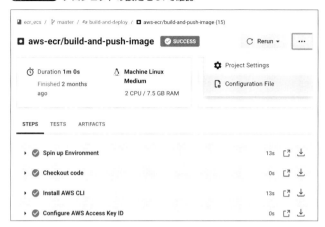

図21 設定の展開前と展開後の確認

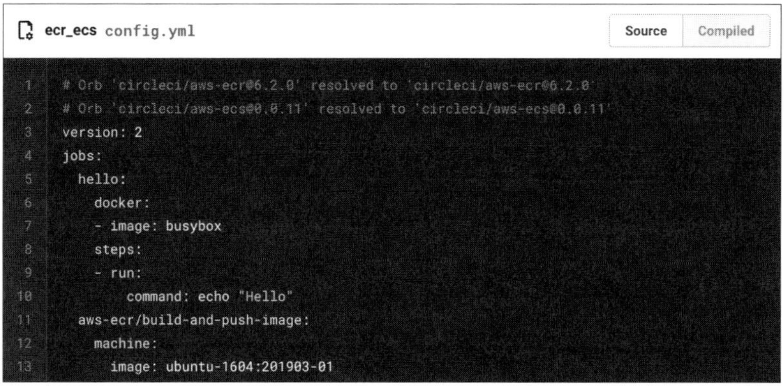

```
1   # Orb 'circleci/aws-ecr@6.2.0' resolved to 'circleci/aws-ecr@6.2.0'
2   # Orb 'circleci/aws-ecs@0.0.11' resolved to 'circleci/aws-ecs@0.0.11'
3   version: 2
4   jobs:
5     hello:
6       docker:
7       - image: busybox
8       steps:
9       - run:
10          command: echo "Hello"
11    aws-ecr/build-and-push-image:
12      machine:
13        image: ubuntu-1604:201903-01
```

7.6 継続的デプロイを使った開発の流れ

　Orbsを使って簡単なDockerのアプリケーションをAWSのECRとECSへ継続的
デプロイできる環境が整いました。最後におさらいの意味も含めて、構築した環
境を使って擬似的に継続的デプロイを使った開発の流れを見ていきましょう。

デプロイ

　html/index.htmlを変更して、CircleCIからECSへデプロイしてみましょう。デプロイの作業は完全に自動化されているので、必要な作業はアプリケーションを変更してGitHubにプッシュするだけです。

　ここではhtml/index.htmlのイメージをサンプルアプリケーションのリポジトリにあるfail-build.pngに変更して、文言をFail!に変更しましょう。

```
--- a/html/index.html
+++ b/html/index.html
@@ -1,6 +1,6 @@
 <meta http-equiv="content-type" charset="utf-8">

-<h1>Success!</h1>
+<h1>Fail!</h1>

-<img alt="Success!" src="green-build.png" width="500" height="500">
+<img alt="Success!" src="fail-build.png" width="500" height="500">
```

　変更できたらGitHubへプッシュします。

　すると、CircleCIでまずaws-ecr/build-and-push-imageジョブが実行されて新しいDockerのイメージがECRへプッシュされます。

　次にaws-ecs/deploy-service-updateジョブが実行されて、最新のDockerイメージを使いECSのサービスとタスクが更新されます。

　CircleCIでジョブが成功したら、先ほどのDNS名にブラウザからアクセスしてみてください。更新したhtml/index.htmlが表示されれば成功です。

本番環境でテスト

　アプリケーションがデプロイされたら、今度は本番環境でテストしましょう。もし問題があった場合は早く切り戻したいので、実際に運用する際はできるだけテストは自動化してください。

　テストの方法としてはいろいろありますが、代表的な方法は以下のような手法です。

- **本番環境の監視(合成モニタリング)**
- **本番環境に対するE2Eテスト**

　上記のどちらか(またはどちらも)実践することで、デプロイしたコードに問題があった場合でもすばやく検知できます。

●── 本番環境の監視

本番環境を監視する一つの方法として合成モニタリング（*Synthetic Monitoring*）と呼ばれる手法が存在します。合成モニタリングはWebサイトに対するユーザーのアクセスをシミュレートして、そのサイトに問題なくアクセスできるかやパフォーマンスなどを計測し、問題があった場合はアラートを出すことができます。

仮にデプロイしたコードに問題があり、本番環境がアクセス不能になったりパフォーマンスが著しく低下したりしても、合成モニタリングで常に監視をしていればいち早く異常を検知できます。

合成モニタリングを提供しているサービスの一例として、Datadog[注16]があります。興味があればぜひ試してみてください。

●── 本番環境に対するE2Eテスト

E2Eテストは実際にユーザーがアクセスするようなシナリオを開始から終了まで再現して、サービスやアプリケーションが期待どおりの振る舞いをするかテストする方法です。ある意味、E2Eテストも合成モニタリングの一種と考えることができるかもしれません。本書では合成テストはサイトの可用性やパフォーマンスをざっくりとテストするのに対し、E2Eテストはサービスやアプリケーションの振る舞いを詳しくテストするものとして区別します。

Webアプリケーションでは実際にブラウザ（もしくはそれと互換性がある方法で）越しにアクセスして、期待どおり動くかテストします。通常は、「問題なくログインできるか」「ページのボタンをクリックできるか」などをテストするので、E2Eテストはテストの中で最も複雑になりがちです。しかし、今回は解説なのでシンプルなテストケースとして、表示されるHTMLの`<h1>`タグの内容と`<img>`タグ内の`alt`属性の内容が一致するという振る舞いをテストしてみましょう。

サンプルアプリケーションのリポジトリに`e2e.rb`というファイルがあります。このRubyで書かれたスクリプトは引数で指定したURLのページを読み込み、上記のテストの実行します。成功すると正常に終了し、失敗（`<h1>`タグの内容と`<img>`タグ内の`alt`属性の内容が一致しない場合）すると例外を出して終了します。

実行するためにはRubyとBundler（Rubyの標準的なパッケージ管理ツール）の実行環境が必要となりますが、ここではインストール方法については省略します。インストール方法についてはそれぞれ、`https://www.ruby-lang.org/ja/downloads/`と`https://bundler.io/`を参考にしてください。

実行環境が準備できたら、デプロイしたサイトに対してテストを実行してみ

注16　https://www.datadoghq.com/ja/product/synthetic-monitoring/

ましょう。

```
$ bundle exec ruby e2e.rb <ECSサイトのDNSのURL>
```

もし、<h1> タグと alt 属性を同じ値に変更してデプロイしていればテストは
成功しますが、一致しなければテストは失敗します。実は、先ほど画像と文言
を変更した際、alt 属性をわざと変更していませんでした。つまり、<h1> タグ
は Fail! ですが alt 属性は Success! のままです。テストを実行すると失敗する
はずなのでぜひ試してみてください。

このようなテストをデプロイするごとに実行すれば、本番環境に問題があっ
たとしてもいち早く検知できます。

また、第4章の「スケジュール」で解説したスケジュール実行を使って以下の
ように自動化することも可能です。

```
version: 2.1
jobs:
  run_e2e_test:
    docker:
      - image: cimg/ruby:2.6.5
    working_directory: ~/project
    steps:
      - checkout
      - run: bundle install
      - run: bundle exec ruby e2e.rb <ECSサイトのDNSのURL>

workflows:
  version: 2
  monitoring:
    triggers:
      - schedule:
          cron: "* * * * *"
          filters:
            branches:
              only:
                - master
    jobs:
      - run_e2e_test
```

ただし、これだと毎分 run_e2e_test が実行されてしまい余分なクレジットを
消費してしまいます。以下のようにデプロイジョブの直後に実行すればクレジ
ットを節約できます。

```
workflows:
  version: 2
  build-and-deploy:
    jobs:
      - deploy
```

▼

```
    - run_e2e_test
      requires:
        - deploy
```

　このようにE2Eテストを自動化しておけば、テスト実行の漏れがなくなり、確実に本番環境のテストをすることができます。

ロールバック

　今回の例はとてもシンプルな例なので問題なくデプロイされましたが、実際の開発ではデプロイしてからバグが発覚することは多々あります。このような場合、開発者が取るべき方針は2つあります。

　1つはバグを修正して再度プッシュすることです。軽微なバグであればこの方法で解決できるかもしれません。もう1つは変更を取り消して再度デプロイすることです。この方法は複雑なバグですぐには修正できない場合に有効です。ここでは、2つ目の方法を詳しく見てみましょう。今回の例だと、表示される画像の`<img>`タグは変更したけど見出しの`<h1>`タグを変更し忘れたので、変更を取り消してロールバックするとします。

　先ほどのコミットを`git revert <先ほどコミットのSHA>`コマンドで取り消します。もしくは、プルリクエストを使っている場合は、GitHubで "Revert" ボタンを押すことでも同じことができます。

　先ほどのコミットを取り消したら、それを再度GitHubへプッシュします。この作業だけで、デプロイしたときとまったく同じ手順でイメージが作られ、CircleCIからECRとECSへ取り消しのコミットがデプロイされます。

　ここまでの作業を振り返ると、ロールバックという作業は変更を取り消して再デプロイする作業と言い換えることができます。今まで見てきたようにデプロイはCircleCIで完全に自動化されているので、GitHubへ取り消しのコミットをプッシュするだけでロールバックが完了します。

　このように継続的デプロイがあれば、デプロイ作業の自動化だけではなく、不意にリリースしてしまったバグを即座にロールバックすることもできるようになります。

その他の継続的デプロイ手法

　ここまで紹介した例は、継続的デプロイの基本にすぎません。本当はもっとさまざまな方法を紹介したいのですが、継続的デプロイの解説はデプロイする

サービス／アプリケーションとデプロイ先に大きく依存します。それらをカバーしようとすると CircleCI を通して CI/CD を学ぶ、という本書の目的から大きく逸れてしまうので、ここでは簡単な紹介にとどめたいと思います。

●──カナリアリリース

先ほどの例では、本番環境にデプロイしてからテストを行っていました。しかし、いくらロールバックが早くできるからと言っても、先ほどの方法だとロールバックが完了するまでは全ユーザーに影響が出てしまいます。このような影響を小さくするために、本番環境の一部分にだけリリースしてからテストするというカナリアリリースと呼ばれる手法も存在します。

もし、カナリアリリースしたバージョンにバグがあれば、一定数のユーザーはバグの影響を受けるの望ましくないと考えられるかもしれません。しかし、カナリアリリースによって本番環境でテストすることにより、開発環境では発見が難しいバグを見つけ出すことが可能となります。

失敗による影響をコントロールしながら、早期に問題を発見できるカナリアリリースは、まさに継続的デプロイの代表例と言えるでしょう。

●──ブルー／グリーンデプロイ

また、本番運用する環境を2つ用意しておき、一方の環境に新しいバージョンをリリースして、古い環境から切り替えるブルー／グリーンデプロイと呼ばれる手法も存在します。

一般的には切り替えはロードバランサで行います。新しいバージョンと古いバージョンを瞬時に切り替えることで、デプロイ時のダウンタイムを最小限にし、もし問題があっても即座にロールバックできます。

●──ローリングデプロイ

本番環境に少しずつ新しいバージョンをデプロイしていく手法をローリングデプロイと呼びます。徐々に旧バージョンが新バージョンに置き換わっていくので、大規模な環境でも比較的安全にデプロイできます。

コンテナオーケストレーションツールの Kubernetes は、ローリングデプロイで変更をデプロイします。Kubernetes は新しいバージョンを検知すると、Pod と呼ばれるコンテナのまとまりを少しずつ自動更新します。また、途中でデプロイを停止したり再開したりすることも簡単にできるので、開発者は心理的に余裕を持ってデプロイできます。

第**8**章

Webアプリケーション開発、
インフラでの活用

本章から第10章までは、ここまで解説してきたCircleCIの設定方法やテクニックを用いて実際のアプリケーションをビルドする方法について解説します。

　なお、本書の主眼はCircleCIを通してCI/CDに入門することです。したがって、本来であればテストが成功したあとのデプロイまで解説を行いたいところですが、デプロイ先により解説内容が大きく異なってしまうためデプロイに関する解説は省略しています。

　ただし、デプロイする際のジョブとワークフローの定義方法には以下のような基本形があります。

```
jobs:
  build_and_test:
    (省略)
    steps:
      - run: test-command
  deploy:
    (省略)
    steps:
      - run: deploy-command

workflows:
  version: 2
  build-and-deploy:
    jobs:
      - build_and_test
      - deploy:
          requires: ❶
            - build_and_test
          filters:
            branches:
              only: master ❷
```

　ポイントは❶で、deployジョブがbuild_and_testジョブが成功しないと実行されないようにしていることと、❷でブランチによるフィルタリングを使って特定のブランチ（ここではmaster）でしか実行されないようにしていることです。

　このデプロイの基本形は多くの言語やフレームワークで活用できるので、ぜひ覚えておいてください。

8.1　TypeScript

　ここでは、TypeScriptをサンプルに用いたアプリケーションのテスト／ビルドの設定方法について解説します。

　TypeScriptはMicrosoftによって開発された、JavaScriptのスーパーセットと

される言語です。静的型付けなどの強力な機能をサポートしており、より堅牢なアプリケーションを構築することが可能になります。

解説のために用意したTypeScriptサンプルアプリケーション[注1]を例にして解説していきます。自分の環境で試す場合は、このリポジトリを自分のGitHubアカウントへフォークしてください。

.circleci/config.yml

本設定ファイルは、依存モジュールをインストールするinstall_deps、テストを行うlint_and_test、成果物をビルドするbuild、これらのジョブの実行順序を制御するmainワークフローで構成されています。また、テストは執筆時点現在のLTS (*Long Time Support*) リリースであるバージョン12系と最新バージョンのNodeで行います。

```
config.yml全体
version: 2.1
jobs:
  install_deps:
    docker:
      - image: cimg/node:12.18
    steps:
    - checkout

    - restore_cache:
        keys:
          - v1-dependencies-{{ checksum "package-lock.json" }}
          - v1-dependencies-

    - run:
        name: 依存関係のインストール
        command: npm install

    - save_cache:
        paths:
          - node_modules
        key: v1-dependencies-{{ checksum "package-lock.json" }}

    - persist_to_workspace:
        root: ~/project
        paths:
          - node_modules/*

  lint_and_test:
    parameters:
```

▼

注1　https://github.com/circleci-book/typescript-sample

```yaml
    node-version:
      type: string
      default: "12.18"
  docker:
    - image: cimg/node:<< parameters.node-version >>
  steps:
    - checkout

    - attach_workspace:
        at: ~/project

    - run:
        name: 静的解析、テスト結果ファイルを出力するディレクトリを作成
        command: mkdir reports

    - run:
        name: コードの静的解析を実行
        command: npx eslint ./src --ext .ts --format junit --output-file ./repor
ts/eslint/eslint.xml

    - run:
        name: テストを実行
        command: npx nyc --silent npx mocha ./test/*.test.ts --require ts-node/r
egister --reporter mocha-junit-reporter
        environment:
          MOCHA_FILE: ./reports/mocha/test-results.xml

    - run:
        name: コードカバレッジを生成
        command: npx nyc report --reporter=lcov

    - store_test_results:
        path: ./reports

    - store_artifacts:
        path: ./reports

    - store_artifacts:
        path: ./coverage

build:
  docker:
    - image: cimg/node:12.18
  steps:
    - checkout

    - attach_workspace:
        at: ~/project

    - run:
        name: TypeScriptコードをビルド
        command: npx tsc
```

▼

```
workflows:
  version: 2
  main:
    jobs:
      - install_deps
      - lint_and_test:
          matrix:
            parameters:
              node-version: ["12.18", "current"]
          requires:
            - install_deps
      - build:
          requires:
            - lint_and_test
```

ビルド

　ここではnpmを使用するプロジェクトで最も一般的なキャッシュ戦略を使用しています。

config.ymlのキャッシュ部分の抜粋

```
- restore_cache:
    keys:
      - v1-dependencies-{{ checksum "package-lock.json" }} ❶
      - v1-dependencies- ❷

- run:
    name: 依存関係のインストール
    command: npm install

- save_cache:
    paths:
      - node_modules
    key: v1-dependencies-{{ checksum "package-lock.json" }}
```

　❶では復元するキャッシュのキーを指定しています。npmは`package-lock.json`ファイル(以下、ロックファイル)でプロジェクトの依存関係の詳細を管理します。もし、依存関係に変更があればロックファイルも更新されます。この性質を利用することで、キャッシュされた依存関係を利用するのか、新たにインストールするかの判断をすることができます。

　❷ではロックファイルが変更されてキャッシュキーがマッチしなかったときでも、古いキャッシュを復元させ可能な限り依存関係のインストールを速くするようにしています。詳しくは第6章の「部分キャッシュリストア」で解説しているので参考にしてください。

テスト

TypeScriptアプリケーションのテスト方法はいくつかありますが、ここでは静的テストとユニットテストの2種類を採用します。静的テストとしてESLint[注2]、ユニットテストとしてMocha[注3]を使用します。

●── マトリックスビルド

今回のサンプルのように、複数の言語バージョンやOSでジョブを実行することをマトリックスビルドと呼びます。CircleCIでは、matrixキーを用いることで実現可能です。

lint_and_testジョブでは、次のようにnode-versionパラメータを受け取り、Nodeイメージのバージョンを変更できるようにしています。

config.ymlのlint_ant_testジョブのExecutor部分の抜粋

```
lint_and_test:
  parameters:
    node-version:
      type: string
      default: "12.18"
  docker:
    - image: cimg/node:<< parameters.node-version >>
  （省略）
```

ワークフローにおいて、matrixキーにnode-versionパラメータをリストで渡すことで、lint_and_testジョブをNodeバージョンのマトリックスビルドにすることができます。

config.ymlのworkflows部分の抜粋

```
workflows:
  version: 2
  main:
    jobs:
      - install_deps
      - lint_and_test:
          matrix:
            parameters:
              node-version: ["12.18", "current"] # Nodeバージョン12.18と最新バージョンのlint_and_testジョブが実行される
          requires:
            - install_deps
      - build:
          requires:
            - lint_and_test
```

注2　https://eslint.org/
注3　https://mochajs.org/

　上記の設定では、Node v12.18とNode最新バージョンそれぞれの`lint_and_test`ジョブが成功して初めて`build`ジョブが実行されます(**図1**)。このワークフローを実現するには、マトリックスビルドすべてのジョブ名を指すエイリアス(デフォルトはジョブ名で、`alias`キーで変更可能)を使って、次のように`build`ジョブに設定します。

buildジョブはマトリックスビルドのlint_and_testジョブがすべて成功してはじめて実行される

```
- build:
    requires:
      - lint_and_test # マトリックスビルドによって実行されるすべてのlint_and_test
ジョブを指すエイリアス
```

図1 マトリックスビルド

install_deps	19s	lint_and_test-12	14s	build	28s	deploy	8s
		lint_and_test-latest	18s				

── JavaScriptへのコンパイル

　CircleCIからデプロイを行う場合は、TypeScriptのコードをJavaScriptへコンパイルする必要が出てくるでしょう。

　以下の`build`ジョブは、JavaScriptへコンパイルする際の一例です。`tsconfig`ファイルが正しく設定されていれば、`tsc`コマンドで`.ts`ファイルが`.js`ファイルへとコンパイルされます。

config.ymlのbuildジョブの抜粋

```
build:
  docker:
    - image: cimg/node:12.18
  steps:
    - checkout

    - attach_workspace:
        at: ~/project

    - run:
        name: TypeScriptコードをビルド
        command: npx tsc
```

── テスト結果とカバレッジレポートの作成

　`lint_and_test`ジョブでは、テスト結果やカバレッジレポートのファイル出力からCircleCIへのアップロードまでを行っています。

　静的解析は以下のコードで実行されています。JUnitフォーマットで`./reports/eslint/eslint.xml`に解析結果が出力されます。

config.ymlの静的解析を行うステップの抜粋
```
- run:
    name: コードの静的解析を実行
    command: npx eslint ./src --ext .ts --format junit --output-file ./reports/esl
int/eslint.xml
```

　ユニットテスト結果とカバレッジレポートのファイル出力は、以下のコマンドで実行されます。

config.ymlのユニットテスト結果とコードカバレッジを生成する部分の抜粋
```
- run:
    name: テストを実行
    command: npx nyc --silent npx mocha ./test/*.test.ts --require ts-node/registe
r --reporter mocha-junit-reporter ❶
    environment:
      MOCHA_FILE: ./reports/mocha/test-results.xml

- run:
    name: コードカバレッジを生成
    command: npx nyc report --reporter=lcov ❷
```

　❶ではユニットテスト結果もJUnitフォーマットにするため、mocha-junit-reporter注4を使用しています。また、TypeScript（拡張子が.ts）ファイルをMocha上で実行したいので、--require ts-node/registerオプションを指定します。環境変数MOCHA_FILEによって、テスト結果ファイルの出力先を指定できます。

　ユニットテストコマンドnpx mocha ./test/*.test.ts --require ts-node/register --reporter mocha-junit-reporterをnycコマンドの引数にすると、カバレッジレポートを作成しながらテストを実行します。

　続く❷のコマンドで、カバレッジレポートが./coverageに出力されます。

● ── テスト結果とカバレッジレポートの表示
　以下のコードでテスト結果とカバレッジレポートをCircleCIへアップロードしています。

config.ymlのテスト結果とカバレッジレポートをCircleCIにアップロードする部分の抜粋
```
- store_test_results:
    path: ./reports

- store_artifacts:
    path: ./reports

- store_artifacts:
    path: ./coverage
```

注4　https://www.npmjs.com/package/mocha-junit-reporter

store_test_resultsでテスト結果をアップロードすれば、TESTSタブにてテストの詳細が確認できるようになります。**図2**は、すべてのテストに成功した例です。

図2 テストサマリー

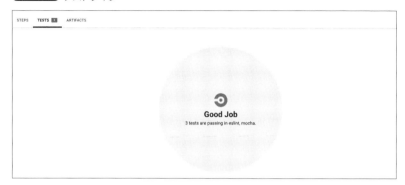

store_artifactsでは、それぞれユニットテスト／静的解析／カバレッジレポートをアーティファクトとして、CircleCIにアップロードしています。こうすることで、「ARTIFACTS」タブからファイルを閲覧できるようになります。たとえば、カバレッジレポートは coverage/lcov-report/index.html を開くと、**図3**のようにブラウザ上で確認できます。

図3 カバレッジレポート

8.2 Ruby (Ruby on Rails)

Ruby on Railsを使ったサンプルアプリケーションの設定ファイルを見ていきます。フロントエンドモジュールとgemのキャッシュに加え、データベースを使った並列実行テストでのカバレッジレポートの生成と、カバレッジレポートをアーティファクトとしてアップロードするまでを解説します。

解説のために用意したRuby on Railsサンプルアプリケーション[注5]を例に解説

注5　https://github.com/circleci-book/ruby-sample

します。

.circleci/config.yml

本設定ファイルは、アプリケーションのビルドからテストまでを行うbuild_and_testジョブと、テストカバレッジを生成するcoverageジョブで構成されています。

```
config.yml全体
version: 2.1
jobs:
  build_and_test:
    parallelism: 2
    docker:
      - image: cimg/ruby:2.6.5-node
      - image: circleci/postgres:9.6.9-alpine
    environment:
      BUNDLE_JOBS: 3
      BUNDLE_RETRY: 3
      BUNDLE_PATH: vendor/bundle
      POSTGRES_HOST: localhost
      POSTGRES_USER: postgres
      POSTGRES_DB: postgres
      POSTGRES_PASSWORD: ''
      RAILS_ENV: test
    steps:
      - checkout
      - restore_cache:
          keys:
            - rails-bundle-v1-{{ checksum "Gemfile.lock" }}
            - rails-bundle-v1-
      - run:
          name: pg gemの依存関係のインストール
          command: sudo apt-get update; sudo apt-get install libpq-dev
      - run:
          name: gem依存関係のインストール
          command: bundle check || bundle install
      - save_cache:
          key: rails-bundle-v1-{{ checksum "Gemfile.lock" }}
          paths:
            - vendor/bundle
      - restore_cache:
          keys:
            - rails-yarn-v1-{{ checksum "yarn.lock" }}
            - rails-yarn-v1-
      - run:
          name: node_modules依存関係のインストール
          command: yarn install
      - save_cache:
          key: rails-yarn-v1-{{ checksum "yarn.lock" }}
          paths:
```

▼

```
          - ~/.cache/yarn
      - run:
          name: データベースの起動を待機
          command: |
            dockerize -wait tcp://localhost:5432 -timeout 1m
      - run:
          name: データベースのセットアップ
          command: bundle exec rake db:schema:load --trace
      - run:
          name: 並列にテストを実行
          command: |
            bundle exec rspec --format RspecJunitFormatter \
                              --out test_results/rspec.xml \
                              $(circleci tests glob "spec/**/*_spec.rb" | circleci
tests split --split-by=timings)
      - store_test_results:
          path: test_results
      - run:
          name: カバレッジレポートをアップロードする準備
          command: |
            mkdir coverage_results
            cp coverage/.resultset.json coverage_results/.resultset-${CIRCLE_NODE_
INDEX}.json
      - persist_to_workspace:
          root: ~/project
          paths:
            - vendor/bundle
            - coverage_results
  coverage:
    docker:
      - image: cimg/ruby:2.6.5-node
    environment:
      BUNDLE_PATH: vendor/bundle
      RAILS_ENV: test
    steps:
      - checkout
      - attach_workspace:
          at: ~/project
      - run:
          name: pg gemの依存関係のインストール
          command: sudo apt-get update; sudo apt-get install libpq-dev
      - run: bundle install
      - run:
          name: カバレッジレポートをマージ
          command: |
            bundle exec rake simplecov:merge_results
      - store_artifacts:
          path: coverage
workflows:
  version: 2
  main:
    jobs:
      - build_and_test
```

```
      - coverage:
          requires:
            - build_and_test
```

このサンプルでは、プライマリイメージとして cimg/ruby:2.6.5-node を使用します。-node で終わるタグを持つイメージは Node.js の LTS リリースがインストールされているため、Web アプリケーションのビルドの際にはこちらを使うとよいでしょう。

cimg/ruby:2.6.5-node イメージでは、JavaScript パッケージマネージャである Yarn[注6] の v1.22.4 をインストールしていますが、任意のバージョンを使いたいときは run ステップ内で次のように設定できます。

任意のバージョンのNodeとYarnをインストールする
```
- run:
    name: Nodeをインストール
    environment:
      NODE_VERSION: 11.10.0
    command: |
      curl -sSL "https://nodejs.org/dist/v${NODE_VERSION}/node-v${NODE_VERSION}-li
nux-x64.tar.xz" | sudo tar --strip-components=2 -xJ -C /usr/local/bin/ node-v${NOD
E_VERSION}-linux-x64/bin/node
- run:
    name: Yarnをインストール
    environment:
      YARN_VERSION: 1.19.1
    command: |
      curl -o- -L https://yarnpkg.com/install.sh | bash -s -- --version ${YARN_VER
SION}
      echo 'export PATH="$HOME/.yarn/bin:$HOME/.config/yarn/global/node_modules/.b
in:$PATH"' >> $BASH_ENV
- run: node -v # v11.10.0
- run: yarn -v # 1.19.1
```

ビルド

依存ライブラリである gem と Node モジュールのキャッシュを行うため、それぞれ save_cache を使います。gem に関しては、プライマリコンテナの環境変数に BUNDLE_PATH: vendor/bundle とあるように、bundle install コマンドを実行すると vendor/bundle にライブラリがインストールされるので、save_cache の paths には vendor/bundle を指定します。

config.ymlのgem依存関係をインストールしてキャッシュを保存する部分の抜粋
```
- run:
```

注6　https://yarnpkg.com/en/

```
    name: pg gemの依存関係のインストール
    command: sudo apt-get update; sudo apt-get install libpq-dev

- run:
    name: gem依存関係のインストール
    command: bundle check || bundle install

- save_cache:
    key: rails-bundle-v1-{{ checksum "Gemfile.lock" }}
    paths:
      - vendor/bundle
```

Yarnはモジュールをインストールする際、プロジェクトによらないグローバルなキャッシュを生成します。デフォルトのパスは /home/circleci/.cache/yarn ですが、環境変数 YARN_CACHE_FOLDER で上書きすることも可能です。save_cache で生成されたキャッシュを paths に指定します。

config.ymlのgem依存関係をインストールしてキャッシュを保存する部分の抜粋
```
- run:
    name: node_modules依存関係のインストール
    command: yarn install

- save_cache:
    key: rails-yarn-v1-{{ checksum "yarn.lock" }}
    paths:
      - ~/.cache/yarn
```

テスト

Ruby on Rails のテストフレームワークはたくさんありますが、代表的なものとして、ここでは RSpec[注7] を取り上げます。前述の TypeScript アプリケーションの例にはなかった、データベースを用いたテスト方法を見てみましょう。

•——データベースを用いたテスト

このサンプルアプリケーションでは、データベースとして PostgreSQL を使用します。以下のようにセカンダリイメージに CircleCI が提供する PostgreSQL イメージ circleci/postgres:9.6.9-alpine を指定することで、host: localhost としてアクセスできるようになります。

config.ymlのbuild_and_testジョブのExecutor部分の抜粋
```
docker:
  - image: cimg/ruby:2.6.5-node
  - image: circleci/postgres:9.6.9-alpine
```

注7   https://github.com/rspec/rspec-rails

セカンダリイメージとして指定したサービスは起動順序が保証されないため、使用準備が整っていないことがあるかもしれません。以下ではcimg/*イメージにプリインストールされているdockerize[注8]コマンドで、データベースとのTCPコネクションが確立したら使用するための準備ができたとみなすステップを設定しています。

config.ymlのデータベースの起動を待機するためのステップ部分の抜粋

```
- run:
    name: データベースの起動を待機
    command: |
      dockerize -wait tcp://localhost:5432 -timeout 1m
```

　しばしばサービスの疎通確認に用いられるncコマンドでも、同様のことが可能です。

ncコマンドを使ってデータベースの起動を待機する

```
- run:
    name: データベースの起動を待機
    command: |
      for i in `seq 1 10`;
      do
        nc -z localhost 5432 && echo Success && exit 0
        echo -n .
        sleep 1
      done
      echo Failed waiting for DB && exit 1
```

テストを分割して複数コンテナで実行

　以下のコードはテストの並列実行を行っています。テストの並列実行については第6章の「ジョブ内並列実行の活用」で解説しましたが、ここでは並列実行を実際に活用してみましょう。

config.ymlの複数コンテナでテストを実行する部分の抜粋

```
- run:
    name: 並列にテストを実行
    command: |
      bundle exec rspec --format RspecJunitFormatter \
                        --out test_results/rspec.xml \
                        $(circleci tests glob "spec/**/*_spec.rb" | circleci tests
split --split-by=timings)
- store_test_results:
    path: test_results
```

　parallelismを用いて複数コンテナでテストを実行する際、どのコンテナで

注8　https://github.com/jwilder/dockerize

どのテストを実行するかがテストの全体実行時間に大きく関わってきます。

具体的に、**表1**のテストファイルを2つのコンテナで分割して実行したいとしましょう。単純にコンテナ0がA、Bファイル（10+5=15）、コンテナ1がC、Dファイル（2+1=3）と分割してしまうと、テストジョブが終了するまでに少なくとも15秒かかることになります。

表1 テストファイルとかかる時間の例

ファイル名	テストにかかる時間(秒)
A	10
B	5
C	2
D	1

しかし、なるべく早くテストを終わらせることを目的としてこれらのテストファイルを分割実行するならば、コンテナ0がAファイル（10）、コンテナ1がそれ以外のファイル（5+2+1=8）とすることで、テストジョブは10秒まで短縮できます。circleci tests split コマンドを用いれば、このテスト実行時間による分割アルゴリズムをCircleCI上で実現できます。

circleci tests glob では、ファイルグロブにマッチするファイル一覧を取得します。並列に処理したいテストファイルを指定しましょう。

circleci tests split --split-by=timings コマンドで、並列コンテナの合計数／現在のコンテナインデックス／テストファイルにかかる時間に基づいて、受け取ったファイルリストにあるファイルを分割します。あとは、分割されたファイルをrspec コマンドに渡して実行するだけです。詳しくは第6章の「タイミングデータを利用したテストの分割」で解説しています。

また、テストのタイミング解析に用いるため、rspecのテスト結果をJUnit XMLフォーマットで出力し、store_test_results コマンドでアップロードしていることにも注目してください。これにより、次回以降テストにかかる時間をもとにしたテストの分割が可能になります。

●───カバレッジのマージ──アプリケーション側の設定

SimpleCov[注9]ライブラリを使って、テストカバレッジを生成してみましょう。ドキュメントどおり、test_helper.rb（rspec_helper.rb/rails_helper.rb）などテスト実行前に読み込まれるファイルに以下のコードを追加しておいてください。

注9　https://github.com/colszowka/simplecov/

```
require 'simplecov'
SimpleCov.start
```

　この状態でテストを実行すると、coverageフォルダにカバレッジレポートが作成されます。

　しかし、このサンプルではparallelism: 2としているため、このフォルダをそのままアーティファクトとして保存してしまうと、**図4**のようにbundle exec rspecコマンドを実行するステップによって生成された2つのカバレッジレポートがアップロードされてしまうことになります。

図4　複数のカバレッジレポート

STEPS　　TESTS 7　　**ARTIFACTS**

▼　🎁　**Parallel Run 0**

coverage/.last_run.json

coverage/.resultset.json

coverage/index.html

coverage/assets/0.10.2/application.css

coverage/assets/0.10.2/application.js

coverage/assets/0.10.2/favicon_green.png

coverage/assets/0.10.2/favicon_red.png

coverage/assets/0.10.2/favicon_yellow.png

coverage/assets/0.10.2/loading.gif

coverage/assets/0.10.2/magnify.png

coverage/assets/0.10.2/colorbox/border.png

coverage/assets/0.10.2/colorbox/controls.png

coverage/assets/0.10.2/colorbox/loading.gif

coverage/assets/0.10.2/colorbox/loading_background.png

coverage/assets/0.10.2/smoothness/images/ui-bg_flat_0_aaaaaa_40x100.png

coverage/assets/0.10.2/smoothness/images/ui-bg_flat_75_ffffff_40x100.png

coverage/assets/0.10.2/smoothness/images/ui-bg_glass_55_fbf9ee_1x400.png

coverage/assets/0.10.2/smoothness/images/ui-bg_glass_65_ffffff_1x400.png

coverage/assets/0.10.2/smoothness/images/ui-bg_glass_75_dadada_1x400.png

coverage/assets/0.10.2/smoothness/images/ui-bg_glass_75_e6e6e6_1x400.png

coverage/assets/0.10.2/smoothness/images/ui-bg_glass_95_fef1ec_1x400.png

coverage/assets/0.10.2/smoothness/images/ui-bg_highlight-soft_75_cccccc_1x100.png

coverage/assets/0.10.2/smoothness/images/ui-icons_222222_256x240.png

coverage/assets/0.10.2/smoothness/images/ui-icons_2e83ff_256x240.png

coverage/assets/0.10.2/smoothness/images/ui-icons_454545_256x240.png

coverage/assets/0.10.2/smoothness/images/ui-icons_888888_256x240.png

coverage/assets/0.10.2/smoothness/images/ui-icons_cd0a0a_256x240.png

▼　🎁　**Parallel Run 1**

coverage/.last_run.json

ここでは複数のSimpleCovカバレッジレポートをマージし、CircleCIにアーティファクトとして保存する方法を紹介します。

まずは、rakeタスクにsimplecov.rakeを追加しましょう。

```
require "simplecov"

namespace :simplecov do
  desc "merge_results"
  task merge_results: :environment do
    SimpleCov.start 'rails' do
      merge_timeout(3600)
    end
    store_result
  end

  def store_result
    results = Dir["coverage_results/.resultset-*.json"].map { |file| SimpleCov::Result.from_hash(JSON.parse(File.read(file))) }
    SimpleCov::ResultMerger.merge_results(*results).tap do |result|
      SimpleCov::ResultMerger.store_result(result)
    end
  end
end
```

このタスクを実行すると、複数のcoverage_results/.resultset-*.jsonファイルをマージし、その結果からカバレッジを再作成します。

●──── **カバレッジのマージ**──config.yml側の設定

設定ファイルに戻りましょう。coverageジョブをテストのジョブのあとに実行するように設定します。

config.ymlのworkflowsの抜粋
```
workflows:
  version: 2
  main:
    jobs:
    - build_and_test
    - coverage:
        requires:
          - build_and_test
```

以下のコードはアップロードするカバレッジのファイルを用意しています。.resultset.jsonファイルをcoverage_results/.resultset-${CIRCLE_NODE_INDEX}.jsonにコピーし、persist_to_workspaceキーでワークスペースに永続化します。環境変数CIRCLE_NODE_INDEXは、実行コンテナのインデックスが格納されています。この環境変数を使用する理由は、ファイルをワークスペースに保存したときファイルが上書きされてしまうのを防ぐためです。

config.ymlのカバレッジレポートをワークスペースに永続化する部分の抜粋

```
- run:
    name: カバレッジレポートをアップロードする準備
    command: |
      mkdir coverage_results
      cp coverage/.resultset.json coverage_results/.resultset-${CIRCLE_NODE_INDEX}.json
- persist_to_workspace:
    root: ~/project
    paths:
      - vendor/bundle
      - coverage_results
```

　最後に、rakeタスクを実行するcoverageジョブを追加します。このジョブが実行されたとき、カバレッジレポートが一つだけアーティファクトとしてアップロードされることを確認しましょう。

config.ymlのcoverageジョブの抜粋

```
coverage:
  docker:
    - image: cimg/ruby:2.6.5-node
  environment:
    BUNDLE_PATH: vendor/bundle
    RAILS_ENV: test
  steps:
    - checkout
    - attach_workspace:
        at: ~/project
    - run:
        name: pg gemの依存関係のインストール
        command: sudo apt-get update; sudo apt-get install libpq-dev
    - run: bundle install
    - run:
        name: カバレッジレポートをマージ
        command: |
          bundle exec rake simplecov:merge_results
    - store_artifacts:
        path: coverage
```

8.3　PHP（Laravel）

　ここでは、PHPフレームワークであるLaravelを使用したプロジェクトのセットアップ方法を解説します。解説のために用意したPHPサンプルアプリケーション[注10]をもとに、PHP言語の設定を見ていきましょう。
　サンプルアプリケーションはPHPの主流のフレームワークの一つである

注10 https://github.com/circleci-book/php-sample

Laravelを使用します。docker-composeを用いた開発ができるようになっており、プロジェクトのフォルダ構成は**表2**のとおりです。

表2　プロジェクトのフォルダ構成

ファイル／ディレクトリ名	説明
.circleci/config.yml	CircleCI設定ファイル
src/	Laravelプロジェクトのソースコード
Dockerfile	Laravel用のDocker設定ファイル
docker-compose.yml	LaravelとMySQLを複数のDockerで動かすためのdocker-compose設定ファイル

.circleci/config.yml

本設定は、依存関係のインストールとテストを行うbuild_and_testジョブのみで構成されています。

config.ymlの全体
```
version: 2.1
jobs:
  build_and_test:
    working_directory: ~/project/src
    docker:
      - image: cimg/php:7.3.20-node
      - image: circleci/mysql:5.7
        environment:
          MYSQL_DATABASE: laravel
          MYSQL_USER: laravel
          MYSQL_PASSWORD: secret

    steps:
      - checkout:
          path: ~/project

      - restore_cache:
          keys:
            - composer-v1-{{ checksum "composer.lock" }}
            - composer-v1-

      - run:
          name: composer依存関係をインストール
          command: composer install -n --prefer-dist

      - save_cache:
          key: composer-v1-{{ checksum "composer.lock" }}
          paths:
            - vendor
```

▼

```
      - restore_cache:
          keys:
            - node-v1-{{ checksum "package-lock.json" }}
            - node-v1-

      - run:
          name: node_modules依存関係をインストール
          command: npm install

      - save_cache:
          key: node-v1-{{ checksum "package-lock.json" }}
          paths:
            - node_modules

      - run:
          name: .envファイルを復元
          command: echo $ENV_FILE | base64 --decode > .env

      - run:
          name: マイグレーションを実行
          command: php artisan migrate --env=testing --force

      - run: mkdir -p test_results

      - run:
          name: テストを実行
          command: ./vendor/bin/phpunit --testdox-xml test_results/phpunit/result.
xml --coverage-html=coverage

      - store_test_results:
          path: test_results

      - store_artifacts:
          path: test_results

      - store_artifacts:
          path: coverage

workflows:
  main:
    jobs:
      - build_and_test
```

ソースコードのチェックアウト

　サンプルではLaravelのソースコードがsrc/にあるため、ジョブのワーキングディレクトリは~/project/srcであったほうが何かと便利です。以下のように設定しましょう。

config.ymlのワーキングディレクトリを設定する部分の抜粋
```
working_directory: ~/project/src
```

　checkoutオプションのpathにおいて次のように設定することで、フォルダ構成を維持しつつカレントディレクトリを~/project/srcにします。

config.ymlのcheckoutステップの抜粋
```
- checkout:
    path: ~/project
```

ビルド

　Laravelでは、依存ライブラリの管理をcomposerを用いて行います。ライブラリはsrc/vendorフォルダにインストールされるので、こちらをキャッシュしましょう。カレントディレクトリが~/project/srcなので、指定する相対パスはvendorとなります。

config.ymlのcomposer依存関係をインストールする部分の抜粋
```
- restore_cache:
    keys:
      - composer-v1-{{ checksum "composer.lock" }}
      - composer-v1-

- run:
    name: composer依存関係をインストール
    command: composer install -n --prefer-dist

- save_cache:
    key: composer-v1-{{ checksum "composer.lock" }}
    paths:
      - vendor
```

　また、フロントエンドの依存モジュールに対してもキャッシュを作成します。Yarnではなくnpmを使ってインストールする場合はロックファイルとしてpackage-lock.jsonが生成されるので、こちらをキーのテンプレートの中で使用しましょう。

config.ymlのnode_modules依存関係をインストールする部分の抜粋
```
- restore_cache:
    keys:
      - node-v1-{{ checksum "package-lock.json" }}
      - node-v1-

- run:
    name: node_modules依存関係をインストール
    command: npm install
```

▼

```
 - save_cache:
    key: node-v1-{{ checksum "package-lock.json" }}
    paths:
      - node_modules
```

テスト

　ここでは、データベースにMySQLを使用したテストの実行について解説します。設定ファイルでは、circleci/mysql:5.7イメージを使用しています。テストには、PHPのテストフレームワークの一つであるPHPUnit[注11]を使用します。

●──── Base64を使ってファイルを環境変数として挿入

　Laravelでは、データベースの接続情報やAPIキーなど、重要な設定に関する情報を.envファイルに定義します。基本的にはGitで管理することのない(あるいはしたくない)この.envファイルですが、このファイルが存在しなければLaravelアプリケーションは動作しません。

　そうしたファイルをCircleCI上でセキュアに扱う方法はいくつかありますが、ここではファイル内容を環境変数として設定ファイルに挿入する方法を紹介します。

　まずはbase64コマンドで.envファイルをエンコードし、出力された文字列をコピーします。このコマンドではMacの場合は自動的に改行を削除してくれますが、環境によっては手動で改行を削除する必要があります。それを行うのが、下記のtr -d \\nです。出力された文字列はBase64フォーマットでファイル内容をエンコードしただけなので、公開したりしないようにします。

```
$ base64 .env | tr -d \\n
<Base64でエンコードされた文字列>
```

　プロジェクトページの「Project Settings」→「Environment Variables」から任意の環境変数(ここではENV_FILEとします)として得られた文字列を設定したら、ビルド実行時は次のように文字列をデコードできます。

config.ymlの.envファイルを環境変数から復元する部分の抜粋
```
- run:
    name: .envファイルを復元
    command: echo $ENV_FILE | base64 --decode > .env
```

注11　https://phpunit.de/

● ── テストの実行

テストを実行する前に、次のようにデータベースのマイグレーション[注12]とテスト結果を保存するディレクトリの作成は忘れずに行いましょう。

config.ymlのマイグレーションを実行する部分の抜粋
```
- run:
    name: マイグレーションを実行
    command: php artisan migrate --env=testing --force

- run: mkdir -p test_results
```

テスト実行時にテスト結果とカバレッジを生成し、それぞれをCircleCIにアップロードします。PHPUnitにおいてカバレッジを生成するにはXdebugというPHP拡張が別途必要ですが、CircleCIが提供するPHPイメージにはプリインストールされているため気にする必要はありません。

config.ymlのテストを実行する部分の抜粋
```
- run:
    name: テストを実行
    command: ./vendor/bin/phpunit --testdox-xml test_results/phpunit/result.xml --
coverage-html=coverage

- store_test_results:
    path: test_results

- store_artifacts:
    path: test_results

- store_artifacts:
    path: coverage
```

8.4　Java（Spring Boot）

Javaにはたくさんのフレームワークとビルドツールが存在しますが、今回はアプリケーションプラットフォームとしてSpring Boot、ビルドツールとしてGradleを使ったサンプルアプリケーションを使って、CircleCIでJavaプロジェクトの設定方法を解説します。
利用する主なツールのバージョンは以下のとおりです。

- 言語：Java 11
- フレームワーク：Spring Boot 2.1.6.RELEASE

注12 ここではデータベーススキーマを変更することを言います。

- ビルドツール：**Gradle 5.5.1**
- データベース：**PostgreSQL 12**

　ここでは、Javaサンプルアプリケーション[注13]を例にして解説していきます。自分の環境で試す場合は、リポジトリを自分のGitHubアカウントへフォークしてください。

.circleci/config.yml

　本設定ファイルは、アプリケーションのビルドとテストを行うbuild_and_testジョブで構成されています。

```
config.yml全体
version: 2.1
jobs:
  build_and_test:
    parallelism: 2
    environment:
      JAVA_TOOL_OPTIONS: "-Xmx3g"
      GRADLE_OPTS: "-Dorg.gradle.daemon=false -Dorg.gradle.workers.max=2"
    docker:
      - image: cimg/openjdk:11.0.3
      - image: circleci/postgres:12-alpine
        environment:
          POSTGRES_USER: postgres
          POSTGRES_DB: circle_test
    steps:
      - checkout
      - restore_cache:
          key: v1-gradle-wrapper-{{ checksum "gradle/wrapper/gradle-wrapper.proper
ties" }}
      - restore_cache:
          key: v1-gradle-cache-{{ checksum "build.gradle" }}
      - run:
          name: テストの並列実行
          command: |
            cd src/test/java
            CLASSNAMES=$(circleci tests glob "**/*.java" \
              | sed 's@/@.@g' \
              | sed 's/.java$//' \
              | circleci tests split --split-by=timings --timings-type=classname)
            cd ../../..
            GRADLE_ARGS=$(echo $CLASSNAMES | awk '{for (i=1; i<=NF; i++) print "--
tests",$i}')
            echo "Prepared arguments for Gradle: $GRADLE_ARGS"
            ./gradlew test $GRADLE_ARGS
```

▼

注13　https://github.com/circleci-book/java-sample

```
      - save_cache:
          paths:
            - ~/.gradle/wrapper
          key: v1-gradle-wrapper-{{ checksum "gradle/wrapper/gradle-wrapper.proper
ties" }}
      - save_cache:
          paths:
            - ~/.gradle/caches
          key: v1-gradle-cache-{{ checksum "build.gradle" }}
      - store_test_results:
          path: build/test-results/test
      - store_artifacts:
          path: build/test-results/test
          when: always
      - run:
          name: JARの作成
          command: |
            if [ "$CIRCLE_NODE_INDEX" == 0 ]; then
              ./gradlew assemble
            fi
      - store_artifacts:
          path: build/libs
workflows:
  version: 2
  workflow:
    jobs:
    - build_and_test
```

OOM問題対策

　Javaプロジェクトは、ほかの言語よりも多くのメモリを必要とすることが多々
あります。そこで問題となってくるのが、メモリ不足によってジョブが途中で
失敗してしまうOOM（*Out of Memory*）問題です。

　ビルドがOOMで失敗してしまうようになった場合、対策は2つあります。

　1つ目の方法は、メモリが多いリソースクラス（第6章で解説）を使う方法で
す。しかし、この方法ではジョブを実行するために必要なクレジットが増えて
しまい、よりコストがかかってしまいます。

　2つ目の方法はメモリのチューニングです。チューニングは、主にJVM（*Java
Virtual Machine*、Java仮想マシン）の環境変数を調整して行います。しかし、Java
とその周辺ツールにはメモリに関する環境変数がたくさんあり、効果的な設定
値を見つけることは簡単ではありません。

　ここでは、2つ目のJVMでのメモリのチューニングに関するベストプラクテ
ィスを紹介します。

●——— Exit Code 137に注意

　OOMが発生してジョブが失敗した場合、有力なログは見つからず、失敗の原因がわかりづらいことが往々にしてあります。Exit Code 137は、Dockerコンテナが返すエラー系のステータスコードの一つです。実行中のコンテナがメモリの使いすぎのためOOMを引き起こしたことが原因の可能性があります。もし、失敗したジョブで`Exited with code 137`と表示されていた場合、OOMを原因の一つとして疑いましょう。

●——— ヒープサイズに関する環境変数

　対策の一つとして、OOMが起きないようにJavaのヒープメモリの最大値を設定する方法があります。

　`-Xms`と`-Xmx`を使ってJavaのヒープメモリの開始値と最大値を指定できます。値はメガバイト（m）またはギガバイト（g）で指定します。JVMは`-Xms`で指定されているメモリを最初に確保し、最大で`-Xmx`で指定している値までヒープメモリを増やします。

　`-Xmx`を指定しないとJVMはCircleCIのコンテナに与えられているメモリの上限を超えてメモリを与えることがあり、これがOOMを引き起こします。つまりOOMが起きないようにするには`-Xmx`をCircleCIのコンテナに与えられているメモリ内に制限する必要があります。

　デフォルトのmediumリソースクラスでは4GBのメモリが与えられています。JVM以外のプロセスもメモリを使用するので、最初は`-Xms2048m -Xmx2048m`から始めて様子を見て値を調整するとよいでしょう。

　`-Xms`と`-Xmx`の値を2048mのように同じにすると、JVMは最初から2048MBを確保します。本番環境で運用する場合は必要のないメモリは確保しないほうがよいので`-Xms`は小さくするべきですが、CI環境では`-Xms`と`-Xms`を同じにするほうが運用がシンプルでよいでしょう。

●——— ヒープサイズに関する環境変数の優先度

　`-Xmx`でヒープサイズを指定することでOOMを回避できることがわかりました。通常`-Xmx`は`JAVA_OPTS`などの環境変数で指定します。しかし、使っているツールによって優先される環境変数が異なるので注意が必要です（**表3**）。

表3　ヒープサイズに関する環境変数の優先度

Java環境変数	Java	Gradle	Maven	Kotlin	Lein
_JAVA_OPTIONS	0	0	0	0	0
JAVA_TOOL_OPTIONS	2	3	2	2	2
JAVA_OPTS	no	2	no	1	no
JVM_OPTS	例外	no	no	no	例外
LEIN_JVM_OPTS	no	no	no	no	1
GRADLE_OPTS	no	1	no	no	no
MAVEN_OPTS	no	no	1	no	no
CLIでの引数	1	no	no	no	no

・番号は低いほど優先度が高いことを意味します。
・noは設定しても効果がないことを意味します。
・「例外」はJVM_OPTSの例外を意味します。
・JVM_OPTSはClojure専用です。lein（Clojureのビルドツール）はJVM_OPTSを使用してJVMのメモリ制限をしますが、leinそのもののメモリ使用量は制限できません。また、メモリ制限をJavaに直接渡すこともできません。

　0が最も優先され、数字が多くなるごとに優先度が下がります。たとえば、Gradleにとって_JAVA_OPTIONSで指定した値が最も優先され、その次にGRADLE_OPTS、JAVA_TOOL_OPTIONSという具合です。
　各環境変数の概要を**表4**に記載します。詳しい説明は公式ドキュメント[注14]を参照してください。

表4　各環境変数の概要

環境変数	概要
_JAVA_OPTIONS	JVMから直接参照されるので、どのツールでもほかのどの環境変数よりも優先される。強力だが気付かずにほかの環境変数で設定した値を上書きしてしまう可能性があるので使用の際は注意が必要
JAVA_TOOL_OPTIONS	-Xmxを指定するのに最もお勧めできる環境変数
JAVA_OPTS	JVMからは直接参照されず、Javaで使われるツールからよく参照される
JVM_OPTS	主にClojureから参照される
LEIN_JVM_OPTS	Clojureのビルドツールであるleinから参照される
GRADLE_OPTS	Gradleから参照される
MAVEN_OPTS	Mavenから参照される

　このように各ツールが異なる環境変数を参照していることが、Javaのメモリチューニングを複雑にしています。もし-Xmsを指定してもOOMが直らない場

注14 https://circleci.com/docs/2.0/java-oom

合は、正しい環境変数を使っているか見なおしてください。

環境変数

以下はbuild_and_testジョブ内で設定している環境変数です。

config.ymlの環境変数を設定する部分の抜粋
```
environment:
  JAVA_TOOL_OPTIONS: "-Xmx3g"
  GRADLE_OPTS: "-Dorg.gradle.daemon=false -Dorg.gradle.workers.max=2"
```

environmentキーでは、OOM対策のJAVA_TOOL_OPTIONSとGRADLE_OPTSを設定します。ここで設定するGRADLE_OPTSの値は、主にCI特有の設定です。

-Dorg.gradle.daemon=falseはGradleデーモンを無効化しています。Gradleデーモンは開発中は便利ですが、通常CI環境では必要ではありません。メモリを大量に消費するので無効化をお勧めします。

-Dorg.gradle.workers.max=2は、Gradleワーカの最大並列数を設定しています。Gradleは高速化のために複数のワーカを使って並列でビルドできます。デフォルトでは、Gradleは利用可能な物理CPUの数から動的に並列数を決定します。しかし、CircleCIのようなコンテナ上では、物理CPUの数とコンテナが実際に使うことができるCPUの数が異なります。これにより、必要以上にワーカが起動してパフォーマンスが逆に悪くなったりOOMが発生したりすることがあります。ワーカの最大数を明示的に指定することで、この状況を防ぐことができます。

ビルド

このプロジェクトではGradle Wrapperと呼ばれるGradleのヘルパツールを使用しています(gradlewが実際のコマンド)。

config.ymlのGradleバイナリと依存関係のキャッシュを扱う部分の抜粋
```
- restore_cache: ❶
    key: v1-gradle-wrapper-{{ checksum "gradle/wrapper/gradle-wrapper.properties" }}
- restore_cache: ❷
    key: v1-gradle-cache-{{ checksum "build.gradle" }}
  (省略)
- save_cache: ❸
    paths:
      - ~/.gradle/wrapper
    key: v1-gradle-wrapper-{{ checksum "gradle/wrapper/gradle-wrapper.properties" }}
- save_cache: ❹
    paths:
```

▼

```
    - ~/.gradle/caches
  key: v1-gradle-cache-{{ checksum "build.gradle" }}
```

▼

•——— Gradleバイナリのキャッシュ

Gradle Wrapper を実行すると、gradle-wrapper.properties に従い実行環境に Gradle をインストールします。つまり、Gradle Wrapper さえあれば、あらかじめ自分で Gradle をインストールする必要はありません。

Gradle Wrapper によってインストールされる Gradle のバイナリは ~/.gradle/ wrapper にインストールされるので、gradle-wrapper.properties をキーとして、キャッシュの復元と保存を❶と❸でしています。

•——— 依存関係のキャッシュ

~/.gradle/wrapper にはあくまで Gradle のバイナリしかインストールされないので、Gradle が実際にインストールするプロジェクトの依存関係は別にキャッシュする必要があります。

依存関係は build.gradle で宣言されるので、このファイルのチェックサムをキャッシュキーにして、実際に依存関係がインストールされる ~/.gradle/caches のキャッシュの復元と保存を❷と❹で行っています。

テスト

以下のコードは、テストを分割してテストの並列実行を行っています。すでに第6章の「タイミングデータを利用したテストの分割」で解説しているように、circleci tests split コマンドを使うと複数のコンテナを使用してテストを並列で実行できます。ここでは circleci tests split コマンドを活用して、うまく Java プロジェクトのテストを分割するための方法を学びましょう。

config.ymlのテストを行う部分の抜粋
```
- run:
    name: テストの並列実行
    command: |
      cd src/test/java
      CLASSNAMES=$(circleci tests glob "**/*.java" \
        | sed 's@/@.@g' \
        | sed 's/.java$//' \
        | circleci tests split --split-by=timings --timings-type=classname)
      cd ../../..
      GRADLE_ARGS=$(echo $CLASSNAMES | awk '{for (i=1; i<=NF; i++) print "--tests",$i}')
      echo "Prepared arguments for Gradle: $GRADLE_ARGS"
      ./gradlew test $GRADLE_ARGS
```

●──── **テスト分割の概要**

　このサンプルアプリケーションでは、`./gradlew test`コマンドでテストを実行します。`./gradlew test`コマンドは、テストのJavaクラス名を渡すとそのテストだけを実行します。複数のクラス名を指定することも可能です。

　したがってテストをうまく分割するためには、各コンテナでテストクラス名が重複しないように渡す必要があります。たとえば、コンテナ1には`MyTestA` `MyTestB`を、コンテナ2には`MyTestC` `MyTestD`といった具合です。

- **コンテナ1**
  ```
  ./gradlew test MyTestA MyTestB
  ```
- **コンテナ2**
  ```
  ./gradlew test MyTestC MyTestD
  ```

　テストクラス名が常に同じなら分割は簡単ですが、通常テストはプロジェクトが進むにつれて増えていきます。これに対応するにはすべてのクラス名を動的に取得する必要がありますが、1つ問題があります。

　通常Javaプロジェクトでは、ファイル名がクラス名に`.java`拡張子を付けた形に対応しています。たとえば`DemoJavaSpringApplication`というクラス名は`DemoJavaSpringApplication.java`というファイルに書かれています。

　しかし、`./gradlew test`にはクラス名を渡す必要があるので拡張子が付いたファイル名を直接渡せません。そこで、ファイル名とクラス名の規則を利用して、動的にテストクラス名を取得する方法を紹介します。

●──── **ファイル名からテストクラス名を動的に作成**

　Javaプロジェクトのファイル名はテストクラス名に対応していることを利用します。具体的にはシェルのコマンドを利用してファイル名を整形します。

config.ymlのテスト実行ステップの中で、テストクラス名を生成する部分の抜粋
```
CLASSNAMES=$(circleci tests glob "**/*.java" \ ❶
  | sed 's@/@.@g' \ ❷
  | sed 's/.java$//' \ ❸
  | circleci tests split --split-by=timings --timings-type=classname) ❹
```

　❶で、カレントディレクトリ配下の`.java`拡張子を持つファイルを再帰的にリストします。

　❷で、ファイルパスに含まれる`/`を`.`に置換します。たとえばファイルパスが`com/myApp/TestOne.java`だとすると`com.myApp.TestOne.java`になります。通常`sed`コマンドでは`/`を区切り文字に使いますが、`/`が置換の対象の場合には使えないので代わりに`@`を区切り文字として使っています。そして、❸で`.java`拡張

子を取り除きます。これでファイルパスからクラス名を生成できました。

❹で過去のジョブのタイミングデータを使って最も効率が良くなるようにテストを分割します。

ここでのポイントは、--timings-type=classnameを指定してクラス名でテストを分割している点です。こうするとcircleci tests splitコマンドはタイミングデータを読み込み、クラス名に従い最も効率良くなるようにテストを分割してくれます。

なお、1つのリポジトリに複数のプロジェクトが存在するいわゆる「Gradleマルチプロジェクト」には上記のテクニックが使えないので注意が必要です。これは、リポジトリルートからプロジェクトのクラス名をGradleに渡してテストを実行する際、そのプロジェクトのパスを引数で指定する必要があるためです。言い換えると、渡されるクラス名ごとにGradleの引数を変える必要があるので、上記のように一括してクラス名を渡すことができません。

マルチプロジェクトでテストを並列実行するためにはもう少し複雑な処理をスクリプトにする必要がありますが、解説が長くなってしまうので本書では扱いません。

● ── テストレポート
テストレポートの保存は、以下のように設定します。

config.ymlのテストレポートを保存する部分の抜粋
```
- store_artifacts:
    path: build/test-results/test
    when: always
```

このプロジェクトでは、テストレポートに関しては特筆することはありません。Gradleがテストデータを出力するbuild/test-results/testをstore_artifactsのpathで指定しています。

またテストが失敗したときもテスト結果を見られるように、when: alwaysとすることでstore_artifactsが必ず実行されるようにしています。

● ── アーティファクト
アーティファクトの保存は、以下のように設定します。

config.ymlのアーティファクトを保存する部分の抜粋
```
- run:
    name: JARの作成
    command: |
      if [ "$CIRCLE_NODE_INDEX" == 0 ]; then
        ./gradlew assemble
```

```
      fi
 - store_artifacts:
     path: build/libs
```

　アーティファクトの保存は少し工夫しています。ポイントは、Parallel Run 0（1番目のコンテナ）でbuild/libsをアーティファクトにアップロードしている点です。$CIRCLE_NODE_INDEXには0から始まるコンテナのインデックス番号が格納されているので、"$CIRCLE_NODE_INDEX" == 0をチェックすることで./gradle assembleが1つのコンテナのみで実行されるようにしています。

　なぜJARファイルの作成だけ1つのコンテナでのみ実行しているのでしょうか？それは、テスト結果などのアーティファクトはコンテナごとに内容が違いますが./gradle assembleはどのコンテナで実行しても同じJARが作成されるので、複数のコンテナからアーティファクトをアップロードする意味がないからです。コンテナ0からのみアーティファクトに保存することで無駄を省いているというわけです。

　ジョブの画面をブラウザで見てみるとさらにわかりやすいかもしれません。**図5**のようにParallel Run 0はlibs配下にJARファイルがアーティファクトとして保存されていますが、Parallel Run 1にはありません。

図5　アップロードされたアーティファクト

コンテナ1の store_artifacts を確認してみると、libs ディレクトリが作成されていないので**図6**のようにスキップされていることがわかります。

図6 アーティファクトのアップロードのスキップ

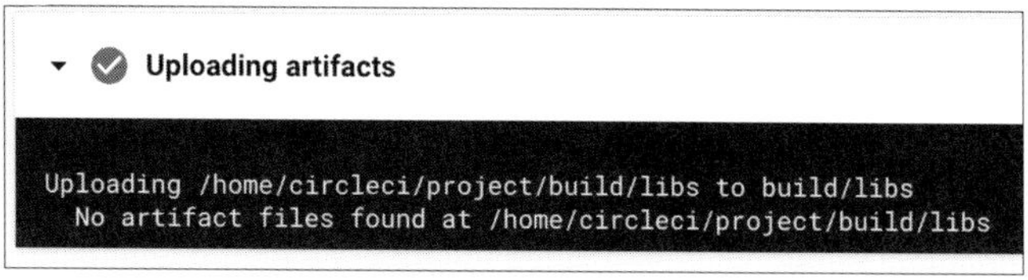

```
▼  ✓ Uploading artifacts

Uploading /home/circleci/project/build/libs to build/libs
  No artifact files found at /home/circleci/project/build/libs
```

8.5　Docker

ここでは、Dockerのビルド設定について解説します。サンプルアプリケーションは docker-sample[注15] を使用します。

Dockerコマンドを使うために

第2章のコラム「Docker in Docker問題」でも説明しましたが、CircleCIでは安全に docker や docker-compose コマンドを使用するために、setup_remote_docker という特別なステップを提供しています。使い方を見ていきましょう。

•——setup_remote_dockerでリモートホストの立ち上げ

setup_remote_docker ステップを宣言すれば、Docker操作に特化したリモート環境を立ち上げ、プライマリコンテナからアクセスできるようになります。このステップは、Executor が docker である場合しか使用できません。Machine Executorであれば、ステップ使用の宣言を行うことなく docker コマンドを使うことができます。docker コマンドは Docker Executor の場合リモート環境で実行され、Machine Executor の場合プライマリコンテナで実行されます。

•——リモートDocker環境のスペック

リモート Docker 環境のハードウェアスペックは、公式ドキュメントによれば**表5**のとおりです。

注15　https://github.com/circleci-book/docker-sample

表5　リモートDocker環境のハードウェアスペック

CPU	プロセッサ	RAM	ストレージ
2	Intel Xeon@2.3GHz	8GB	100GB

.circleci/config.yml

本設定ファイルは、Dockerイメージのビルドとプッシュを行うbuild_and_pushジョブで構成されています。

```
config.yml全体
version: 2.1
jobs:
  build_and_push:
    docker:
      - image: cimg/ruby:2.6.5-node
    steps:
      - checkout
      - setup_remote_docker
      - run:
          name: Docker Hubへログイン
          command: docker login -u ${DOCKER_USER} -p ${DOCKER_PASS}
      - run:
          name: 環境変数REGISTORY_URLの設定
          command: echo 'export REGISTORY_URL=${DOCKER_USER}/${CIRCLE_PROJECT_REPO
NAME}' >> $BASH_ENV
      - run:
          name: 指定イメージのプル
          command: docker pull ${REGISTORY_URL}:latest
      - run:
          name: イメージのビルド
          command: docker build -t ${REGISTORY_URL} --cache-from ${REGISTORY_URL}:latest .
      - run:
          name: ビルドしたイメージはそのままプッシュが可能
          command: docker push ${REGISTORY_URL}

workflows:
  version: 2
  main:
    jobs:
      - build_and_push
```

イメージのプル（プライベートのイメージの場合）やプッシュを行うためにDocker Hubへログインする必要があるので、ユーザー名やパスワードを環境変数として事前に追加しておきましょう。

この例では、dockerクライアントがプリインストールされているcimg/*イメージを使っているため、独自にインストールする必要はありません。もし、プライマリイメージにDockerクライアントがインストールされていない場合は、

事前にインストールしておきましょう。次のコードは、alpineベースのイメージでDockerクライアントをインストールする例です。

alpineイメージにDockerクライアントをインストールする

```
docker:
  - image: ruby:alpine3.12
steps:
  - checkout
  - run:
      name: Dockerクライアントのインストール
      command:
        apk add docker-cli
```

特定のバージョンのDockerを使用する必要がある場合は、次のように`setup_remote_docker`に`version`キーをセットします。デフォルトのバージョンは執筆時現在`17.09.0-ce`です。

特定のバージョンのDockerを使用する

```
- setup_remote_docker:
    version: 17.09.0-ce
```

●── Machine Executorを使う場合

本サンプルではDocker Executorを使用しているためDockerの実行環境を用意するために`setup_remote_docker`を使用していますが、代わりにMachine Executorを使用することも可能です。この場合、`setup_remote_docker`ステップは必要ありません。

●── Docker Layer Caching

`machine`キー／`setup_remote_docker`キーともに`docker_layer_caching`キーを使用してDLCを使用するオプションがありますが、有償アカウントにのみ提供されている機能なので注意しましょう[注16]。有効化されていないアカウントで使用するとジョブが失敗します。

DLCを使うことにより、ビルドされたイメージレイヤのキャッシュが保存され次回以降のビルドからアクセスできるようになるため、イメージビルドの高速化が期待できます。

なお、DLCを有効にしても「Spin Up Environment」ステップでプルされるプライマリ／セカンダリイメージはキャッシュされないので注意が必要です。

注16　DLCについては第6章の「DLCのしくみ」で解説しています。

Dockerイメージのキャッシュ戦略

ここでは、Docker ビルドのキャッシュ戦略を見ていきます。

●── レジストリからプルする方法

第6章で解説したように、Docker イメージのレイヤをキャッシュする`docker_layer_caching`のオプションは、有償アカウントでしか使えません。しかし、ビルドされたイメージを事前にDockerに読み込ませて、キャッシュとして再利用することでビルドの高速化を実現できます。

サンプルアプリケーションで使用しているDocker イメージをレジストリからプルする方法と、CircleCIの `save_cache` を使う方法の2つを紹介します。どちらのほうが効率的かは、イメージサイズなどによって変わります。

まず前者ですが、ここではDocker Hub レジストリからイメージを取得する例を挙げます。イメージをプルしたら、そのイメージを`--cache-from`に指定してビルドすることで、イメージがキャッシュとして使用されます。

config.ymlのDockerイメージをビルドする部分の抜粋
```
- run:
    name: Docker Hubへログイン
    command: docker login -u ${DOCKER_USER} -p ${DOCKER_PASS}
- run:
    name: 環境変数REGISTORY_URLの設定
    command: echo 'export REGISTORY_URL=${DOCKER_USER}/${CIRCLE_PROJECT_REPONAME}'
>> $BASH_ENV
- run:
    name: 指定イメージのプル
    command: docker pull ${REGISTORY_URL}:latest
- run:
    name: イメージのビルド
    command: docker build -t ${REGISTORY_URL} --cache-from ${REGISTORY_URL}:latest .
- run:
    name: ビルドしたイメージはそのままプッシュが可能
    command: docker push ${REGISTORY_URL}
```

●── save_cacheを使う方法

次に後者の `save_cache` を使う例として、以下の設定ファイルを示します。

save_cacheを使ってDockerイメージのビルドを高速化する
```
- restore_cache:
    keys:
    - v1-image-{{ .Branch }}
    - v1-image-
- run:
```

```
    name: イメージの.tarキャッシュがあればロード
    command: |
      set +o pipefail
      docker load -i ~/caches/${CIRCLE_PROJECT_REPONAME}.tar | true ❶
- run:
    name: イメージのビルド
    command: |
      docker build --cache-from=${CIRCLE_PROJECT_REPONAME}:latest -t ${CIRCLE_PROJ
ECT_REPONAME} . ❷
- run:
    name: イメージのレイヤを.tarにまとめて保存
    command: |
      mkdir -p ~/caches
      docker save -o ~/caches/${CIRCLE_PROJECT_REPONAME}.tar ${CIRCLE_PROJECT_REPONAME} ❸
- save_cache:
    key: v1-image-{{ .Branch }}-{{ epoch }}
    paths:
      - ~/caches
```

この設定ファイルでは、次のような流れでキャッシュを活用しています。

❶ CircleCIにキャッシュとして保存されていた~/caches/${CIRCLE_PROJECT_REPONAME}.tarが存在する場合、Dockerにロードする

❷ ロードしたDockerイメージレイヤをキャッシュとして使用してビルドする

❸ ビルドに成功したら、Dockerイメージを~/caches/${CIRCLE_PROJECT_REPONAME}.tarに保存して、CircleCIにキャッシュとしてアップロードする

• ──ジョブ間でのイメージの受け渡し

独自にビルドしたDockerイメージをほかのジョブでも使用したい場合、先ほどのdocker loadとdocker save、それに加えてワークスペースを使うことができます。プロジェクトによっては、ビルド後にプッシュしたDockerイメージをプルして使ったほうが速いケースがあります。

buildジョブでビルドしたイメージをe2eジョブに受け渡す
```
version: 2.1
jobs:
  build:
    machine: true
    steps:
      - checkout
      - run:
          name: イメージのビルド
          command: docker build -t ${CIRCLE_PROJECT_REPONAME} .
      - run:
          name: イメージのレイヤを.tarにまとめて保存
          command: |
            mkdir -p ~/caches
```

▼

```
          docker save -o ~/caches/${CIRCLE_PROJECT_REPONAME}.tar ${CIRCLE_PROJEC
T_REPONAME}

    - persist_to_workspace:
        root: ~/
        paths:
          - caches

  e2e:
    machine: true
    steps:
      - checkout
      - attach_workspace:
          at: ~/

      - run:
          name: イメージの.tarキャッシュがあればロード
          command: |
            set +o pipefail
            docker load -i ~/caches/${CIRCLE_PROJECT_REPONAME}.tar | true

      - run: docker images

workflows:
  version: 2
  main:
    jobs:
    - build
    - e2e:
        requires:
          - build
```

リモートDocker環境との通信

　ここでは、実行中のサービスへのアクセスやファイルの受け渡し方法などを
確認しましょう。

●───実行中のサービスへのアクセス

　ジョブが実行されるプライマリコンテナとリモートDockerは環境がお互いに独
立しているため、直接アクセスすることはできません。実行中のコンテナか、あ
るいは同じネットワークで実行されているコンテナを介します。次のコードは実
行中のコンテナcircleci-sampleに対してcurlを用いてアクセスする例です。

`実行中のサービスへアクセスする`
```
- run: |
    docker run -d --name circleci-sample -p 3000:3000 circleci-sample
```

▼

```
    sleep 10
    # 次のコマンドは失敗する
    # curl --retry 10 --retry-connrefused http://localhost:3000
    # 次のコマンドは成功する
    docker exec circleci-sample curl --retry 10 --retry-connrefused http://localho
st:3000
```

●──ファイルの受け渡し

　プライマリコンテナからリモートDockerに対して、また、リモートDocker
からプライマリコンテナに対して、フォルダをマウントすることはできません。
以下の例で確認してみましょう。

プライマリコンテナからリモートDockerに対してフォルダのマウントは行うことができない
```
- run:
    name: sample/hello_world.txtファイルの作成
    command: mkdir -p sample && touch sample/hello_world.txt
- run: # ステップ1：このステップは成功する
    name: プライマリコンテナで確認
    command: |
      test -f sample/hello_world.txt
- run: # ステップ2：このステップは失敗する
    name: リモートDocker環境にフォルダのマウントを行って確認
    command: |
      docker run -v sample:/sample busybox test -f sample/hello_world.txt
```

　この一連のステップでは、プライマリコンテナ内にsample/hello_world.txt
ファイルを作成したあと、testコマンドでそのファイルが存在するかどうか確
認しています。ステップ1はもちろんプライマリコンテナ内にファイルが存在
するので成功します。しかしステップ2では、フォルダのマウントができずリ
モートDocker環境にファイルが存在しないため、エラーコード1で終了します。
　では、プライマリコンテナからリモートDocker環境、リモートDocker環境
からプライマリコンテナに対してファイルを共有したい場合はどうすればよい
でしょうか？ この場合、docker cpコマンドを使うことができます。
　ファイルをボリュームから受け取りつつコンテナを起動する場合、ダミーの
コンテナをまず作成し、ファイルをダミーコンテナのボリュームにコピーしま
す。次に、そのボリュームを使って目的のコンテナを起動します。先ほどの例
のステップ2を成功するように書き換えてみましょう。

docker cpコマンドでリモートDocker環境にファイルを共有する
```
- run:
    name: sample/hello_world.txtファイルの作成
    command: mkdir -p sample && touch sample/hello_world.txt
- run:
    name: docker cpしてリモートDocker環境にフォルダのマウント
```

```
command: |
  docker container create --name tmp -v /sample busybox
  docker cp ./sample/. tmp:/sample
  docker run --volumes-from tmp busybox test -f sample/hello_world.txt
```

　また、このコマンドを使って、リモートDocker環境からプライマリコンテナにファイル／フォルダをコピーすることもできます。

docker cpコマンドでリモートDocker環境からプライマリコンテナにフォルダをコピーする
```
- run:
    name: リモートDocker環境からプライマリコンテナにフォルダをコピー
    command: docker cp app:/tmp/screenshot ./
```

8.6　Terraform

　Terraformは、VagrantやPackerなどDevOpsの世界では欠かせないツールをいくつも開発しているHashiCorpが提供しているツールです。Terraformを使うと第1章で紹介したインフラをコードで管理するInfrastructure as Codeを実現できます。もちろんTerraformを単体で使うこともできますが、CircleCIで実行することでより堅牢なインフラの管理ができるようになります。

　ここでは、解説のために用意したTerraformサンプルアプリケーション[注17]を使って解説します。このサンプルアプリケーションは、Terraformを使ってAWSにEC2インスタンスを作成します。ここでの目的はCircleCIからTerraformを活用することが目的なので、Terraformコードの構成は極力シンプルにしてCircleCIとの連携の解説に注力します。

.circleci/config.yml

　本設定ファイルはインフラに適用される変更の事前確認をする run_terraform_plan ジョブと、実際に変更を適用する run_terraform_apply で構成されています。実際の変更は何度も適用されると困るので、run_terraform_apply は master ブランチのみで実行、それ以外のブランチでは run_terraform_plan が実行されるようにしています。

注17 https://github.com/circleci-book/terraform-sample

config.yml全体

```yaml
fdversion: 2.1
commands:
  install-tfnotify:
    description: tfnotifyのインストール
    steps:
      - run:
          command: |
            wget https://github.com/mercari/tfnotify/releases/download/v0.6.1/tfnotify_linux_amd64.tar.gz
            tar zxvf tfnotify_linux_amd64.tar.gz
            mv tfnotify /usr/local/bin

  run-tfnotify:
    description: tfnotifyの実行
    parameters:
      action:
        type: string
    steps:
      - run:
          name: tfnotifyの実行
          when: always
          command: |
            if [ "<< parameters.action >>" = "plan" ]; then
              tfnotify --config .tfnotify/github.yml plan --title "Terraform Plan Output" <"$TFNOTIFY_LOG" || true
            elif [ "<< parameters.action >>" = "apply" ]; then
              tfnotify --config .tfnotify/slack.yml apply --title "Terraform Apply Output" <"$TFNOTIFY_LOG" || true
            else
              echo "Invalid action: << parameters.action >>"
              exit 1
            fi

jobs:
  run_terraform_plan:
    docker:
      - image: hashicorp/terraform
    environment:
      TFNOTIFY_LOG: /tmp/tfnotify.log

    steps:
      - checkout
      - install-tfnotify
      - run: terraform init
      - run: terraform validate
      - run: terraform fmt -check -diff -recursive
      - run: terraform plan | tee "$TFNOTIFY_LOG"
      - run-tfnotify:
          action: plan

  run_terraform_apply:
    docker:
```

▼

```
    - image: hashicorp/terraform
  environment:
    TFNOTIFY_LOG: /tmp/tfnotify.log

  steps:
    - checkout
    - install-tfnotify
    - run: terraform init
    - run: terraform apply -auto-approve | tee "$TFNOTIFY_LOG"
    - run-tfnotify:
        action: apply

workflows:
  version: 2
  main:
    jobs:
      - run_terraform_plan:
          context: terraform-sample
          filters:
            branches:
              ignore: master

      - run_terraform_apply:
          context: terraform-sample
          filters:
            branches:
              only: master
```

tfnotify

　Terraform自体の解説の前に、まずはTerraformの出力結果をレビューしたり通知したりするのに便利な**tfnotify**について解説します。

　tfnotify[18]はTerraformの出力結果を読み込み、整形してさまざまなツールやプラットフォームに結果を表示してくれます。ローカル環境でも使うことができますが、主にCIから使われることを想定して開発されているので、CircleCIだけではなくさまざまなCI/CDプラットフォームに対応しています。

　今回はTerraform plan[19]の結果をGitHubのプルリクエストへ、Terraform apply[20]の結果をSlackへ送ることで、Terraformの実行結果を確認できるように設定します。

注18　https://github.com/mercari/tfnotify
注19　Terraformコードと実際のインフラの差分から実行計画を作成する機能です。
注20　Terraform planで作成された実行計画を実際のインフラに適用する機能です。

•── tfnotifyのインストール

tfnotifyは今回使用するプライマリイメージにインストールされていません。それぞれのジョブでtfnotifyのインストール処理を書かなくてよいようにcommandsを使用して共通化しています[注21]。

config.ymlのinstall-tfnotifyの抜粋

```
version: 2.1
commands:
  install-tfnotify:
    description: tfnotifyのインストール
    steps:
      - run:
          command: |
              wget https://github.com/mercari/tfnotify/releases/download/v0.6.1/tfnotify_linux_amd64.tar.gz
              tar zxvf tfnotify_linux_amd64.tar.gz
              mv tfnotify /usr/local/bin
```

•── tfnotifyを使うための準備（GitHub）

tfnotifyはTerraformの出力結果を元となるプルリクエストへコメントとして送信できます。.tfnotifyディレクトリ配下にgithub.ymlという名前のファイルを作成します。以下はサンプルアプリケーションの.tfnotify/github.ymlです。

```
ci: circleci
notifier:
  github:
    token: $GITHUB_TOKEN
    repository:
      owner: "circleci-book"
      name: "terraform-sample"
terraform:
  plan:
    template: |
      {{ .Title }} <sup>[CI link]( {{ .Link }} )</sup>
      {{ .Message }}
      {{if .Result}}
      <pre><code> {{ .Result }}
      </pre></code>
      {{end}}
      <details><summary>Details (Click me)</summary>

      <pre><code> {{ .Body }}
      </pre></code></details>
```

tfnotifyはGitHubトークンを使用するので事前に取得しましょう。GitHubの

注21　commandsは第4章の「commandsキー」で解説しています。

「Settings」→「Developer settings」→「Personal access tokens」からトークン作成画面へ行きます。tfnotifyが動作するためには、「repo」と「write:discussion」の権限が必要ですので、これらにチェックを入れてGitHubトークンを作成します。作成したら**図7**のように適切な権限が与えられていることを確認してください。

図7　tfnotifyのためのGitHubトークン

circleci-book-terraform-sample — *repo, write:discussion*	Last used within the last week	Delete

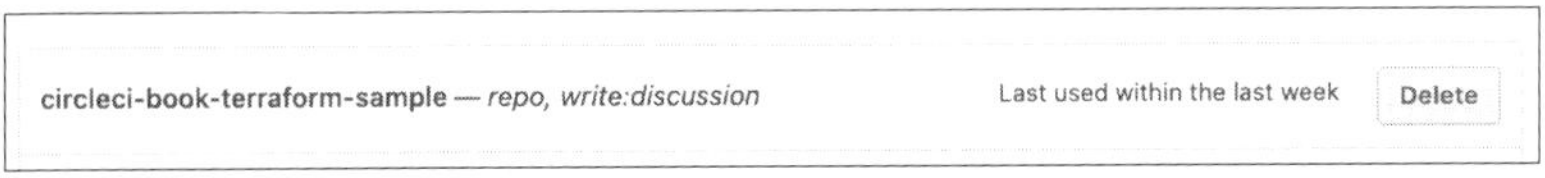

　作成したGitHubトークンはのちほど解説するコンテキストに環境変数として追加します。

● tfnotifyを使うための準備（Slack）

　次にtfnotifyからSlackへ通知を行うための設定を解説します。`.tfnotify`ディレクトリ配下に`slack.yml`という名前のファイルを作成します。以下はサンプルアプリケーションの`.tfnotify/slack.yml`です。

```
ci: circleci
notifier:
  slack:
    token: $SLACK_TOKEN
    channel: "tfnotify"  ❶
    bot: "tfnotify"  ❷
terraform:
  apply:
    template: |
      {{ .Message }}
      {{if .Result}}
      ``` {{ .Result }} ```
      {{end}}
```

　GitHubへの通知と同じようにSlackでもアクセストークン（以下、Slackトークン）を作成する必要がありますが、若干迷いやすいので詳しく解説します。

　Your Apps[注22]ページへ行き、「Create New App」ボタンを押します。**図8**のようにApp Nameに適当な名前を入力し、通知を送りたいSlackのワークスペースを選択して「Create App」ボタンを押します。❷で指定する名前と同じにする必要があるのでこここここではtfnotifyという名前で作成します。

注**22**　https://api.slack.com/apps
```

図8 tfnotifyのためのアクセストークン

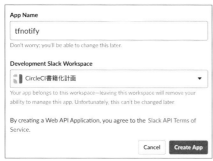

Basic Informationという画面に移動して「Add features and functionality」をクリックすると選択肢が展開されます。「Permissions」を選択して「Scopes」という項目にある「Add an OAuth Scope」というボタンを押します。すると**図9**のように追加する権限のスコープが表示されるので「chat:write」を選択します。

図9 OAuthのスコープ追加

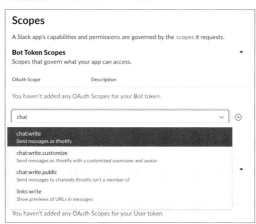

権限を追加したら同じ画面の上部に表示されている「Install App to Workspace」を押して、このSlackアプリのインストールの許可をします。

許可をすると「OAuth & Permissions」ページにリダイレクトされます。インストールが成功していれば以下の**図10**のように「Bot User OAuth Access Token」にSlackトークンが表示されているはずです。取得したトークンはのちほど解説するコンテキストに環境変数として追加します。

図10　ボットユーザーのSlackトークン

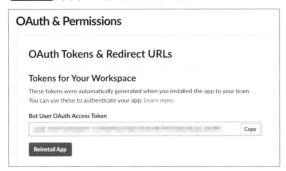

　最後に、Slackのチャンネルに作成したアプリのボットユーザーを追加します。❶で指定するチャンネルをSlack側で作成して /invite @tfnotify を実行してください[注23]。

●── tfnotifyの実行

　ここまでで、tfnotifyを使う準備が整いました。tfnotifyは2つのジョブで使うのでcommandsで以下のように共通化しています。

```
config.ymlのrun-tfnotifyの抜粋
run-tfnotify:
  description: tfnotifyの実行
  parameters:
    action:
      type: string
  steps:
    - run:
        name: tfnotifyの実行
        when: always
        command: |
          if [ "<< parameters.action >>" = "plan" ]; then
            tfnotify --config .tfnotify/github.yml plan --title "Terraform Plan Ou
tput" <"$TFNOTIFY_LOG" || true ❶
          elif [ "<< parameters.action >>" = "apply" ]; then
            tfnotify --config .tfnotify/slack.yml apply --title "Terraform Apply O
utput" <"$TFNOTIFY_LOG" || true ❷
          else
            echo "Invalid action: << parameters.action >>"
            exit 1
          fi
```

　run-tfnotify は plan と apply の2つのパターンがあるので if と <<

注23　作成したアプリ名に従ってユーザー名は適宜変更してください。

parameters.action >> を使って処理を分岐させています。

❶が1つ目のパターンで、terraform planの出力結果をGitHubのプルリクエストに送ります。これはmasterブランチ以外で実行されます。planの出力結果を送るためにtfnotifyにplanを引数で渡しています。tfnotifyは標準出力から出力結果を読み込む必要があるので、ここではTerraformの実行結果を一度ファイルに保存して(詳しくは後述します)、環境変数TFNOTIFY_LOGで参照しています。コマンドの最後で|| trueとしているのは、何らかの理由でtfnotifyが失敗してもジョブ自体を失敗させないための工夫です。

❷が2つ目のパターンで、terraform applyの出力結果をSlackへ通知します。これはmasterブランチのみで実行されます。planとの違いは引数がapplyになっている点と、tfnotifyのコンフィグファイルに.tfnotify/slack.ymlを指定している点です。

tfnotifyが問題なく実行されると、プルリクエストとSlackへそれぞれ**図11**、**図12**のようにTerraformの出力結果が表示されます。

図11 プルリクエストへのコメント

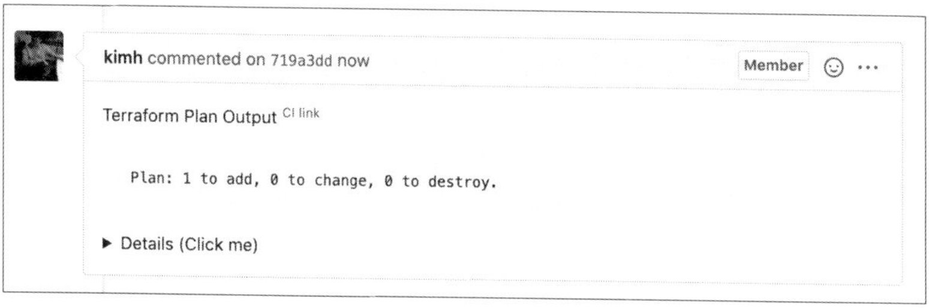

図12 Slackへの通知

Terraformの実行

ここからはTerraform自体について解説していきます。Terraform planを実行するrun_terraform_planジョブとTerraform applyを実行するrun_terraform_applyジョブを解説します。

●── IAMユーザーの権限

　本サンプルアプリケーションを実行するために必要な以下の権限をIAMユーザーに付与しましょう。権限の追加方法については第7章の「IAMユーザーの権限」で詳しく解説しています。

- **AmazonEC2FullAccess**
- **AmazonS3FullAccess**
- **AmazonDynamoDBFullAccess**

　なお、解説を簡単にするためにそれぞれのシステムのFullAccessを付与しています。本番環境で運用する場合は、適切な権限のみを付与するようにしてください。

●── コンテキストの作成

　本サンプルアプリケーションで必要な環境変数をまとめてコンテキストに追加しましょう。ここでは、`terraform-sample`という名前のコンテキストにします。
　コンテキストに追加する環境変数は以下のとおりです。

- `AWS_ACCESS_KEY_ID`
  IAMユーザーのAWSアクセスキーID

- `AWS_SECRET_ACCESS_KEY`
  IAMユーザーのAWSシークレットアクセスキー

- `AWS_REGION`
  ECRがあるAWSアカウントのリージョン。東京リージョンを使っている場合はap-northeast-1となる

- `GITHUB_TOKEN`
  tfnotifyが利用するGitHubトークン

- `SLACK_TOKEN`
  tfnotifyが利用するSlackトークン

　作成したコンテキストは以下のようにワークフロー定義の中で指定します。

```
config.ymlのworkflowsの抜粋
workflows:
  version: 2
  main:
    jobs:
      - run_terraform_plan:
          context: terraform-sample
          (省略)
      - run_terraform_apply:
          context: terraform-sample
          (省略)
```

•—— run_terraform_planジョブ

Terraform plan は実際に変更は適用せず、実行計画だけを作成します。イン
フラへの変更は影響が大きくなりやすいので、事前のレビューが大事です。
tfnotifyで実行計画をプルリクエストにコメントとして追加すれば、アプリケー
ションのコードと同じように GitHub 上でレビューできるので、予期せぬ変更を
事前に防ぐことができます。以下のようにワークフローのブランチフィルタの
ignore に master ブランチを指定することで、master以外のブランチでは
Terraform planが実行されるようにしています。

```
config.ymlのワークフロー中のrun_terraform_planジョブの抜粋
- run_terraform_plan:
    context: terraform-sample
    filters:
      branches:
        ignore: master
```

以下コードは、terraform planで実行計画を作成する run_terraform_plan ジ
ョブのコードです。

```
config.ymlのrun_terraform_planジョブの抜粋
run_terraform_plan:
  docker:
    - image: hashicorp/terraform ❶
  environment:
    TFNOTIFY_LOG: /tmp/tfnotify.log ❷

  steps:
    - checkout
    - install-tfnotify
    - run: terraform init
    - run: terraform validate ❸
    - run: terraform plan | tee "$TFNOTIFY_LOG" ❹
    - run-tfnotify: ❺
        action: plan
```

❶ではジョブを実行するためのイメージとして、HashiCorp公式のTerraform
がインストールされたイメージを指定しています。

❷は tfnotifyの入力として渡す Terraform の出力を保存するファイルを環境変
数に指定しています。

❸では Terraform コードの静的解析を行っています。terraform validate コ
マンドは構文エラーや宣言されていない変数などがあった場合にエラーで終了
します。

❹で実際に terraform planを実行しています。前述したように tfnotifyに出力
結果を渡す必要があるのでteeコマンドで標準出力をTFNOTIFY_LOGに書き出し

つつ、標準出力にも表示します。こうすればtfnotifyの通知先とジョブの画面の両方でTerraformの出力結果を見ることができるので便利です。

❺では事前に定義したrun-tfnotifyのcommandを使用してtfnotifyを実際に実行しています。

● run_terraform_applyジョブ

Terraform applyは、Terraformコードで書かれたインフラの状態を実際の環境に適用します。CircleCIのジョブが走るたびに変更が適用されては困るので、masterブランチへプルリクエストがマージされたときcccccだけ実行されるように、ワークフローのブランチフィルタで以下のようにmasterを指定しています。

config.ymlのワークフロー中のrun_terraform_applyジョブの抜粋

```
- run_terraform_apply:
    context: terraform-sample
    filters:
      branches:
        only: master
```

次にTerraform applyを実行するrun_terraform_applyジョブについて解説します。

config.ymlのrun_terraform_applyジョブの抜粋

```
run_terraform_apply:
  docker:
    - image: hashicorp/terraform
  environment:
    TFNOTIFY_LOG: /tmp/tfnotify.log

  steps:
    - checkout
    - install-tfnotify
    - run: terraform init
    - run: terraform apply -auto-approve | tee "$TFNOTIFY_LOG" ❶
    - run-tfnotify: ❷
        action: apply
```

run_terraform_planジョブと重複しているコードの解説は省略します。

❶では-auto-approveオプションを付けてTerraform applyを実行しています。-auto-approveなしで実行すると、Terraformは**図13**のように本当に実行してよいかの許可を求めてきます。

図13 auto-approveなしの場合

```
Plan: 1 to add, 0 to change, 0 to destroy.

Do you want to perform these actions?
  Terraform will perform the actions described above.
  Only 'yes' will be accepted to approve.

  Enter a value:
Apply cancelled.
Releasing state lock. This may take a few moments...

Exited with code exit status 1
CircleCI received exit code 1
```

CircleCIのジョブからは許可を入力できないので、このジョブはタイムアウトで失敗します。-auto-approveを付ければ確認なしでTerraform applyを実行します。

許可なしで実行されるのは便利ですが、これはmasterブランチに一度マージされるとあとはすべての変更が自動で行われることを意味します。Terraformとインフラの性質上、実際に変更を適用してみると、planにはなかった変更が適用されたり、適用に失敗したりすることもあります。そのため、❷で実行しているtfnotifyからのSlack通知を受け取ったら、実際に適用された変更を確認するようにしましょう。

State Lockingの導入

ここまでTerraformをCircleCIから実行する際の基礎を解説しましたが、実際の開発現場で使うには1つ問題があります。それは、複数人が同時にジョブを実行した際に発生するStateの競合問題です。ここではTerraformに用意されているState Lockingという機能を使用して競合を回避する方法を紹介します。

Stateについて

Terraformは、実際のインフラの状態とTerraformコードで記述するインフラの関係をStateというJSONデータで管理します。Terraform planやapplyを実行すると、Terraformはまず実際のインフラの状態をStateに反映して、そこからTerraformコードとの差分を計算します。

デフォルトではStateはterraform.tfstateという名前でローカル環境に保存されますが、それだとほかのメンバーとStateを共有するのが難しいため、チームでTerraformを使う場合はリモートに保存します。サンプルアプリケーションでは、以下のようにmain.tfでAWS S3に保存するように設定されています。

```
terraform {
  backend "s3" {
```

```
    key         = "terraform.tfstate"
    bucket      = "circleci-book-terraform-sample"
    region      = "ap-northeast-1"
  }
}
```

●——— State Lockingについて

　リモートにStateを置くと複数人で管理できるようになりますが、Stateは単なるバージョニングされたファイルなので複数人で更新してしまうと競合の問題が発生します。本サンプルアプリケーションのようにmasterにマージされたタイミングでTerraform applyを実行する場合、誰がいつマージするかわからないので複数のジョブが同時にStateを更新して壊してしまう可能性があります。

　このような競合の問題を防ぐために、TerraformにはState Lockingというしくみが用意されています。State Lockingを使うことで、Stateを更新できるTerraformのプロセスは常に1つに保証できます。

●——— DynamoDBの作成

　State Lockingの実装方法は、使用しているStateのリモートバックエンドによって異なります。今回のサンプルアプリケーションで使用しているS3リモートバックエンドではAWSのAmazon DynamoDBを使用してロックを実現します。そのほかのバックエンドについてはTerraform公式ドキュメント[注24]に記載されています。

　まずは、DynamoDBを作成しましょう。AWSコンソールから手動で作成することもできますが、せっかくなのでTerraformを使用して作成しましょう。以下のコードをmain.tfに追加します。

```
resource "aws_dynamodb_table" "dynamodb-terraform-state-lock" {
  name           = "terraform-state-lock-dynamo" ❶
  hash_key       = "LockID" ❷
  read_capacity  = 20
  write_capacity = 20

  attribute {
    name = "LockID" ❸
    type = "S"
  }

  tags = {
    Name = DynamoDB State Lock Table
  }
}
```

注24　https://www.terraform.io/docs/backends/types/

上記のコードは Terraform の `aws_dynamodb_table` リソースを使用して DynamoDB を作成します。

❶でテーブル名を指定しますが、ここは任意の名前でかまいません。

❷と❸では Attirbute（属性）とパーティションキー（ハッシュキー）を指定しています。これは必ず `LockID` という名前にする必要があります。ほかの名前では State Locking が動作しないので注意してください。

上記のコードが master ブランチにマージされ CircleCI で `run_terraform_apply` ジョブが実行されると、DynamoDB が作成されるはずです。

●── State Locking の利用

DynamoDB が用意できたら準備完了です。State Locking を実際に使うには、main.tf で S3 バックエンドの宣言をしているブロックに `dynamodb_table = <テーブル名>` を追加するだけです。今回のテーブル名は `terraform-state-lock-dynamo` なので、追加したときの差分は以下のようになります。

```
--- a/main.tf
+++ b/main.tf
@@ -9,6 +9,7 @@ terraform {
     key           = "terraform.tfstate"
     bucket        = "circleci-book-terraform-sample"
     region        = "ap-northeast-1"
+    dynamodb_table = "terraform-state-lock-dynamo"
   }
 }
```

これだけで State Locking を利用できるようになります。ためしに同じタイミングで2つのジョブを走らせてみましょう。

```
Error: Error locking state: Error acquiring the state lock: ConditionalCheckFailed
Exception: The conditional request failed
Lock Info:
  ID:        422c1276-31a8-fd60-b5c5-7803fd927e16
  Path:      circleci-book-terraform-sample/terraform.tfstate
  Operation: OperationTypePlan
  Who:       root@cf4ec8f50249
  Version:   0.12.26
  Created:   2020-06-15 22:53:49.645172743 +0000 UTC
  Info:

Terraform acquires a state lock to protect the state from being written
by multiple users at the same time. Please resolve the issue above and try
again. For most commands, you can disable locking with the "-lock=false"
flag, but this is not recommended.
```

2つのジョブが同じタイミングで State を更新しようとすると、一方は問題な

く更新できますが、他方ではロックの取得に失敗して上記のようなエラーが表示されTerraformが失敗します。

　このようにState LockingがあればStateを更新できるのは常に1人に保証できるので、複数のチームメンバーがCircleCIのジョブからTerraformを実行しても安心です。

State Lockingの解除

　最後に、State Lockingを解除する方法を紹介します。

　ロックを取得したTerraformのプロセスがロックを解除せずに途中で終了してしまうと、それ以降のTerraformプロセスがロックを取得できなくなってしまいます。このような場合は、terraform force-unlockコマンドで解除しましょう。

```
$ terraform force-unlock <ロックID>

Do you really want to force-unlock?
  Terraform will remove the lock on the remote state.
  This will allow local Terraform commands to modify this state, even though it
  may be still be in use. Only 'yes' will be accepted to confirm.

  Enter a value: yes

Terraform state has been successfully unlocked!
```

モバイルアプリ開発での活用

本章ではAndroidとiOSのサンプルアプリケーションを使って、モバイルアプリケーションをビルドする方法について解説します。

9.1　Android

　ここではサンプルのアプリケーションを使って、Androidアプリのビルドを行う方法を解説します。また、Firebase Test Lab（以後Test Lab）との連携の方法についても解説します。

　Test Labは、Googleが提供しているモバイルアプリをテストするためのクラウドベースのインフラストラクチャです。サービス開始時はAndroidのみが対象でしたが、現在はiOSのテストもサポートしています。Test Labを使うと、クラウドを経由して実機上でアプリを立ち上げUIのテストを実行できるので、よりユーザーに近いレベルでアプリをテストできます。

　解説のために用意したAndroidサンプルアプリケーション[注1]を例にして、Androidアプリのビルド／テストの方法について解説します。自分の環境で試す場合は、リポジトリを自分のGitHubアカウントへフォークしてください。

　利用する主なツールのバージョンは以下のとおりです。

- 言語：Java（OpenJDK 8）
- ビルドツール：Gradle 3.3.0
- Android：Android 9 Pie APIレベル28

　このサンプルアプリケーションは、Androidアプリの静的解析、ユニットテストおよびAPKの作成をCircleCI上で行う build_and_setup ジョブと、Test Lab でUIテストを実行する run_ftl ジョブで構成されています。まずは build_and_setup を解説したあと Test Lab の基礎について学び、Test Lab と CircleCI の連携させる方法について見ていきます。

静的解析、ユニットテスト、APKの作成

- ────.circleci/config.yml（build_and_setupジョブ）
　以下は、build_and_setup ジョブの設定です。

注1　https://github.com/circleci-book/android-sample

config.ymlのbuild_and_setupジョブの抜粋

```yaml
version: 2.1
jobs:
  build_and_setup:
    docker:
      - image: circleci/android:api-28-alpha
    working_directory: ~/project
    environment:
      - GRADLE_OPTS: -Dorg.gradle.daemon=false -Dorg.gradle.workers.max=2
      - TERM: dumb
    steps:
      - checkout
      - run:
          name: テストと静的解析
          command: |
            cd todoapp
            ./gradlew lint test
      - run:
          name: デバッグとリリース向けAPKのビルド
          command: |
            cd todoapp
            ./gradlew assembleMockDebug assembleMockDebugAndroidTest
      - run:
          name: テストレポートの作成
          command: |
            mkdir -p ~/junit/
            find . -type f -regex "./todoapp/.*/build/test-results/.*xml" -exec cp {} ~/junit/ \;
          when: always
      - store_test_results:
          path: ~/junit
      - store_artifacts:
          path: ./todoapp/app/build/reports
          destination: reports/
      - persist_to_workspace:
          root: .
          paths:
            - ./todoapp/app/build
  run_ftl:
    （省略）
```

● ── **Dockerイメージ**

以下のように、Dockerイメージの設定を行います。

```
docker:
  - image: circleci/android:api-28-alpha
```

CircleCIが提供するAndroidイメージを使います。イメージのタグで使用するAndroid APIレベルを指定する必要があるので、開発しているアプリのバージョ

ンと合わせてください。利用可能なバージョンはCircleCIのドキュメント[注2]に記載されています。

●――環境変数

以下は、build_and_setupジョブ内で設定している環境変数です。

環境変数を設定する部分の抜粋

```
environment:
  - GRADLE_OPTS: -Dorg.gradle.daemon=false -Dorg.gradle.workers.max=2
  - TERM: dumb
```

GRADLE_OPTSで指定している-Dorg.gradle.daemonと-Dorg.gradle.workers.maxについては第8章の「Java(Spring Boot)」のところで解説済みですので、ここではあらためて解説しません。

TERM: dumbで端末の種類を設定しています。Gradleは、TERMという環境変数を見て自動的に端末の種類を決定し、それに合った形式のログを出力します。しかし、イメージによってはこの環境変数がセットされておらずエラーになってしまうことがあります。明示的にdumbを設定することで、Gradleはプレーンテキスト形式でログを出力します。

●――テスト

以下は、build_and_setupジョブ内で実行するテストの設定です。

テストと静的解析を行うステップの抜粋

```
- run:
    name: テストと静的解析
    command: |
      cd todoapp
      ./gradlew lint test
```

ここではまず、Gradle Wrapper[注3]に用意されているlintとtestタスクを実行して、静的解析とテストを実行しています。

テストが成功したあと、以下のように同じくGradle Wrapperに用意されているタスクを使って、デバッグ用とリリース用のAPKをビルドしています。ここで作成されたAPKは、Test LabでのUIテストの際に使われます。

注2 https://circleci.com/docs/2.0/circleci-images/#android
注3 「Java (Spring Boot)」のところで解説しています。

デバッグ用とリリース用のAPKをビルドするステップの抜粋
```
- run:
    name: デバッグとリリース向けAPKのビルド
    command: |
      cd todoapp
      ./gradlew assembleMockDebug assembleMockDebugAndroidTest
```

● ── アーティファクトとテストレポート

ここでは、アーティファクトとテストレポートの保存について解説します。

テストレポートを作成するステップの抜粋
```
- run:
    name: テストレポートの作成
    command: |
      mkdir -p ~/junit/
      find . -type f -regex "./todoapp/.*/build/test-results/.*xml" -exec cp {} ~/
junit/ \;
    when: always
```

上記のコードは、直前に実行したテストで作成されたテストレポートを~/
junitディレクトリにコピーしています。-exec cpはfindコマンドの機能で、
任意のコマンドを実行できるオプションです。ここでは、正規表現にマッチし
たファイルに対してcpコマンドを実行しています。

テストレポートをCircleCIに保存するステップの抜粋
```
- store_test_results:
    path: ~/junit
```

上記のコードは、実際にテストレポートをstore_test_resultsを使って
CircleCIに保存しています。

テストレポートをアーティファクトとしてCircleCIに保存するステップの抜粋
```
- store_artifacts:
    path: ./todoapp/app/build/reports
    destination: reports/
```

上記のコードは、store_artifactsを使って./todoapp/app/build/reports配
下のファイルをアーティファクトとして保存しています。store_test_results
との違いは、store_test_resultsがテストレポートの保存と表示に特化されて
いるため、サポートされていない形式のファイルをアップロードしてもUIには
レポートが表示されないのに対し、store_artifactsは汎用的なファイルの保
存場所として利用でき、保存したファイルをブラウザから開くことができる点
です[注4]。

注4 もちろんブラウザがサポートしているファイル形式である必要があります。

今回はreports配下に作成されているHTMLをアップロードすることで、Gradleが出力する整形されたテスト結果をブラウザから確認できます(**図1**)。

図1　Gradleのテストレポート

```
- persist_to_workspace:
    root: .
    paths:
      - ./todoapp/app/build
```

上記のコードはpersist_to_workspaceを使い、./gradlew assembleMockDebug assembleMockDebugAndroidTestでビルドしたAPKを次のジョブに持ち越しています。後述しますが、このAPKはTest LabでUIテストを実行する際に必要となります。

Test Labと連携

　ここからは、Test Labを使ってUIテストを行うrun_ftlジョブについて解説していきます。

　CircleCIのようなCIでは、ユニットテストやインテグレーションテストを行い、UIテストのようなE2EテストはTest Labなどの外部サービスを使うアプローチがモバイルアプリの開発では一般的です。

　もちろんCircleCIだけでもUIテストを行うことは可能ですが、より便利な機能を備えた外部サービスを使うことでUIテストをより簡単に行うことができるようになります。

●── Test Labの準備

　Test Labでテストするために、以下の準備が必要となります。なお詳しい手順についてはここでは書ききれないのでFirebaseとGoogle Cloud Platform（以下、GCP）の公式ドキュメントに譲ります。

❶ Firebaseプロジェクトの作成[注5]
❷ Google SDKツールの承認[注6]
❸ サービスアカウントの作成[注7]
❹ Google Developers ConsoleのAPI Library[注8]**でCloud Testing APIとCloud Tool Results APIの有効化**

●── 環境変数

　Test LabをCircleCIから利用するには、プロジェクト設定の「Environment Variables」からいくつかの環境変数の設定が必要となります[注9]。

　GOOGLE_PROJECT_IDはGCPのProject IDを設定します。

　GCLOUD_SERVICE_KEYはサービスアカウントの鍵ファイルを設定します。GCPの管理画面から対象のアカウントのメニューをクリックして、「Create key」をクリックして鍵を作成できます。その際「Key type」はJSONを選んでください。そして作成した鍵ファイルをダウンロードします。

　この鍵をGCLOUD_SERVICE_KEYの環境変数に保存する必要があるのですが、ダ

注5　https://firebase.google.com/docs/test-lab/android/command-line#create_a_firebase_project
注6　https://cloud.google.com/sdk/docs/authorizing
注7　https://cloud.google.com/sdk/docs/authorizing#authorizing_with_a_service_account
注8　https://console.developers.google.com/apis/library
注9　環境変数の設定方法は第5章の「プロジェクト設定の利用」で詳しく解説しています。

ウンロードした鍵ファイルは改行が入ったJSONデータなので環境変数に直接するには適していません。そこでBase64形式にエンコードした値を環境変数に保存して、実際に使う際はデコードしてから使います。

MacやLinuxの主なディストリビューションでは、以下のコマンドでBase64にエンコードできます。

```
$ cat <鍵ファイル> | base64
```

得られた値を、CircleCIのプロジェクト設定ページから`GCLOUD_SERVICE_KEY`の環境変数に保存します。なお、必ずしも`GCLOUD_SERVICE_KEY`という名前である必要はありません。

●── .circleci/config.yml(run_ftlジョブ)

以下は、run_ftlジョブの設定です。ここでは明示的に`resource_class: small`を指定しています。run_ftlジョブでは処理の大部分がTest Labのインフラ上で実行されるので、CircleCIで高速な実行環境は必要ありません。パフォーマンスが低いリソースクラスを使用することで無駄なクレジットの消費を抑えることができます。

config.ymlのrun_ftlジョブの抜粋
```yaml
run_ftl:
  docker:
    - image: circleci/android:api-28-alpha
  resource_class: small
  working_directory: ~/project
  steps:
    - attach_workspace:
        at: .
    - run:
        name: gcloudの認証とコンフィグのデフォルト設定
        command: |
          echo $GCLOUD_SERVICE_KEY | base64 -di > ${HOME}/gcloud-service-key.json
          sudo gcloud auth activate-service-account --key-file=${HOME}/gcloud-service-key.json
          sudo gcloud --quiet config set project ${GOOGLE_PROJECT_ID}
    - run:
        name: Test Labでテスト実行
        command: |
          BUILD_DIR=build_${CIRCLE_BUILD_NUM}
          sudo gcloud firebase test android run \
            --app todoapp/app/build/outputs/apk/mock/debug/app-mock-debug.apk \
            --test todoapp/app/build/outputs/apk/androidTest/mock/debug/app-mock-debug-androidTest.apk \
            --results-bucket cloud-test-${GOOGLE_PROJECT_ID}-blueprints \
            --results-dir=${BUILD_DIR}
```
▼

```
  - run:
      name: テスト結果のダウンロード
      command: |
        BUILD_DIR=build_${CIRCLE_BUILD_NUM}
        sudo pip install -U crcmod
        mkdir firebase_test_results
        sudo gsutil -m mv -r -U `sudo gsutil ls gs://cloud-test-${GOOGLE_PROJECT
_ID}-blueprints/${BUILD_DIR} | tail -1` firebase_test_results/ | true
  - store_artifacts:
      path: firebase_test_results
```

●───ワークスペースからAPKのダウンロード

まず最初に、テストに使うAPKを準備します。以下のコードで、build_and_
setupでワークスペースにアップロードしたAPKファイルをダウンロードして
います。

ワークスペースからファイルをダウンロードするステップの抜粋
```
steps:
  - attach_workspace:
      at: .
```

●───gcloudによる認証

以下のコードで、gcloudがTest Labでテストを実行できるようにGCPでサー
ビスアカウントの認証をしています。

GCPでサービスアカウントの認証を行うステップの抜粋
```
- run:
  name: gcloudの認証とコンフィグのデフォルト設定
  command: |
    echo $GCLOUD_SERVICE_KEY | base64 -di > ${HOME}/gcloud-service-key.json ❶
    sudo gcloud auth activate-service-account --key-file=${HOME}/gcloud-service-ke
y.json ❷
    sudo gcloud --quiet config set project ${GOOGLE_PROJECT_ID} ❸
```

❶で「Test Labの準備」のところで設定した、Base64にエンコードされたJSON
データをデコードして${HOME}/gcloud-service-key.jsonに保存しています。

その後、❷で「Test Labの準備」で作成したサービスアカウントに対して認証
をします。

認証が成功したら、❸で使用するGCPのプロジェクトを設定します。

●───Test Labを使ったテストの実行

以下のコードは、Test Labで実際にテストを実行しています。

Test Labでテストを行うステップの抜粋

```
- run:
    name: Test Labでテスト実行
    command: |
      BUILD_DIR=build_${CIRCLE_BUILD_NUM}
      sudo gcloud firebase test android run \ ❶
        --app todoapp/app/build/outputs/apk/mock/debug/app-mock-debug.apk \
        --test todoapp/app/build/outputs/apk/androidTest/mock/debug/app-mock-debug
-androidTest.apk \
        --results-bucket cloud-test-${GOOGLE_PROJECT_ID}-blueprints \
        --results-dir=${BUILD_DIR}
```

　`gcloud firebase test android run`（❶）で Test Lab で実際にテストを実行します。各オプションの解説は省きますが、オプションに`build_and_setup`ジョブで作成したAPKを渡しています。Test Lab はこのAPKを使って実際のアプリを起動してテストを行います。

　デフォルトでは`gcloud firebase test android run`は同期的に動作します。つまり、Test Lab でテストが完了するまでCircleCIのステップも終了しません。Test Lab のテストが完了するのを待っている間も CircleCI のクレジットは消費されるので、Test Lab のテスト結果を待たずにすぐにステップを終了させたい場合もあるでしょう。このような場合、`gcloud firebase test android run`（❶）に`--async`オプションを指定すれば、Test Lab でテストを実行するとすぐにコマンドは終了するのでテスト結果を待たずに次のステップに移ることができます。

　ただし、`--async`を使用した場合Test Lab のテスト結果をCircleCIのジョブで受け取ることができないので注意が必要です^{注10}。最初は`--async`なしで始めて、Test Lab の実行時間が見逃せないほど長くなったときに`--async`の使用を検討するとよいでしょう。

● ── **アーティファクトとテストレポート**

　以下のコードは、Test Lab で実行されたテスト結果をCircleCIのアーティファクトにダウンロードしています。

Test Labのテスト結果をダウンロードしてCircleCIのアーティファクトに保存するステップの抜粋

```
- run:
    name: テスト結果のダウンロード
    command: |
      BUILD_DIR=build_${CIRCLE_BUILD_NUM}
      sudo pip install -U crcmod ❶
      mkdir firebase_test_results
      sudo gsutil -m mv -r -U `sudo gsutil ls gs://cloud-test-${GOOGLE_PROJECT_ID}
```

注10　Test Lab でテストが失敗していてもCircleCIのジョブは成功となるなどの問題が発生します。

```
-blueprints/${BUILD_DIR} | tail -1` firebase_test_results/ | true ❷
- store_artifacts:
    path: firebase_test_results
```

❶ではcrcmodをインストールしています。これは、後述するgsutilでテスト結果を高速にダウンロードするために必要となるからです。

Test Labのテスト結果は、GoogleのクラウドストレージサービスのCloud Storageに保存されています。gsutilを使うことでCloud Storageからオブジェクトをダウンロードできます。❷のコマンドはgsutilを使いテスト結果を実際にダウンロードしています。| trueとしているのは、何らかの理由でダウンロードに失敗してもジョブが失敗にならないように防ぐテクニックです。これがないと、Test Labでテストは成功していても、テスト結果のダウンロードの失敗のせいでジョブ自体が失敗になってしまいます。

テスト結果はTest Lab上でも見ることができますが、CircleCIのアーティファクトに保存することでわざわざTest Labに行かなくても確認できるので便利です（**図2**）。

図2　Test Labのテストレポート

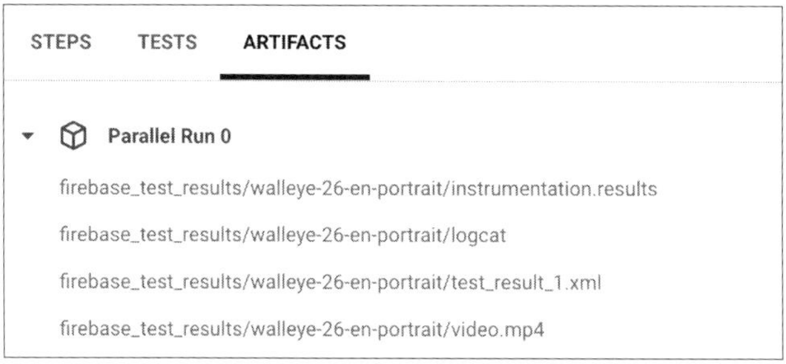

| STEPS | TESTS | **ARTIFACTS** |

▼ 📦 **Parallel Run 0**

firebase_test_results/walleye-26-en-portrait/instrumentation.results

firebase_test_results/walleye-26-en-portrait/logcat

firebase_test_results/walleye-26-en-portrait/test_result_1.xml

firebase_test_results/walleye-26-en-portrait/video.mp4

9.2 iOS(macOS)

CircleCIでは、Androidだけではなくi OSアプリのビルドにも対応しています。ただし、Androidでは通常のDocker Executorを使ってビルドできるのに対し、iOSのビルドをするためにはmacOS Executorを使用する必要があり、無料のプランでは使うことができないので注意してください[注11]。

注11　執筆時点では2週間の無料トライアルがあります。

解説のために用意したiOSサンプルアプリケーション[注12]を使ってiOSのビルドの解説をしていきます。

　ビルドツールにはfastlane[注13]を使います。fastlaneはiOSプロジェクトで最もよく使われるツールの一つで、ビルドやリリースを簡単に行うことができるようになります。

　このサンプルアプリケーションはfastlaneを使ってアプリのビルドとテストを行うbuild-and-testジョブと、Ad Hoc配信用のIPA[注14]作成を行うgenerate-ipaジョブで構成されています。IPAの配信を行うために必要な証明書の作成の作成方法についても解説っっっっっっっ1；します。

　利用する主なツールのバージョンは以下のとおりです。

- **言語：Swift 5**
- **ビルドツール：fastlane 2.131.0**
- **Xcode：11.1.0**

テスト

●─── .circleci/config.yml(build-and-testジョブ)

　以下は、build-and-testジョブの設定です。Executorは両ジョブで共有されるので、こちらで先に解説します。

```
config.ymlのbuild-and-testジョブの抜粋
version: 2.1

executors:
  macos-executor:
    macos:
      xcode: "11.1.0"
    environment:
      XCODE_PATH: /Applications/Xcode.app
      FASTLANE_SKIP_UPDATE_CHECK: 1
      LC_ALL: en_US.UTF-8
      LANG: en_US.UTF-8
      FL_OUTPUT_DIR: output
    working_directory: /Users/distiller/project

jobs:
  build-and-test:
```

注12　https://github.com/circleci-book/ios-sample
注13　https://github.com/fastlane/fastlane
注14　iOSにインストール可能なアプリのファイル形式です。

```
    executor:
      name: macos-executor
    steps:
      - checkout
      - restore_cache:
          key: gems-v1-{{ checksum "Gemfile.lock" }}
      - run:
          name: Rubyのバージョン指定
          command:  echo "ruby-2.6" > ~/.ruby-version
      - run:
          name: Gemのインストール
          command: bundle install --path vendor/bundle --clean
      - save_cache:
          key: gems-v1-{{ checksum "Gemfile.lock" }}
          paths:
            - vendor/bundle
      - run:
          name: テスト実行
          command: bundle exec fastlane scan
      - store_artifacts:
          path: output
      - store_test_results:
          path: output/scan

generate-ipa:
  (省略)
```

●——— macOS Executor

前述のとおり、iOSアプリのビルドをするためにはmacOS Executorを使います。macOS Executorの実体はmacOSがインストールされたVMです。なぜVMでないといけないかというと、Linux上で動作するDockerコンテナではmacOSカーネルを必要とするiOS Simulatorがきちんと動作しないからです。

Executorの定義部分の抜粋
```
executors:
  macos-executor:
    macos:
      xcode: "11.1.0"
    environment:
      XCODE_PATH: /Applications/Xcode.app
      FASTLANE_SKIP_UPDATE_CHECK: 1
      LC_ALL: en_US.UTF-8
      LANG: en_US.UTF-8
      FL_OUTPUT_DIR: output
    working_directory: /Users/distiller/project
```

上記のコードでは、macos-executorというExecutorを定義しています。Executorを定義すれば複数のジョブで同じExecutorを使い回すことができて便利です。

CircleCIでは複数のXcodeバージョンが用意されており、xcodeキーで使用する Xcodeのバージョンを指定できます。

● ──テスト

以下のコードはテストの設定をしています。

build-and-testジョブのステップ部分の抜粋
```
steps:
  - checkout
  - restore_cache:
      key: gems-v1-{{ checksum "Gemfile.lock" }}
  - run:
      name: Rubyのバージョン指定
      command:  echo "ruby-2.6" > ~/.ruby-version
  - run:
      name: Gemのインストール
      command: bundle install --path vendor/bundle --clean
  - save_cache:
      key: gems-v1-{{ checksum "Gemfile.lock" }}
      paths:
        - vendor/bundle
  - run:
      name: テスト実行
      command: bundle exec fastlane scan
  - store_artifacts:
      path: output
  - store_test_results:
      path: output/scan
```

　restore_cacheステップでキャッシュを復元、bundle installコマンドで依存関係のインストール、save_cacheステップでキャッシュの保存といういつもの一連の流れに加えて、~/.ruby-versionに使用するRubyのバージョンを書き込んでいます。

Rubyのバージョンを指定するステップの抜粋
```
- run:
    name: Rubyのバージョン指定
    command:  echo "ruby-2.6" > ~/.ruby-version
```

　上記のコードで、使用するRubyのバージョンを指定しています。CircleCIが用意しているmacOSのイメージには、複数のバージョンのRubyを管理できるchrubyがインストールされています。デフォルトだとシステムにインストールされた古いイメージが使われfastlaneのインストールに失敗してしまうので、Ruby 2.6を明示的に指定しています。

テストを実行するステップの抜粋
```
- run:
    name: テスト実行
    command: bundle exec fastlane scan
```

　上記コードの fastlane scan で実際にテストを実行しています。Scan は
fastlane の機能の一つで、iOS や macOS アプリのテストを簡単に実行できるよう
になります。Scan を使わない場合 xcodebuild コマンドにたくさんのパラメータ
を渡して実行する必要があり、テスト結果の出力などをカスタマイズしようと
するとさらに複雑になってしまいます。

　以下は xcodebuild を直接使用したときと fastlane scan を使用したときのコマン
ドの違いです。

xcodebuildを使用してテスト
```
xcodebuild \
-workspace MyApp.xcworkspace \
-scheme "MyApp" \
-sdk iphonesimulator \
-destination 'platform=iOS Simulator,name=iPhone 6,OS=8.1' \
test
```

Scanを使用してテスト
```
fastlane scan
```

　fastlane には、Scan だけではなくほかにも iOS/macOS アプリのテストとデプ
ロイを簡単にする機能がたくさんあるので、iOS/macOS アプリ開発する際は必
須のツールと言えます。

テスト結果やアーティファクトを保存するステップの抜粋
```
- store_artifacts:
    path: output
- store_test_results:
    path: output/scan
```

　Scan が出力するテスト結果やアーティファクトを保存しています。保存場所
は macos-executor で定義している FL_OUTPUT_DIR 環境変数で指定します。

matchによる証明書の作成

　ここからは fastlane match を使用して IPA の作成に必要な証明書の作成方法を
解説します。

● —— matchについて

iOSアプリを作成して配布するためには、証明書でアプリに署名をする必要があります。この作業はとても複雑で、Xcodeだけでやろうとすると難易度が高い作業でした。また、複数人で開発をしている場合、証明書の管理が大変になります。

そこでmatch（fastlane match）を使います。matchは開発環境で証明書の作成と署名をしてくれるだけでなく、CI上での証明書の設定作業も簡単にしてくれます。

● —— matchの初期化

matchは、証明書とプロビジョニングファイルを、アプリとは別のGitリポジトリに保存して管理します[注15]。ここで重要な点は、証明書には秘密鍵が含まれるのでこのリポジトリはプライベートリポジトリにしないといけないということです。

証明書を管理するためのプライベートリポジトリを用意したら、まずはmatchを初期化します[注16]。

```
$ bundle exec fastlane match init
```

上記のコマンドを実行すると、以下のように保存先をGitリポジトリかGoogle Cloud Storageにするか聞いてくるので、今回は1と入力してGitを選びます。

```
[14:47:08]: fastlane match supports multiple storage modes, please select the one
you want to use:
1. git
2. google_cloud
? <1を入力>
```

次に、リポジトリのURLを入力します。https:// とgit URL方式をサポートしていますが、今回はgit URLを使うので、証明書用リポジトリのgit URLを入力します。

```
[14:47:10]: Please create a new, private git repository to store the certificates
and profiles there
[14:47:10]: URL of the Git Repo: <証明書を保存するリポジトリのgit URLを入力>
```

これでfastlane/Matchfileというファイルが作成され、証明書を作成する準

注15　matchは証明書の保存先としてGoogle Cloud Storageもサポートしていますが、本書では扱いません。
注16　もしサンプルアプリケーションをそのままクローンして本書の手順を試している場合、match initを実行すると[!] You already have a Matchfile in this directory (./fastlane/Matchfile)というエラーが出るので、その場合はMatchfileをまず削除してください。

備が整いました。

●── 証明書とプロビジョニングファイルの作成

次に、証明書とプロビジョニングファイルを作成します。

```
$ bundle exec fastlane match development
$ bundle exec fastlane match adhoc
```

上記のコマンドを実行すると、以下のように証明書に設定するパスフレーズを求められます。ここで設定したパスフレーズはCircleCIでmatchを使う際に必要となるのでメモをしておいてください。

```
[14:53:50]: Installing provisioning profile...
[14:53:50]: Enter the passphrase that should be used to encrypt/decrypt your certi
ficates
[14:53:50]: This passphrase is specific per repository and will be stored in your
local keychain
[14:53:50]: Make sure to remember the password, as you'll need it when you run mat
ch on a different machine
[14:53:50]: Passphrase for Git Repo: <パスフレーズを入力>
```

これでmatchによる証明書とプロビジョニングファイルの作成は完了ですが、作成した証明書をCircleCIで使えるようにするためにアプリ側の変更もする必要があります。アプリをXcodeで開いて設定していきます。

「Build Settings」のタブを選択して、「Signing」配下のプロパティを**図3**のように設定します。

図3 コードサインの設定画面

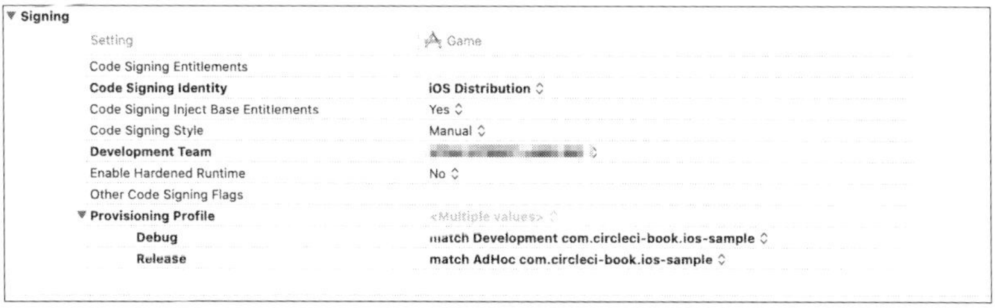

これで証明書の設定は完了です。

AdHoc IPAの作成

証明書の準備ができたので、ここからはIPAの作成をCircleCIで自動化する方法について解説します。

●── .circleci/config.yml(generate-ipaジョブ)

以下は、generate-ipaジョブの設定です。Executorについてはすでに解説済みなので省略します。

```
config.ymlのgenerate-ipaジョブの抜粋
generate-ipa:
  executor: macos-executor
  steps:
    - checkout
    - add_ssh_keys:
        fingerprints:
          - "00:1e:a3:c7:34:c0:f0:39:95:32:94:a5:42:af:cd:8c"
    - restore_cache:
        key: gems-v1-{{ checksum "Gemfile.lock" }}
    - run:
        name: Rubyのバージョン指定
        command:  echo "ruby-2.6" > ~/.ruby-version
    - run:
        name: Gemのインストール
        command: bundle install --path vendor/bundle --clean
    - run:
        name: AdHoc IPAの作成
        command: bundle exec fastlane adhoc
    - store_artifacts:
        path: output/Game.ipa
```

●── 開発環境でのIPAの作成

CircleCIで自動化する前に、まずはローカルの開発環境でIPAを作成してみましょう。次のコマンドを実行してください。

```
$ bundle exec fastlane adhoc
```

コマンドが成功すると、Game.ipaというIPAファイルが作成されます。

この作業をCircleCIで自動化してみましょう。自動化することで、常に最新のコードのIPAを生成できます。ただし、CircleCIの設定の解説に行く前に、もう一つ必要な作業があります。

●── SSHキーの追加

matchで証明書を作成した際、アプリとは別のプライベートリポジトリに証明書／鍵／プロビジョニングファイルを保存しました。IPAをCircleCI上で作成するためには、このプライベートリポジトリをクローンして証明書などをジョブの実行環境に持ってくる必要があります。しかし、このリポジトリはCircleCIに追加されたアプリとは別のリポジトリなので、このリポジトリにアクセスできるSSHキーを追加する必要があります。

　ここで、第5章で解説したSSHキーの追加を行います。最初に証明書などを保存しているGitHubのプライベートリポジトリの「Settings」→「Deploy keys」へ行き「Add deploy key」を押します。実際に鍵を作成する方法は第5章の「SSHキーの活用」を参照してください。

　次にCircleCIのプロジェクト設定ページへ行き、「SSH Keys」から作成したSSH秘密鍵を登録します。登録されたら表示される「Fingerprint」の値が、のちほど解説するジョブの設定で使われます。

● ── 追加したSSHキーの使用

　add_ssh_keysステップでSSH秘密鍵を登録した際に得られた「Fingerprint」の値を以下のように指定することで、この秘密鍵をジョブの実行環境に追加できます。この鍵は、証明書などが保存されているプライベートリポジトリのRead-onlyデプロイキーでした。この鍵を使うことで、fastlane matchが証明書などをダウンロードできるようになります。

SSHキーを使用するステップの抜粋
```
steps:
  - checkout
  - add_ssh_keys:
      fingerprints:
        - "00:1e:a3:c7:34:c0:f0:39:95:32:94:a5:42:af:cd:8c"
```

　一点注意することは、checkoutステップのあとにadd_ssh_keysステップを実行している点です。もし先にadd_ssh_keysを実行するとビルド内のSSH設定が書き換えられてしまい、アプリのリポジトリのクローンが失敗します。

● ── IPAの作成とアップロード

　以下のよう設定してIPAを作成します。

IPAを作成するステップの抜粋
```
- restore_cache:
    key: gems-v1-{{ checksum "Gemfile.lock" }}
- run:
    name: Gemのインストール
    command: bundle install --path vendor/bundle --clean
- run:
    name: AdHoc IPAの作成
    command: bundle exec fastlane adhoc
```

　これまでと同様にrestore_cacheでキャッシュを復元して、bundle installで依存関係をインストールします。その後bundle exec fastlane adhocを実行すると、先ほど開発環境で実行したときと同じようにCircleCI上でIPAを作成するfastlaneのタスクが実行されます。

下記のようにして、store_artifactsで生成されたIPAファイルをアーティファクトにアップロードします。こうすればコードの変更ごとにIPAが作成され、いつでも必要なときに、CircleCIのアーティファクトから手もとの環境にダウンロードできます。

IPAをアーティファクトとして保存するステップの抜粋

```
- store_artifacts:
    path: output/Game.ipa
```

デスクトップ／ネイティブアプリ開発での活用

ここまではLinuxとmacOSのExecutorを主に使って解説してきましたが、CircleCIはWindowsにも対応しています。また、Web／モバイルアプリケーションだけではなく、デスクトップ上で動作するいわゆるネイティブアプリをビルドすることも可能です。

　本章では、Windows、Electron、Unityのサンプルアプリケーションを使って異なるOSごとにビルドする方法について解説します。

10.1 Windows

　CircleCIは、2019年8月にWindowsのサポートを開始しました。また、オンプレミス版であるCircleCI ServerでもWindowsが使えるようになっています。しかし、従来から存在するLinux、Android、macOSに比べると執筆時点ではまだまだ事例は少なく機能も限定されています。ここではごく基本的なWindowsの設定方法の解説にとどめておきます。

　もし本格的なWindowsプロジェクトのCI/CDを始めたい場合は、Microsoftが提供するAzure Pipelines[注1]や、WindowsのCI/CDサービスの古株であるAppVeyor[注2]などの検討をお勧めします。

　CircleCIの公式Windowsサンプルアプリケーション[注3]を使って解説をしていきます。

.circleci/config.yml

　以下のコードは、とてもシンプルなWindowsのジョブの設定です。

```
Windows Orbを使用するconfig.yml全体
version: 2.1

orbs:
  win: circleci/windows@2.4.0

jobs:
  build:
    executor: win/default
    steps:
      - checkout
      - run:
```
▼

注1　https://azure.microsoft.com/ja-jp/services/devops/pipelines/
注2　https://www.appveyor.com/
注3　https://github.com/CircleCI-Public/circleci-demo-windows

```
        command: ver
        shell: cmd.exe
      - run:
        command: Get-Date
        shell: powershell.exe
      - run:
        command: echo 'This is bash'
        shell: bash.exe

workflows:
  version: 2
  workflow:
    jobs:
      - build
```

Windows Executor

以下はWindowsのOrbをインポートしてExecutorを指定しています。

Windows Executorの定義部分の抜粋
```
version: 2.1

orbs:
  win: circleci/windows@2.4.0
  (省略)
    executor: win/default
```

Windowsプロジェクトをビルドするには、Windows Executorを使います。Windows Executorは、WindowsがインストールされたVMです。macOS Executorと違い、執筆時点では無料プランで使うことができます。

ここではwinという名前でCircleCI公式のWindows Orbをインポートしています。主にこのOrbはWindows Executorを提供しています。

具体的には、win/defaultという名前でExecutorを参照することで、Visual Studio 2019やそのほかのツールがインストールされたWindows Server 2019のイメージを使うことができるようになります。

さまざまなシェルの使用

ここでは、異なるシェルを使ってごく基本的なコマンドを実行する例を解説します。

Windows Executorには、cmd.exe、powershell.exe、そしてbash.exeが用意されています。コマンドごとに異なるシェルを使う例を見てみましょう。

さまざまなシェルを使用するステップの抜粋
```
steps:
  - checkout
```

```
    - run:
        command: ver
        shell: cmd.exe
    - run:
        command: Get-Date
        shell: powershell.exe
    - run:
        command: echo 'This is bash'
        shell: bash.exe
```

runステップでは、shellでステップを実行するシェルを切り替えることができます(詳しくはAppendixの「Windows Executor」参照)。ここでは各シェルを切り替えることで、シェル固有のコマンドが実行できます。

10.2 クロスプラットフォーム

これまで、Linux(Docker)、macOS、Windows実行環境についてそれぞれ解説してきました。本節では、それぞれのプラットフォームでのパッケージとディストリビューションの作成を1つのワークフローで実行する設定ファイルを紹介します。

解説のために用意したElectronサンプルアプリケーション[注4]を用いて解説を行います。サンプルではElectron[注5]を使用します。ElectronはHTML、JavaScript、CSSといったアセットを使ってネイティブアプリをビルドすることのできるフレームワークです。Electronのコードはelectron-quick-start[注6]を参考にしています。

.circleci/config.yml

設定ファイル.circleci/config.ymlは次のようになります。

config.ymlの全体
```
orbs:
  win: circleci/windows@2.4.0

executors:
  linux:
    docker:
      - image: cimg/node:12.18
  mac:
```

注4　https://github.com/circleci-book/electron-sample
注5　https://www.electronjs.org/
注6　https://github.com/electron/electron-quick-start

```
      macos:
        xcode: "11.3.1"

version: 2.1

jobs:
  package:
    parameters:
      platform:
        type: string
    executor: << parameters.platform >>
    steps:
      - checkout
      - restore_cache:
          keys:
            - v1-dependencies-{{ arch }}-{{ checksum "package-lock.json" }}
            - v1-dependencies-{{ arch }}
      - run:
          name: 依存関係のインストール
          command: npm install
      - save_cache:
          paths:
            - node_modules
          key: v1-dependencies-{{ arch }}-{{ checksum "package-lock.json" }}
      - when:
          condition:
            not:
              equal: [ << parameters.platform >>, win/default ]
          steps:
            - run:
                name: << parameters.platform >>向けパッケージを作成
                command: npx electron-builder --<< parameters.platform >> --publish never
      - when:
          condition:
            equal: [ << parameters.platform >>, win/default ]
          steps:
            - run:
                name: Windows向けパッケージの作成
                command: npx electron-builder --win --publish never
      - persist_to_workspace:
          root: ./
          paths:
            - dist

  release:
    executor: linux
    steps:
      - attach_workspace:
          at: ./
      - store_artifacts:
          path: dist

workflows:
```

```
version: 2
package-and-release:
  jobs:
    - package:
        matrix:
          parameters:
            platform: [linux, win/default]
            # platform: [linux, win/default, mac]
            # mac Executorは有償プランのみ使用できます
    - release:
        requires: [package]
```

マトリックスビルド

このサンプルでは第8章の「TypeScript」でも解説したmatrixキーを使って、Linux/macOS/Windows実行環境でのビルドを行います。以下のようにcircleci/windows OrbをインポートしてExecutorsを定義すると、ジョブのExecutorsとしてwin/default、linux、macが使用できるようになります。

Executorの定義部分の抜粋
```
orbs:
  win: circleci/windows@2.4.0

executors:
  linux:
    docker:
      - image: cimg/node:12.18
  mac:
    macos:
      xcode: "11.3.1"

version: 2.1

jobs:
  package:
    parameters:
      platform:
        type: string
    executor: << parameters.platform >>
    （省略）
```

続いて、packageジョブのmatrixキーにplatformパラメータをリストで渡すことで、それぞれの環境で実行されます。

workflows内でplatformパラメータを渡す部分の抜粋
```
workflows:
  version: 2
  package-and-release:
    jobs:
```

```
    - package:
        matrix:
          parameters:
            platform: [linux, win/default]
            # platform: [linux, win/default, mac]
            # mac Executorは有償プランのみ使用できる
    （省略）
```

キャッシュ

restore_cacheからsave_cacheまでの設定ファイルのライブラリキャッシュ
に注目してみましょう。

node_modules依存関係のキャッシュを扱う部分の抜粋
```
- restore_cache:
    keys:
      - v1-dependencies-{{ arch }}-{{ checksum "package-lock.json" }}
      - v1-dependencies-{{ arch }}
- run:
    name: 依存関係のインストール
    command: npm install
- save_cache:
    paths:
      - node_modules
    key: v1-dependencies-{{ arch }}-{{ checksum "package-lock.json" }}
```

ここではpackage-lock.jsonのチェックサムに加えて、OSとCPU情報が含まれ
るarchテンプレートを使ってライブラリのキャッシュを保存しています。こうする
ことで、Linux/macOS/WindowsのそれぞれのOSでのネイティブモジュールを使っ
たテストが可能になります。本サンプルではテストを省略していますが、実際の業
務ではネイティブモジュールをインストールしたあとテストを行いましょう。

クロスプラットフォームのディストリビューション作成

ディストリビューションの作成には、electron-builder[注7]を使用します。

ディストリビューションを作成するステップの抜粋
```
- when:
    condition:
      not:
        equal: [ << parameters.platform >>, win/default ]
    steps:
      - run:
```

注7　https://www.electron.build/

```
            name: << parameters.platform >>向けパッケージを作成
            command: npx electron-builder --<< parameters.platform >> --publish never
  - when:
      condition:
        equal: [ << parameters.platform >>, win/default ]
      steps:
        - run:
            name: Windows向けパッケージの作成
            command: npx electron-builder --win --publish never
  - persist_to_workspace:
      root: ./
      paths:
        - dist
```

　platformパラメータをelectron-builderコマンドの引数に渡して、それぞれ
のディストリビューションを作成します。Windows環境に関しては、Executor
名win/defaultではなくwin引数を渡す必要があるため、whenの条件付きステ
ップで条件分岐させます。

　persist_distributionコマンドを実行してdistフォルダをワークスペースに
保存します。

releaseジョブの抜粋

```
release:
  executor: linux
  steps:
    - attach_workspace:
        at: ./
    - store_artifacts:
        path: dist
```

　その後、上記のreleaseジョブでdistをワークスペースから取り出し、アー
ティファクトとしてアップロードしています。ジョブ実行成功後、releaseジ
ョブのARTIFACTSタブからアップロードされたディストリビューションが確
認できます（**図1**）。

図1　アップロードされたディストリビューション

```
 STEPS    TESTS    ARTIFACTS

  ▼    🗁  Parallel Run 0

       dist/electron-quick-start Setup 1.0.0.exe

       dist/electron-quick-start Setup 1.0.0.exe.blockmap

       dist/electron-quick-start-1.0.0.AppImage

       dist/electron-quick-start_1.0.0_amd64.snap

       dist/latest-linux.yml

       dist/latest.yml
```

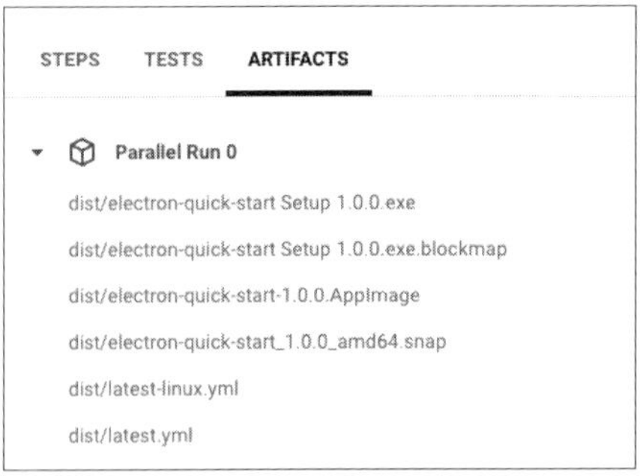

10.3　Unity

　最後に、マルチプラットフォームに対応したゲームエンジンUnity[8]を使った
ビルド設定例を紹介します。

　ここでは、解説のために用意したUnityサンプルアプリケーション[9]を使って解
説します。ライセンスのアクティベーションやDockerイメージの使い方などは、
Unityプロジェクトと CI/CD サービスの連携方法を解説した GabLeRoux/unity3d-ci-
example[10]を参考にしています。執筆時点現在、こちらのリポジトリでは CircleCI
の設定方法は解説されていませんが、Travis CI や GitLab CI/CD の設定方法が載っ
ていますので、そちらのサービスをお使いの方は一度覗いてみるとよいでしょう。

.circleci/config.yml

　設定ファイル.circleci/config.ymlは次のようになります。

config.yml全体
```yaml
version: 2.1

executors:
  default:
    parameters:
      unity-version:
        type: string
        default: 2019.3.7f1
      component:
        type: string
        default: ""
    docker:
      - image: gableroux/unity3d:<< parameters.unity-version >><<# parameters.comp
onent >>-<< parameters.component >><</ parameters.component >>

commands:
  activate:
    steps:
      - run:
          name: ライセンスをデコード
          command: |
            echo "$UNITY_LICENSE_CONTENT" | base64 --decode | tr -d '\r' > yourulffile.ulf
      - run:
          name: |
```

注8　https://unity.com/
注9　https://github.com/circleci-book/unity-sample d
注10　https://github.com/GabLeRoux/unity3d-ci-example

```yaml
            ライセンスのアクティベーション
          command: |
            /opt/Unity/Editor/Unity -batchmode \
                            -nographics \
                            -quit \
                            -logFile /dev/stdout \
                            -manualLicenseFile yourulffile.ulf > unity.log || true
          cat unity.log | grep "Next license update check"
jobs:
  test:
    parameters:
      test-platform:
        type: enum
        enum: ['playmode', 'editmode']
    executor: default
    steps:
      - checkout
      - activate
      - run:
          name: |
            << parameters.test-platform >> Test
          command: |
            xvfb-run -a \
            /opt/Unity/Editor/Unity -projectPath $(pwd) \
                            -runTests \
                            -testPlatform << parameters.test-platform >> \
                            -testResults $(pwd)/<< parameters.test-platfor
m >>-results.xml \
                            -batchmode \
                            -logFile /dev/stdout \
                            -quit
      - store_artifacts:
          path: << parameters.test-platform >>-results.xml

  build:
    parameters:
      e:
        type: executor
      build-target:
        type: string
    executor: << parameters.e >>
    steps:
      - checkout
      - activate
      - run:
          name: Buildsディレクトリを作成
          command: mkdir -p Builds
      - run:
          name: << parameters.build-target >>用ビルド
          no_output_timeout: 60m
          command: |
            xvfb-run -a \
            /opt/Unity/Editor/Unity -projectPath $(pwd) \
```

▼

```
          -batchmode \
          -nographics \
          -logFile /dev/stdout \
          -buildTarget << parameters.build-target >> \
          -executeMethod BuildHelper.<< parameters.build
-target >> \
          -quit
    - run:
        name: tarでまとめる
        command: |
          cd Builds
          touch UnitySample.tar.gz
          tar --create --gzip --verbose --file UnitySample.tar.gz --exclude=./*.gz .
    - store_artifacts:
        path: Builds/UnitySample.tar.gz

workflows:
  test-build:
    jobs:
      - test:
          name: test-editmode
          test-platform: editmode
      - test:
          name: test-playmode
          test-platform: playmode
      - build:
          name: Linux
          build-target: StandaloneLinux64
          e:
            name: default
          requires:
            - test-editmode
            - test-playmode
      - build:
          name: macOS
          build-target: StandaloneOSX
          e:
            name: default
            component: mac
          requires:
            - test-editmode
            - test-playmode
      - build:
          name: Windows
          build-target: StandaloneWindows64
          e:
            name: default
            component: windows
          requires:
            - test-editmode
            - test-playmode
```

ライセンスのアクティベーション

CI上でUnityのテストやビルドを実行するには、はじめにライセンスのアクティベーションが必要となります。まずはローカル環境でライセンスをアクティベーションするための準備を進めましょう。Unityのアカウント登録、Dockerのインストールは終わっているものとします。また、ここではライセンスのアクティベーションはUnity Personalプランを対象としています。Unity Pro/PlusプランはGabLeRoux/unity3d-ci-example: unity-pluspro[注11]を確認してください。

Unityエディタのバージョンは、執筆時点現在LTSリリースである2019.3.7f1を使用します。次のコマンドをターミナルで実行します。環境変数UNITY_USERNAMEとUNITY_PASSWORDはご自身のユーザー名とパスワードに読み替えてください。使用するDockerイメージはgableroux/unity3d[注12]です。

```
$ UNITY_VERSION=2019.3.7f1
$ UNITY_USERNAME=username@example.com
$ UNITY_PASSWORD=password
$ docker run -it --rm \
-e "UNITY_USERNAME=$UNITY_USERNAME" \
-e "UNITY_PASSWORD=$UNITY_PASSWORD" \
-e "TEST_PLATFORM=linux" \
-e "WORKDIR=/root/project" \
-v "$(pwd):/root/project" \
gableroux/unity3d:$UNITY_VERSION \
bash
```

上記のコマンドを実行するとDockerコンテナの中に入れるので、次のコマンドでライセンスのアクティベーションを行います。

```
# xvfb-run \
/opt/Unity/Editor/Unity \
-logFile /dev/stdout \
-batchmode \
-username "$UNITY_USERNAME" -password "$UNITY_PASSWORD"
```

しばらく待つと次のようにXMLがログに表示されるので、`<?xml`から`</root>`までの内容をコピーして`.alf`拡張ファイルとして保存します(ここではunity3d.alfとします)。

```
LICENSE SYSTEM [20200220 1:15:55] Posting <?xml version="1.0" encoding="UTF-8"?><ro
ot> (省略) </root>
```

アクティベーションに失敗する場合はユーザー名、パスワードが間違ってい

注11　https://github.com/GabLeRoux/unity3d-ci-example#unity-pluspro
注12　https://hub.docker.com/r/gableroux/unity3d/

ないか確認します。また、2要素認証を設定している場合は一時的にオフにしましょう。設定が終わったら再度オンにしてください。

Manual activation[注13]にアクセスして、Unityにログイン後、先ほどのunity3d.alfファイルをアップロードします(**図2**)。

図2 ライセンスのアクティベーション画面

次にライセンスのオプションを選択します。ここでは、「Unity Personal Edition」を選んでいます(**図3**)。

図3 Unity Personalプランの選択画面

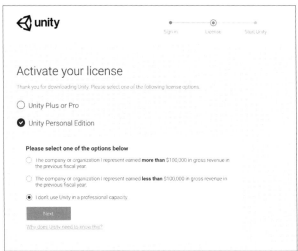

注13 https://license.unity3d.com/manual

最後に、「Download license file」をクリックしてライセンスファイルをダウンロードしましょう。Unityエディタのバージョンによってファイル名は異なりますが、ここでは、`Unity_v2019.x.ulf`ファイルをダウンロードしたとします。

　次のコマンドでライセンスファイルをBase64にエンコードし、クリップボードにコピーします。

```
$ base64 Unity_v2019.x.ulf | pbcopy
```

　コピーした内容を、CircleCI上でプロジェクトの環境変数`UNITY_LICENSE_CONTENT`として追加しましょう。設定ファイル内では次のように`activate`コマンドを定義しています。

activateコマンドの定義部分の抜粋
```
commands:
  activate:
    steps:
      - run:
          name: ライセンスをデコード
          command: |
            echo "$UNITY_LICENSE_CONTENT" | base64 --decode | tr -d '\r' > yourulffile.ulf
      - run:
          name: |
            ライセンスのアクティベーション
          command: |
            /opt/Unity/Editor/Unity -batchmode \
                                    -nographics \
                                    -quit \
                                    -logFile /dev/stdout \
                                    -manualLicenseFile yourulffile.ulf > unity.log || true
          cat unity.log | grep "Next license update check"
```

　環境変数`UNITY_LICENSE_CONTENT`をデコードした`yourulffile.ulf`ファイルを生成し、Unityのアクティベーションを行っています。アクティベーションに成功すれば`Next license update check is after 2020-..`のようなログが出力されます。

　アクティベーションコマンド中の引数`batchmode`は、CI上でUnityを実行するには必須のオプションです。そのほかの引数については「Unityユーザーマニュアル」の「コマンドライン引数」の項目を確認してください[注14]。

テスト

　Unityではテストプラットフォームとして、スタンドアローンのUnityプレーヤ

注14 https://docs.unity3d.com/ja/current/Manual/CommandLineArguments.html

一上で実行される PlayMode と、それ以外の EditMode が用意されています。プラットフォームをパラメータとして受け取り、実行するための test ジョブを定義しましょう。先ほど定義した activate コマンドをテスト実行前に実行しています。

testResults 引数を使えばテスト結果を出力できるため、アーティファクトとして保存しています。

```
test:
  parameters:
    test-platform:
      type: enum
      enum: ['playmode', 'editmode']
  executor: default
  steps:
    - checkout
    - activate
    - run:
        name: |
          << parameters.test-platform >> Test
        command: |
          xvfb-run -a \
          /opt/Unity/Editor/Unity -projectPath $(pwd) \
                                  -runTests \
                                  -testPlatform << parameters.test-platform >> \
                                  -testResults $(pwd)/<< parameters.test-platform
>>-results.xml \
                                  -batchmode \
                                  -logFile /dev/stdout \
                                  -quit
    - store_artifacts:
        path: << parameters.test-platform >>-results.xml
```

ビルド

サンプルでは、Linux、macOS、Windows 用にビルドを行っています。macOS と Windows ビルドを行うためには、それぞれベースイメージに加えてビルド用のコンポーネントが必要となります。サンプルとして使用している gableroux/unity3d イメージでは、gableroux/unity3d:<unity_version>-<component> としてコンポーネントを含めたイメージを提供してくれていますので、こちらを使うことにしましょう。

Executor を次のように定義しましょう。空文字は偽値ですので、component パラメータが与えられなければ gableroux/unity3d:2019.3.7f1 と解決されます。また、mac が与えられれば gableroux/unity3d:2019.3.7f1-mac となります[注15]。

注15 パラメータで条件を扱う方法については Appendix で解説しています。

default Executorの定義部分の抜粋

```
executors:
  default:
    parameters:
      unity-version:
        type: string
        default: 2019.3.7f1
      component:
        type: string
        default: ""
    docker:
      - image: gableroux/unity3d:<< parameters.unity-version >><<# parameters.comp
onent >>-<< parameters.component >><</ parameters.component >>
```

また、buildジョブにおいて、次のようにexecutorタイプのパラメータを定義し、ジョブのexecutorに使用します。

executorタイプのパラメータを定義する部分の抜粋

```
build:
  parameters:
    e:
      type: executor
    build-target:
      type: string
  executor: << parameters.e >>
```

こうすることで、以下の例のように、ワークフローの定義内からExecutorに対してパラメータcomponentを渡せるようになります。

ワークフローにおいてexecutorタイプのパラメータを使用する部分の抜粋

```
workflows:
  test-build:
    jobs:
      (省略)
      - build:
          name: macOS
          build-target: StandaloneOSX
          e:
            name: default
            component: mac
          requires:
            - test-editmode
            - test-playmode
      - build:
          name: Windows
          build-target: StandaloneWindows64
          e:
            name: default
            component: windows
          requires:
            - test-editmode
            - test-playmode
```

buildコマンドの定義を確認する前に、コマンドラインからUnityプロジェクトをビルドするためにBuildPlayerの設定を行いましょう。Unityエディタから次のようなEditor/BuildHelper.csを作成します。

```
// Editor/BuildHelper.cs
using System.Linq;
using System.IO;
using System.Collections.Generic;
using UnityEditor;

public static class BuildHelper
{
    public static void StandaloneWindows64()
    {
        BuildPipeline.BuildPlayer(GetScenes(), getLocationPath(), BuildTarget.Stan
daloneWindows64, BuildOptions.None);
    }

    public static void StandaloneLinux64()
    {
        BuildPipeline.BuildPlayer(GetScenes(), getLocationPath(), BuildTarget.Stan
daloneLinux64, BuildOptions.None);
    }

    public static void StandaloneOSX()
    {
        BuildPipeline.BuildPlayer(GetScenes(), getLocationPath(), BuildTarget.Stan
daloneOSX, BuildOptions.None);
    }

    private static string[] GetScenes()
    {
        return EditorBuildSettings.scenes.Where(s => s.enabled).Select(s => s.path
).ToArray();
    }

    private static string getLocationPath()
    {
        var buildLocation = "./Builds/";
        var projectName = "UnitySample";
        return buildLocation + projectName;
    }
}
```

コマンドラインからexecuteMethod引数にBuildHelper.StandaloneWindows64／BuildHelper.StandaloneLinux64／BuildHelper.StandaloneOSXをとりビルドを実行すれば、Buildsフォルダにプロジェクト名UnitySampleとしてUnityアプリケーションがそれぞれのOS用に作成されます。Windows用にアプリケーションをビルドするコマンドは次のようになります。

```
$ xvfb-run -a \
    /opt/Unity/Editor/Unity -projectPath $(pwd) \
        -batchmode \
        -nographics \
        -logFile /dev/stdout \
        -buildTarget StandaloneWindows64 \
        -executeMethod BuildHelper.StandaloneWindows64 \
        -quit
```

buildジョブの定義は次のようになります。成果物は圧縮／アーカイブして
アーティファクトとして保存します。

```
buildジョブの定義部分の抜粋
build:
  parameters:
    e:
      type: executor
    build-target:
      type: string
  executor: << parameters.e >>
  steps:
    - checkout
    - activate
    - run:
        name: Buildsディレクトリを作成
        command: mkdir -p Builds
    - run:
        name: << parameters.build-target >>用ビルド
        no_output_timeout: 60m
        command: |
          xvfb-run -a \
          /opt/Unity/Editor/Unity -projectPath $(pwd) \
                              -batchmode \
                              -nographics \
                              -logFile /dev/stdout \
                              -buildTarget << parameters.build-target >> \
                              -executeMethod BuildHelper.<< parameters.build-t
arget >> \
                              -quit

    - run:
        name: tarでまとめる
        command: |
          cd Builds
          touch UnitySample.tar.gz
          tar --create --gzip --verbose --file UnitySample.tar.gz --exclude=./*.gz .
    - store_artifacts:
        path: Builds/UnitySample.tar.gz
```

第**11**章

さまざまなタスクの自動化

本章では、CircleCIによって自動化できるタスクについて具体的な事例を紹介します。

11.1　なぜ自動化するのか

　そもそもなぜ自動化を行わなければならないのでしょうか、また、自動化に適したタスクとは何でしょうか。

自動化するメリット

　タスクを自動化することで享受できる一番のメリットは、開発体験の向上です。自動化によってヒューマンエラーをなくすことで、アプリケーションに対する信頼性を保証できます。また、スケジュール化を行うことにより、開発をしていない時間帯にコンテナを長時間を稼働するようなジョブを実行したり、アプリケーションがあまり使われていない深夜にリソースを消費するような重い処理を任せることで、開発者とコンピュータの資源をフルに活用できます。

自動化に適したタスク

　これまでの章で解説してきたテストやデプロイのみならず、作業者に大きなフラストレーションをもたらすタスクは自動化を検討すべきでしょう。開発者による手動の操作や緊急対応といったプロセスをなるべく少なくすることで、開発リソースを効果的に「アプリケーションの品質向上」に充てることができ、開発速度も飛躍的に向上します。
　具体的にはリリース作業など、タスクに必要な実行コマンドが一定であるものが自動化に適しています。次節からは、実際の設定ファイル例とその解説をしていきます。

11.2　Webサイトのリリース

　Webサイトのリリース作業は、通常ビルド→(テスト)→デプロイといった流れの中でいくつかのコマンドを実行して行われます。ここでは、リリース作業を自動化するためのワークフローを紹介します。紹介するサンプル設定では、

Ruby製のJekyll[注1]と呼ばれる静的サイト生成ツールを使い、GitHubが提供する静的サイトホスティングサービスGitHub Pages[注2]にデプロイします。

解説のために用意したサンプルリポジトリjekyll-sample[注3]をもとに解説します。

ワークフローが担うタスク

ワークフローは、masterブランチへのプッシュをトリガとして、ビルドからデプロイまでのタスクを担います。

ワークフローの設定

●── 事前準備

GitHub Pagesでは、リポジトリに紐付いたプロジェクトサイト、アカウントに紐付いたユーザーサイト、Organizationアカウントに紐付いたOrganizationサイトの3種類を作成できます。デフォルトの設定では、プロジェクトサイトはgh-pagesブランチ、ユーザーサイトとOrganizationサイトではmasterブランチのソースコードが自動的にデプロイされます。詳しくはGitHub Pages公式ドキュメント[注4]を確認してください。ここでは、プロジェクトサイトの解説を行います。

GitHubでリポジトリを作成後、**図1**のようにgh-pagesブランチを作成します。

図1 gh-pagesブランチを作成

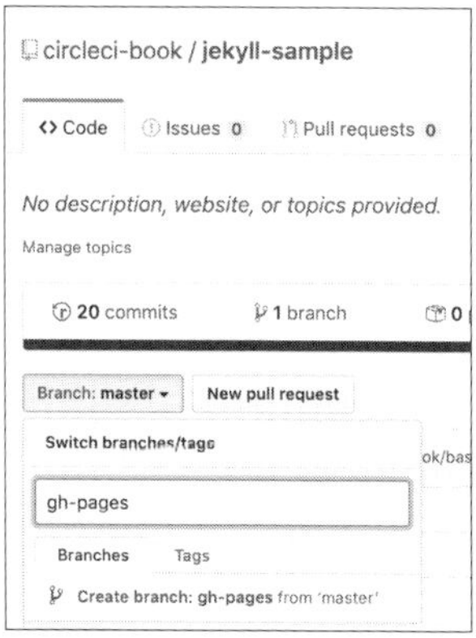

注1　https://jekyllrb.com/
注2　https://pages.github.com/
注3　https://github.com/circleci-book/jekyll-sample
注4　https://help.github.com/en/github/working-with-github-pages

ブランチ作成後、「Settings」タブをクリックし、中段にある「GitHub Pages」セクションの「Source」が「gh-pages branch」となっていることを確認しましょう（**図2**）。

図2　gh-pagesブランチをソースとする

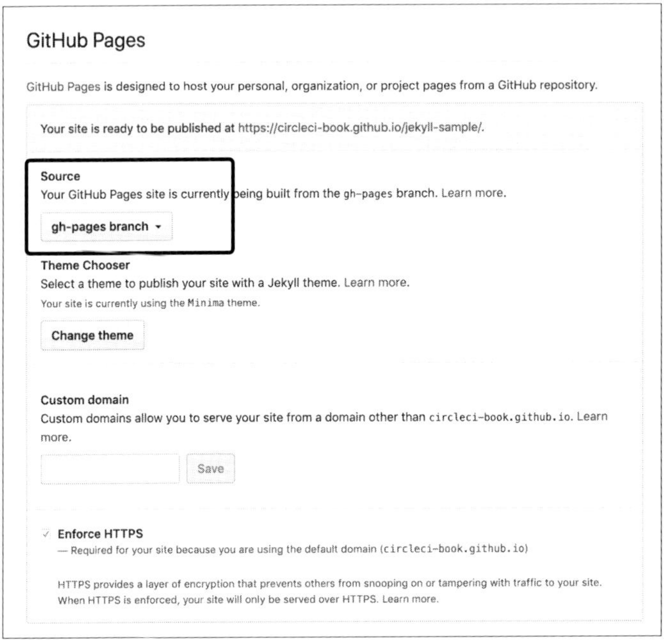

GitHub Pages

GitHub Pages is designed to host your personal, organization, or project pages from a GitHub repository.

Your site is ready to be published at https://circleci-book.github.io/jekyll-sample/.

Source
Your GitHub Pages site is currently being built from the gh-pages branch. Learn more.

gh-pages branch ▾

Theme Chooser
Select a theme to publish your site with a Jekyll theme. Learn more.
Your site is currently using the Minima theme.

Change theme

Custom domain
Custom domains allow you to serve your site from a domain other than circleci-book.github.io. Learn more.

[　　　　　　　] Save

✓ Enforce HTTPS
　— Required for your site because you are using the default domain (circleci-book.github.io)

HTTPS provides a layer of encryption that prevents others from snooping on or tampering with traffic to your site. When HTTPS is enforced, your site will only be served over HTTPS. Learn more.

　また、CircleCIからリポジトリへコミットを行うため、書き込み権限を持ったデプロイキーあるいはユーザーキーが必要です。詳しくは第5章の「SSHキーの活用」を確認してください。

●──設定ファイル
　以下の設定ファイルでは、必要なライブラリのインストール後Jekyllのビルドを行い、ビルドされたファイルをgh-pagesブランチにコミットしています。

```
version: 2.1
jobs:
  build:
    docker:
      - image: cimg/ruby:2.6.5
    environment:
      BUNDLE_PATH: vendor/bundle
    steps:
      - checkout
```
▼

```
      - restore_cache:
          keys:
            - Gems-v1-{{ checksum "Gemfile.lock" }}
            - Gems-v1-
      - run:
          name: Bundle Install
          command: bundle check || bundle install
      - save_cache:
          key: Gems-v1-{{ checksum "Gemfile.lock" }}
          paths:
            - vendor/bundle
      - run: ❶
          name: jekyllビルド
          command: bundle exec jekyll build --baseurl ${CIRCLE_PROJECT_REPONAME}
      - persist_to_workspace: ❷
          root: ./
          paths:
            - _site
  deploy:
    machine:
      image: ubuntu-1604:201903-01
    steps:
      - attach_workspace: ❸
          at: ./
      - add_ssh_keys: ❹
          fingerprints:
            - <フィンガープリント>
      - run: ❺
          name: gh-pagesブランチにプッシュ
          command: |
            cd _site
            git init
            git config user.name ${CIRCLE_USERNAME}
            git config user.email circleci@example.com
            git add .
            git commit -m "[ci skip] deploy ${CIRCLE_SHA1}"
            git push --force ${CIRCLE_REPOSITORY_URL} master:gh-pages
workflows:
  version: 2
  build-deploy:
    jobs:
      - build
      - deploy:
          requires:
            - build
          filters:
            branches:
              only: master
```

重要なステップを詳しく見ていきましょう。ビルドを行うbuildジョブはすべてのブランチで実行し、デプロイを行うdeployジョブはmasterブランチでのみ実行するようにしています。

このサンプルリポジトリでは、Docker イメージ jekyll/jekyll:4.0.0[注5] を使った開発を行っています。

❶では、Jekyll のビルドを行います。baseurl オプションに ${CIRCLE_PROJECT_REPONAME} を指定しているのは、デプロイされる URL がプロジェクトサイトの場合、デフォルトでは https://<ユーザー>.github.io/<リポジトリ>/ であるためです。指定を忘れると、ルートディレクトリが https://<ユーザー>.github.io/ にあると認識され、正しくホスティングできないので注意します。

❷では、❶でビルドされた _site ディレクトリのファイルを後続のジョブでも使えるように、ワークスペースに保存しています。保存されたファイルは deploy ジョブの❸で受け取っています。

❹の add_ssh_keys ステップで、SSH キーの使用を宣言しています。ユーザーキーを使用する場合はこのステップは必要ありません。デプロイキーの設定方法は、第5章の「デプロイキーの使い方」を参照してください。書き込み権限があるデプロイキーを追加することで CircleCI からリポジトリへのプッシュが可能になります。

❺で _site フォルダにあるファイルをすべて gh-pages ブランチにコミットしています。このフォルダの中には設定ファイル .circleci/config.yml はありませんので、このコミットをトリガとして CI ジョブを実行しないように、コミットメッセージに [ci skip] を付けています。詳しくは第3章の「実行のスキップ」を参照してください。図3のように、このコミットによるワークフローのステータスは「NOT RUN」となります。

図3 CIジョブをスキップする

> **↻ Build Error**　⊖ NOT_RUN
>
> ⏱ Duration **0s**　　　◆ 6754d02　　　⑂ gh-pages
> 　　　　　　　　　　　　　　　🙂 Masato Urai (@uraway_)
>
> ⚠ Your build was not run - reason code (ci-skip).

deploy ジョブが完了したら、https://<ユーザー>.github.io/<リポジトリ>/ を開いて正しくデプロイされているか確認しましょう。

注5　https://hub.docker.com/r/jekyll/jekyll

11.3　バージョンごとのリリース作業

　ワークフローを使って、バージョンごとのリリース作業を自動化してみましょう。ここではJavaScriptのパッケージマネージャである npm(*Node Package Manager*)と、そのパッケージのリリースタスクの自動化について紹介します。公開されているパッケージはnpm[注6]から確認できます。

ワークフローが担うタスク

　npmパッケージを公開するまでには、「モジュールのビルド」→「レジストリの認証」→「公開」と大きく分けて3段階あります。ワークフローを使えば、これらのタスクを完全に自動化できます。

ワークフロー

●── 事前準備

　次に紹介するnpmパッケージを公開する設定ファイルを動作させるためには、npmのアクセストークン(以下、npmトークン)が必要ですので、取得方法を説明します。

　npmの認証を行うためには、通常~/.npmrcファイルにnpmトークンを保持している必要があります。npmにサインアップ／ログインしたら、ユーザーアイコンをクリックし「Auth Tokens」へと進みます(**図4**)。「Create New Token」ボタンをクリックし、「Access Level: Read and Publish」を選択して「Create Token」をクリックすると、**図5**のようにnpmトークンが表示されます。npmトークンをコピーして、CircleCIのプロジェクトのNPM_TOKEN環境変数として追加しておきましょう。

注6　https://www.npmjs.com/

図4 npmマイページからAuth Tokensページへ

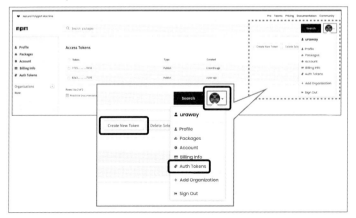

図5 npmトークンの取得

● 設定ファイル

　以下のワークフローでは、タグフィルタとブランチフィルタを使い、vから始まるタグの付いたコミットに対してパッケージのビルドと公開コマンドを実行します。ここでは、パッケージのビルドはnpm run buildだけで完了するものとします。

```
version: 2.1

jobs:
  npm_publish_job:
    docker:
      - image: cimg/node:lts
    steps:
      - checkout
```

▼

```
      - run:
          name: "依存モジュールをインストールする"
          command: npm install
      - run:
          name: "パッケージをビルドする"
          command: npm run build
      - run: ❶
          name: "npmトークンを設定する"
          command: echo "//registry.npmjs.org/:_authToken=$NPM_TOKEN" > ~/.npmrc
      - run: ❷
          name: "npmパッケージとして公開する"
          command: npm publish

workflows:
  version: 2
  npm_publish:
    jobs:
      - npm_publish_job:
          filters:
            tags:
              only: /^v.*/
            branches:
              ignore: /.*/
```

❶では、環境変数に設定されたNPM_TOKENを使い、認証情報を~/.npmrcに書き込みます。

❷では、先ほど設定した認証情報を使い、パッケージをレジストリに公開します。このコマンドによって公開されるパッケージのバージョンは、コミットに付いているタグの値ではなく、package.jsonのバージョンフィールドを参照します。

たとえば、次のようにタグコミットをプッシュすればワークフローが実行されます。

```
$ git tag v1.0.0
$ git push origin v1.0.0
```

11.4 セキュリティアラート

モダンなフロントエンド開発では依存パッケージの数が膨大になる傾向がありますが、そうした無数の依存モジュールの脆弱性対策については放置されがちです。ここでは、依存モジュールのセキュリティチェックを自動化し、継続的な脆弱性対策を行うしくみを紹介します。

ワークフローが担うタスク

　npm 6.0から追加されたnpm auditコマンドを使うと、依存パッケージの脆弱性を警告してくれます。こうしたセキュリティチェックツールを用いることで、定期的にアプリケーションの脆弱性の検知を行うことができます。npm auditとワークフローを組み合わせて、継続的なセキュリティチェックを実現しましょう。

　この節で紹介するワークフローのしくみとしては、masterブランチでnpm auditコマンドを使って依存パッケージの脆弱性をチェックし、アラートを行います。セキュリティアラートは、このワークフローではGitHub Issueを作成することにしていますが、Slackへの通知やメール通知などでもよいでしょう。

ワークフロー

●── 事前準備
　次に紹介する設定ファイルを動作させるためには、以下の環境変数が必要です。

- GITHUB_USER
  プロジェクトのリポジトリに対してGitHub Issueを作成できるユーザー名
- GITHUB_TOKEN
  GITHUB_USERに対応するアクセストークン。取得方法は後述

　CircleCI上からリポジトリのGitHub Issueを作成するために、GitHub APIを使用します。その際GitHubトークンが必要となりますので、事前に取得しておきます。まずPersonal access tokens作成ページ[注7]にアクセスします。次に**図6**のようにプロジェクトがパブリックリポジトリの場合はpublic_repoにチェックを、プライベートリポジトリの場合はrepoにチェックを入れて、ページ下部の「Generate token」ボタンをクリックして、GitHubトークンを取得してください。「Note」にはGitHubトークンの使用目的を記入しておきましょう。

注7　https://github.com/settings/tokens/new

図6 GitHubトークンを取得する

　取得したGitHubトークンは、CircleCI上のプロジェクト設定から `GITHUB_TOKEN`
環境変数として設定しておきましょう。

●──設定ファイル

　以下のワークフローでは、定期的に`npm audit`を実行して、脆弱性が見つか
れば**図7**のような GitHub Issue を作成します。

```
version: 2.1

jobs:
  audit_job:
    docker:
      - image: cimg/node:lts
    steps:
      - checkout
      - run: ❶
          name: "npm audit結果を.npm_audit.logファイルに格納する"
          command: |
            set +e
            npm audit --parseable | awk -F $'\t' '{print $4,$5,$6}' > .npm_audit.log

            if [ "$?" -eq 0 ]; then
              echo "脆弱性のある依存パッケージなし"
              circleci step halt
            fi
      - run: ❷
```

▼

```
          name: "GitHub Issueを作成する"
          command: |
            body="$(cat .npm_audit.log | sed '/^$/d' | sed '/   /d' | sed 's/$/<br>/')"

            curl -u "${GITHUB_USER}":"${GITHUB_TOKEN}" -X POST -i \
              https://api.github.com/repos/${CIRCLE_PROJECT_USERNAME}/${CIRCLE_P
ROJECT_REPONAME}/issues \
              -d @- \<< EOF
              {
                "title": "npm audit",
                "body" : "${body}"
              }
            EOF
workflows:
  version: 2
  audit:
    triggers:
      - schedule:
          cron: "0 0 * * *"
          filters:
            branches:
              only:
                - master
    jobs:
      - audit_job
```

図7 npm auditによって作られたGitHub Issue

　npm auditコマンドは、脆弱性のある依存パッケージを見つければステータスコード1で、見つけることができなければステータスコード0で終了します。そのため❶では、set +eを使って、0でない終了コードでも即時終了しないように、シェルの設定をオーバーライドしています。次に、npm auditコマンドを実行した結果を整形して、.npm_audit.logファイルに格納しています。続くif文中ではnpm auditコマンドの終了ステータスをチェックし、正常終了していればcircleci step haltコマンドで以降のジョブの実行をスキップします。circleci step haltは、現在実行されているジョブを即座に終了させるための特殊なコマンドです。このコマンドで終了したジョブは「Success」となります。

そして❷では`curl`コマンドを使って、`.npm_audit.log`ファイルの内容を
GitHub Issueとして作成しています。プロジェクトのリポジトリに対してIssue
を作成できる権限のあるユーザー名とそのGitHubトークンを事前に作成し、環
境変数`GITHUB_USER`と`GITHUB_TOKEN`として追加しておきましょう。

11.5 依存ライブラリのアップデート

「セキュリティアラート」で解説したしくみでは脆弱性のあるパッケージの通
知までは行ってくれますが、それ以降のステップはすべて手動です。ここでは、
通知以降のステップ、脆弱性のあるパッケージのアップデートまでワークフロ
ーに任せる設定を紹介します。

ワークフローが担うタスク

`npm audit`には、さらにサブコマンドとして脆弱性のある依存パッケージの
アップグレードを行ってくれる`npm audit fix`があります。このコマンドを使
って、依存関係を定期的に自動アップデートするためのプルリクエストを作成
するワークフローを設定してみましょう。

`master`ブランチの依存パッケージの中からアップデートが必要なものをチェ
ックし、プルリクエストを作成します。

ワークフロー

●――事前準備

次に紹介する設定ファイルを動作させるためには、以下の環境変数が必要です。

- `GITHUB_USER`
  プロジェクトのリポジトリに対してプルリクエストを作成することのできるユーザ
  ー名

- `GITHUB_TOKEN`
  `GITHUB_USER`に対応するGitHubトークン。取得方法は「セキュリティアラート」の
  `GITHUB_TOKEN`と同様

また、CircleCIからリモートリポジトリにコミットをプッシュするため、リ
ポジトリに対する書き込み権限を持っている必要があります。ユーザーキーあ
るいは適切なデプロイキーを設定しましょう。詳しくは第5章の「SSHキーの活

用」または本章の「Webサイトのリリース」を確認してください。

●──設定ファイル

以下のワークフローでは、定期的にnpm audit fixコマンドを実行し、package.jsonとロックファイルであるpackage-lock.jsonに変更があればその内容をコミットしてプルリクエストを作成します。

```
version: 2.1

jobs:
  audit_job:
    docker:
      - image: cimg/node:lts
    steps:
      - checkout
      - run: ❶
          name: "npm audit fixコマンドで依存パッケージを更新する"
          command: |
            npm audit fix
      - run:
          name: "Gitのセットアップ"
          command: |
            git config user.name username
            git config user.email circleci@example.com
      - run: ❷
          name: "BRANCH環境変数をエクスポートする"
          command: |
            echo 'export BRANCH=npm_audit_fix/${CIRCLE_SHA1}' >> $BASH_ENV
      - run:
          name: "更新内容をステージングする"
          command: |
            git branch $BRANCH
            git checkout $BRANCH
            git add package.json package-lock.json
      # デプロイキーを追加した場合、以下のステップでSSHキーの使用を宣言する
      # ユーザーキーを設定した場合はこのステップは必要ない
      # - add_ssh_keys:
      #     fingerprints:
      #       - <フィンガープリント>
      - run: ❸
          name: "ステージングされたファイルがあればGitHub PRを作成する"
          command: |
            git commit -m "Security Update from ${CIRCLE_BUILD_URL}" &&
            git push origin $BRANCH &&
            curl -u "${GITHUB_USER}":"${GITHUB_TOKEN}" -X POST -i \
                https://api.github.com/repos/${CIRCLE_PROJECT_USERNAME}/${CIRCLE_P
ROJECT_REPONAME}/pulls \
                -d '{ "title":"npm audit fix","base":"master","head":"'${BRANCH}'"
}' || true
workflows:
```

```
version: 2
audit:
  triggers:
    - schedule:
        cron: "0 0 * * *"
        filters:
          branches:
            only:
              - master
  jobs:
    - audit_job
```

❶で npm audit fix を実行して、依存パッケージに脆弱性が見つかりかつパッケージが更新可能であれば、package.json と package-lock.json を変更します。

❷では、一意のブランチ名を環境変数として BASH_ENV にエクスポートしています。こうすることで、これ以降のステップでも BRANCH 環境変数が使用できるようになります。もし仮に次のようにジョブ環境変数として設定してしまうと、変数値 CIRCLE_SHA1 は評価されず npm_audit_fix/${CIRCLE_SHA1} という文字列リテラルとして扱われてしまうので注意しましょう。

```
# npm_audit_fix/${CIRCLE_SHA1}が正しく評価されないので、期待する動作とならない
audit_job:
  docker:
    - image: cimg/node:lts
  environment:
    BRANCH: npm_audit_fix/${CIRCLE_SHA1}
```

❸では、ステージングされたファイルが存在すればコミットし、curl コマンドで GitHub API を使って**図8**のようなプルリクエストを作成しています。ステージングされたファイルが存在しない、つまり修正可能な脆弱性のある依存パッケージがない場合は、git commit が終了コード1で終わってしまいワークフローが失敗するため、OR 演算子(||)を使って true を評価するようにしています。

図8　npm audit fixによって作られたプルリクエスト

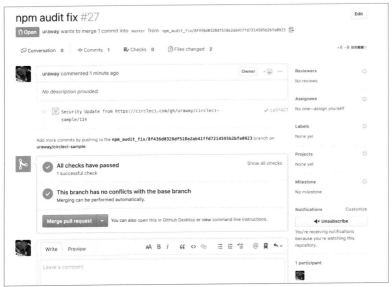

図8　npm audit fixによって作られたプルリクエスト

11.6　ドキュメントの校正

　みなさんの中には、Gitが使用できることやMarkdown記法が使えることから、GitHub上でドキュメントを管理している方も多いと思います。ここでは、校正ツールとしてtextlint[注8]とreviewdog[注9]を使って、自動ドキュメント校正を行うワークフローを紹介します。

　textlintの作者が公開しているTravis CIでのtextlintとreviewdogの組み合わせ方（https://github.com/azu/textlint-reviewdog-example）を参考にしています。

ワークフローが担うタスク

　textlintはJavaScriptで記述されたOSSの一つで、npmモジュールとして配布されています。テキストファイルの検査を目的としたツールで、校正のため

注8　https://textlint.github.io/
注9　https://github.com/reviewdog/reviewdog

のルールを扱うプラグインが多数開発されており、ユーザーが自由に校正ルールを組み合わせて使用します。

reviewdogはGoで記述されたOSSです。textlintをはじめとしたLinterのアウトプットをもとに、GitHubなどのコードホスティングサービスにレビューコメントを投稿します（**図9**）。

図9　ドキュメントの校正のアップデートのしくみ

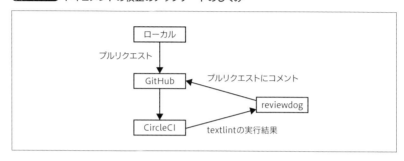

ワークフロー

●── 事前準備
次に紹介する設定ファイルを動作させるためには、環境変数GITHUB_TOKENの設定が必要です。GITHUB_TOKENはGitHub APIを使ってプルリクエストにコメントを書き込むためのGitHubトークンです。取得方法は本章の「セキュリティアラート」のGITHUB_TOKENを参照してください。

●── textlintの設定
textlintの設定ファイル.textlintrcを作成するために、プロジェクトにpackage.jsonファイルが必要です。もし存在しない場合はプロジェクトのトッププレベルにおいて次のコマンドを実行し、package.jsonを作成します。

```
$ npm init
```

次に、textlintと校正ルールを追加しておきます。本サンプルで使用するtextlint-rule-no-mix-dearu-desumasu[注10]は、敬体（ですます調）と常体（である調）の混在をチェックするルールです。

注10 https://github.com/textlint-ja/textlint-rule-no-mix-dearu-desumasu

```
$ npm install --save-dev textlint textlint-rule-no-mix-dearu-desumasu
```

このルールを使用した場合の.textlintrcは次のようになります。リポジトリのトップレベルに.textlintrcファイルを作成し、ルールを設定しましょう。

```
# .textlintrc
{
  "rules": {
    "textlint-rule-no-mix-dearu-desumasu": true
  }
}
```

●──── reviewdogの設定

reviewdogを実行するには、リポジトリのプルリクエストに書き込むためのGitHubトークンが必要です。GitHubトークンを取得後、CircleCI上で環境変数GITHUB_TOKENとして設定しておきましょう。

また、reviewdogはその性質上、ジョブがプルリクエストに対するものでなければなりません。**図10**のようにCircleCIのプロジェクト設定から「Only build pull requests」をオンにして、ジョブをプルリクエストに対してのみ実行するように設定しておきます。

図10 Only build pull requests設定をオンにする

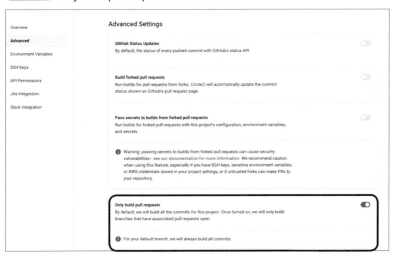

reviewdogでは、このほかGitHub Checks APIを使う方法も用意されています。従来は、CircleCIなどサードパーティツールを導入した場合、ビルドプロセス

の成功／失敗ステータスのみがプルリクエストページに表示されており、詳細
の確認や再実行などはそのサードパーティツールが用意したサービス上で行う
必要がありました。しかし、Checks APIならば、プルリクエストにある「Checks」
タブからジョブステータスの詳細やジョブの再実行などもGitHub内で完結でき
るようになりました。reviewdogでも導入したい方はぜひreviewdogドキュメン
ト[注11]を確認してください。

　以下のワークフローでは、textlintの結果をログファイルに書き込み、それ
をもとにreviewdogを実行します。

```
version: 2.1

jobs:
  proofreading_job:
    docker:
      - image: cimg/node:lts
    steps:
      - checkout
      - run:
          name: "依存モジュールをインストールする"
          command: npm install
      - run:
          name: "reviewdogをインストールする"
          command: |
            curl -sfL https://raw.githubusercontent.com/reviewdog/reviewdog/master
/install.sh| sh -s
      - run: ❶
          name: "textlintをREADME.mdに対して実行する"
          command: npx textlint -f checkstyle README.md >> .textlint.log
      - run: ❷
          name: "reviewdogを実行する"
          when: on_fail
          command: |
            export REVIEWDOG_GITHUB_API_TOKEN=${GITHUB_TOKEN}
            cat .textlint.log | ./bin/reviewdog -f=checkstyle -name="textlint" -re
porter="github-pr-review"

workflows:
  version: 2
  proofreading:
    jobs:
      - proofreading_job
```

　❶で、reviewdogがレポート結果を扱えるように、checkstyle XMLフォーマ
ットで.textlint.logファイルにログを出力します。

注11　Reporter: Checks API (-reporter=github-pr-check)
　　　https://github.com/reviewdog/reviewdog#reporter-github-checks--reportergithub-pr-check

❷は、textlintのレポートにエラーが含まれ直前のステップが失敗した場合にのみステップを実行したいので、when: on_fail設定を使います。また、環境変数で設定したGitHubトークンを`REVIEWDOG_GITHUB_API_TOKEN`に代入して、reviewdogがGitHubトークンを使用するようにしています。

実際には、**図11**のようなレビューコメントが投稿されます。

図11 reviewdogによるレビューコメント

第**12**章

Orbsの作成

本章では、Orbsの作成について解説します。これまでにも解説したとおり、OrbsとはCircleCIの設定をプロジェクトをまたいで使い回すことができるパッケージで、Orb Registryで公開されています。もしOrb Registryにお好みのOrbsがない場合は、ぜひ本章を参考に自分のOrbsを作ってみましょう。

Orbsを作成するには、CircleCI CLIが必要です。CircleCI CLIのインストール方法は第3章の「CircleCI CLIのインストール」にて解説しています。

12.1　Orbs作成の基礎

バージョニング

第7章でも解説しているように、Orbsはセマンティックバージョニングを採用しています。本番用Orbsを公開するには、こうしたセマンティックバージョニングのルールに従って公開します。

開発用Orbsと本番用Orbs

第7章で解説したバージョニング以外に、開発用Orbs専用のバージョンを付けることも可能です。両者の違いを見ていきましょう。

●── それぞれの違い

本番用Orbsは、セマンティックバージョニングを使用する必要があります。一度リリースされたOrbsは内容を変更することはできません。また、Organizationの管理者（GitHub Organizationのオーナー）のみが公開あるいは開発用Orbsからのプロモート[注1]を行うことができます。

バージョンにdev:という接頭辞を付けることで、開発用OrbsとしてOrbs Registryに登録できます。レジストリページには開発用Orbsは表示されないため、ほかのユーザーはどんな開発用Orbsが登録されているのか知ることはできません。本番用Orbsとは異なり、開発用Orbsは同じバージョンを指定したとしても内容を変更することは可能ですが、有効期限が90日に設定されています。期限の切れた開発用Orbsは削除され、それを使用するワークフローは失敗してしまうので注意しましょう。また、Organizationのメンバーなら誰でも開

注1　開発用Orbsを本番用Orbsへ昇格させることです。

発用Orbsを作成できます。

さらに開発用Orbsは、バージョニングの際セマンティックバージョニングの規則に従う必要はなく、1,023文字までの空白なし文字列が使用できます。

●── **公開時の注意点**

一度公開した本番用Orbsは、基本的に削除できません。パスワードや認証トークンなど、センシティブな情報を含めないように注意しましょう。もし何らかの事情で削除しなければならない場合は、CircleCIのサポートに問い合わせてみましょう。

12.2 　初めてのOrbs作成とデプロイ

Orbsの基礎を学んだところで、次は実際にOrbsを作成しリリースしてみましょう。

Orbsクイックスタート

Orbsの公開はとても手軽にすることができます。「Orbsの公開」で詳しく解説しますが、公開までに最低限必要なのは以下の4つのステップです。

❶ Orbsを公開／利用するためのセキュリティ設定を有効にする
❷ CircleCIトークンを取得／設定する
❸ 名前空間を作成する
❹ Orbを作成／公開する

CircleCIトークンの取得まで終わってしまえば、ターミナルから次の4行のコマンドでOrbを公開できます。

```
// CircleCIトークンの設定
$ circleci setup
// 名前空間 (sample-orbs) の作成とGitHub Organization (circleci-book) との紐付け
$ circleci namespace create sample-orbs github circleci-book
// sample-orbs/hello-world Orbの作成
$ circleci orb create sample-orbs/hello-world
// Orbの公開
$ echo "{version: 2.1}" | circleci orb publish - sample-orbs/hello-world@0.0.1
```

必要なセキュリティ設定やCircleCIトークンの取得をこのあと解説します。

config.ymlに記述するインラインOrbs

　まずは簡単にOrbs作成して、Orbsについて理解していきましょう。.circleci/config.yml中にOrbsをインラインで記述できます。

●──インラインOrbsを作成

　インラインOrbsを作成するには、orbsキー以下にOrbsを記述します。たとえば、以下のようにmy-orbという名前のOrbを.circleci/config.ymlファイルに作ってみましょう。my-orbにて記述されたコマンドやジョブを使用するには、my-orb/という接頭辞を付けて呼び出します。

```
version: 2.1
description: "My first orb"

orbs:
  my-orb:
    executors:
      default:
        docker:
          - image: busybox
    commands:
      echo:
        steps:
          - run: echo "Hello World"
    jobs:
      myjob:
        executor: default
        steps:
          - echo

workflows:
  main:
    jobs:
      - my-orb/myjob
```

●──ローカル環境での実行

　Orbsを使った設定ファイルでローカルビルドを実行してみましょう。

　CircleCI CLIは執筆時現在、バージョン2.1の設定ファイルを実行できません。jobオプションの引数にmy-orb/myjobジョブを取りコマンドを実行しようとすると、次のようなエラーメッセージが出てコマンドが終了してしまいます。

```
$ circleci local execute --config .circleci/config.yml --job my-orb/myjob
Error:
You attempted to run a local build with version '2.1' of configuration.
```

```
Local builds do not support that version at this time.
You can use 'circleci config process' to pre-process your config into a version th
at local builds can run (see 'circleci help config process' for more information)
```

そのため、Orbsを使っている設定ファイルを実行するためには、config processサブコマンドを使って実行可能なファイルを生成する必要があります。以下のコマンドを実行すると、バージョン2.0の設定ファイル.circleci/processed.ymlが生成されます。

```
$ circleci config process .circleci/config.yml > .circleci/processed.yml
```

処理したファイルをさらにlocal executeコマンドを使うことで、ローカル環境で実行できます。実行ファイルを指定するconfigオプションと実行ジョブを指定するjobオプションが必要です。

```
$ circleci local execute --config .circleci/processed.yml --job my-orb/myjob

（省略）

====>> echo "Hello World!"
  #!/bin/sh -eo pipefail
echo "Hello World!"
Hello World!
Success!
```

Orbsの公開

•—— Orbsを公開／利用するためのセキュリティ設定の有効化

Orbsを公開（あるいはCircleCI上で使用）するためには、Organizationの管理者が許可している必要があります。「Code Sharing Terms of Service」[注2]と「CircleCI Privacy Policy」[注3]をよく読んでから、チームの「Settings」→「Secutiry」から「Allow Uncertified Orbs」で「Yes」を選択してください（**図1**）。

注2 https://circleci.com/legal/code-sharing-terms/
注3 https://circleci.com/privacy/

図1 チームのOrbsの公開を許可する

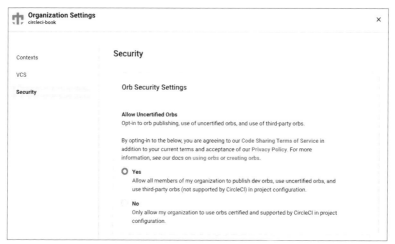

•── CircleCIトークンを取得

Orbsを公開する前に、まずはCircleCI CLIに認証のためのCircleCIトークンを設定します。Personal API Tokens[注4]ページの「Create New Token」をクリックして、任意の名前でCircleCIトークンを生成し、コピーします(**図2**)。

図2 CircleCIトークンを生成

次に下記のようにコマンドを実行します。「CircleCI API Token」にはCircleCIトークンを入力し、「CircleCI Host」はオンプレミス版のCircleCIでなければデフォルト入力されている「https://circleci.com」のまま Enter を押します。これでCircleCIトークンのセットアップは完了です。

```
$ circleci setup
// CircleCIトークンを入力
✔ CircleCI API Token: ****************************************
API token has been set.
```

注4 https://app.circleci.com/settings/user/tokens

```
// オンプレミス版の場合ホスト名を入力
✔ CircleCI Host: https://circleci.com
CircleCI host has been set.
Setup complete.
Your configuration has been saved to /home/circleci/.circleci/cli.yml.

Trying an introspection query on API to verify your setup... Ok.
Trying to query our API for your profile name... Hello, Masato Urai (@uraway_).
```

●── Orbsの名前空間を作成

　名前空間は、Orbsの識別のために使用されます。それぞれの名前空間はレジストリ内で一意で、かつ変更ができないことに注意してください。また、名前空間はOrganizationにつき基本的に1つだけ持つことができます。名前空間の作成も、Organizationの管理者でなければなりません。名前空間の削除／変更は基本的に行えないので、何らかの事情で削除／変更したい場合はCircleCIのサポートに問い合わせてみましょう。

　名前空間があることにより、circleciという名前空間のcircleci/rails Orbと、yourorgsという名前空間のyourorgs/rails Orbは別のものであると認識できます。

　名前空間を作成するコマンドの使用方法は以下のとおりです。

```
$ circleci namespace create <namespace> <vcs-type> <org-name>
```

　コマンド中に指定する値は以下のとおりです。

- **namespace**
  希望する名前空間
- **vcs-type**
  チームのVCSプロバイダ（githubかbitbucket）
- **org-name**
  名前空間をリンクさせるOrganization名

　たとえば、sample-orbs名前空間を作ってGitHub Organizationのcircleci-bookとリンクさせたい場合は次のようになります。

```
$ circleci namespace create sample-orbs github circleci-book
You are creating a namespace called "sample-orbs".

This is the only namespace permitted for your github organization, circleci-book.

To change the namespace, you will have to contact CircleCI customer support.

✔ Are you sure you wish to create the namespace: `sample-orbs`: y
Namespace `sample-orbs` created.
```

```
Please note that any orbs you publish in this namespace are open orbs and are
world-readable.
```

「Are you sure you wish to create the namespace: `sample-orbs`」と確認される
ので、yを入力します。

注意点としては、名前空間はレジストリ内に一意なので、ほかの名前空間と
重複して作成できません。また、CircleCI公式の名前空間circleciと紛らわし
くないように、circleciから始まる名前空間を付けることもできません。

●——— Orbsの公開

Orbsを公開するために、名前空間内にOrbsを作成します。sample-orbsとい
う名前空間にhello-worldという名前のOrbを作成します。

```
$ circleci orb create sample-orbs/hello-world
You are creating an orb called "sample-orbs/hello-world".

You will not be able to change the name of this orb.

If you change your mind about the name, you will have to create a new orb with the
new name.

✔ Are you sure you wish to create the orb: `sample-orbs/hello-world`: y
Orb `sample-orbs/hello-world` created.
Please note that any versions you publish of this orb are world-readable.
You can now register versions of `sample-orbs/hello-world` using `circleci orb publish`.
```

「Are you sure you wish to create the orb: `sample-orbs/hello-world`」と確認さ
れるので、yを入力します。

まずは開発用Orbsを作成してみます。Orbファイルがsrc/orb.ymlにある場
合、orb publishサブコマンドを使って次のように実行します。作成するバー
ジョンはdev:firstです。

```
$ circleci orb publish src/orb.yml sample-orbs/hello-world@dev:first
```

本番用Orbsは直接公開するか、開発用Orbsを本番用にプロモートできます。
以下のコマンドはどちらもhello-world@0.0.1が公開されます。

本番用Orbsの直接公開
```
$ circleci orb publish src/orb.yml sample-orbs/hello-world@0.0.1
```

開発用Orbsを本番用にプロモート
```
$ circleci orb publish promote sample-orbs/hello-world@dev:first patch
```

circleci orb publish promoteコマンドは、作成したいdevバージョンの
Orbsと、major/minor/patchのセグメントを引数に取ります。今回はOrbsが公

開されていない状態であるセマンティックバージョン0.0.0からpatchプロモートを指定したので、0.0.1が公開されることになります。

Orbsの設計

この項では、Orbsの設計について解説します。CircleCI公式ドキュメントのDesigning Orbs[注5]では、次の6つの要件を満たすようにOrbsを設計しなければならないとしています。

- descriptionキーを設定する
- コマンドとExecutorを同梱する
- Orb内のコマンドやジョブ名には簡潔な名前を付ける
- パラメータにはなるべくデフォルト値を付ける
- ジョブだけのOrbsを作らないようにする
- stepsパラメータを使う

•―― descriptionキーの設定

Orbに含めるジョブ／コマンド／Executor／パラメータには、それぞれdescriptionキーを付けることができます。descriptionの中で、以下のようにそれぞれの使い方や動作を説明するようにしましょう。Orbを使いたい人が、その中身をすばやく理解する手助けになります。

```
Bad
version: 2.1

commands:
  sync:
    steps:
      (省略)
  copy:
    steps:
      (省略)
```

```
Good
version: 2.1

description: |
  CircleCIからAWS S3を操作するためのOrb
commands:
  sync:
```

▼

注5　https://circleci.com/docs/2.0/orb-author/#designing-orbs

```
    description: "ローカルフォルダをS3と同期する"
    steps:
      （省略）
  copy:
    description: "ファイルをローカルからS3へ、あるいはS3からローカルへコピーする"
    steps:
      （省略）
```

descriptionはOrbのページで**図3**のように表示されます。

図3 Orbページのdescription

```
Commands
sync
ローカルフォルダをS3と同期する
> Show Command Source

copy
ファイルをローカルからS3へ、あるいはS3からローカルへコピーする
> Show Command Source
```

●── コマンドとExecutorを同梱する

コマンドをOrbとして提供する場合は、そのコマンドを実行するためのExecutorも同じOrbで提供しましょう。コマンドがExecutorに依存する場合、どういった実行環境で実行されるべきなのか、Orbを使う人に示す必要があります。

Bad
```
version: 2.1

description: |
  CircleCIからAWS S3を操作するためのOrb
commands:
  sync:
    description: "ローカルフォルダをS3と同期する"
    steps:
      （省略）
```

Good
```
version: 2.1

description: |
  CircleCIからAWS S3を操作するためのOrb
  動作にはAWS CLIが必要
commands:
  sync:
    description: "ローカルフォルダをS3と同期する"
    steps:
      （省略）
```

```
executors:
  default:
    description: |
      AWS CLIが依存するPython Docker Image Executor
    docker:
      - image: cimg/python:3.6.11
```

● ── **Orb内のコマンドやジョブ名には簡潔な名前を付ける**

コマンドやジョブの使用は、常にOrb名の接頭辞を付けて実行します。コンテキストが自明なので、コマンドやジョブ名自体は簡潔に保っておきましょう。

Bad
```
version: 2.1

commands:
  sync-local-directories-with-s3:
    description: "ローカルフォルダをS3と同期する"
    steps:
      （省略）
```

Good
```
version: 2.1

commands:
  sync:
    description: "ローカルフォルダをS3と同期する"
    steps:
      （省略）
```

たとえばOrb名がaws-s3であるとします。設定ファイルの中で、Bad例のコマンドを使用する際には、aws-s3/sync-local-directories-with-s3となり、Good例の場合はaws-s3/syncとなります。後者のほうが情報が重複しておらず、簡潔で好ましいということです。

● ── **パラメータにはなるべくデフォルト値を付ける**

可能な限りパラメータにはデフォルト値を付けて、Orbの使用者がパラメータを設定せずに済むようにしましょう。デフォルト値がない場合、使用者が値をセットしない限り動作しません。

Bad
```
version: 2.1

executors:
  default:
    description: |
      AWS CLIが依存するPython Docker Image Executor
    parameters:
```

```
      python-version:
        type: string
    docker:
      - image: cimg/python:<<parameters.python-version>>
```

`Good`
```
version: 2.1

executors:
  default:
    description: |
      AWS CLIが依存するPython Docker Image Executor
    parameters:
      python-version:
        type: string
        default: "3.6.11"
    docker:
      - image: cimg/python:<<parameters.python-version>>
```

● ──── ジョブだけのOrbを作らないようにする

　ジョブだけのOrbは柔軟性に欠けます。使用者が自分のジョブで使い回しやすいように、コマンドも提供しましょう。

`Bad`
```
version: 2.1

jobs:
  setup-and-sync:
    description: "AWS CLIをインストールしてローカルフォルダをS3と同期するジョブ"
    docker:
      - image: cimg/python:3.6.11
    steps:
      - checkout
      - run: pip install awscli --upgrade --user
      - run: aws s3 sync . s3://yourbucket
```

`Good`
```
version: 2.1

commands:
  install:
    description: "AWS CLIをインストール"
    steps:
      （省略）
  sync:
    description: "ローカルフォルダをS3と同期する"
    steps:
      （省略）

jobs:
```

```
setup-and-sync:
  description: "AWS CLIをインストールしてローカルフォルダをS3と同期するジョブ"
  docker:
    - image: cimg/python:3.6.11
  steps:
    - checkout
    - install
    - sync
```

たとえばGood例だと、installコマンドとsyncコマンドの間にも使用者が自由にコマンドを追加できるので、よりフレキシブルなOrbとなります。

●── stepsパラメータを使う

stepsパラメータを宣言して使用者が定義するステップをラップし、使用者がさらに柔軟にOrbを使用できるようにしましょう。ユーザー定義のステップの前あるいは後にOrbのステップを実行したい場合に使用します。

Bad
```
version: 2.1

jobs:
  setup-job:
    docker:
      - image: cimg/python:3.6.11
    steps:
      - checkout
      - run: pip install awscli --upgrade --user
```

Good
```
version: 2.1

jobs:
  setup-job:
    description: "AWS CLIをセットアップ"
    parameters:
      after-install:
        description: "AWS CLIをセットアップ後に実行されるステップ"
        type: steps
        default: []
    docker:
      - image: cimg/python:3.6.11
    steps:
      - checkout
      - run: pip install awscli --upgrade --user
      - run: << parameters.after-install >>
```

たとえば上記の例では、awscliをインストール後にユーザーが定義したセットアップコマンドをafter-installパラメータとして実行できるため、より幅

の広い使い方ができるようになります。

●——Examplesを用意する

Designing Orbs では紹介されていませんが、Orb の使い方を使用者に例示して
あげることも重要です。Examples は、usage キーにマップの値として Orb の設
定例を記述します。description キーは任意です。

たとえば、CircleCI から Amazon S3 を使うための Orb circleci/aws-s3 v1.0.15[注6]
では、Examples の1つとして sync_and_copy 例を次のように設定しています。

```
description: >
  The S3 orb allows you to "sync" directories or "copy" files to an S3 bucket. The
  example below shows a typical CircleCI job where a file "bucket/build_asset.txt"
  is created, followed by how we can both sync, and/or copy the file.
usage:
  version: 2.1
  orbs:
    aws-s3: circleci/aws-s3@x.y
  jobs:
    build:
      docker:
        - image: cimg/python:3.6
      steps:
        - checkout
        - run: mkdir bucket && echo "lorem ipsum" > bucket/build_asset.txt
        - aws-s3/sync:
            from: bucket
            to: "s3://my-s3-bucket-name/prefix"
            arguments: |
              --acl public-read \
              --cache-control "max-age=86400"
            overwrite: true
        - aws-s3/copy:
            from: bucket/build_asset.txt
            to: "s3://my-s3-bucket-name"
            arguments: --dry-run
```

これは、Orb ページで**図4**のように表示されます。

注6　https://circleci.com/orbs/registry/orb/circleci/aws-s3?version=1.0.15

図4 Orbのexample

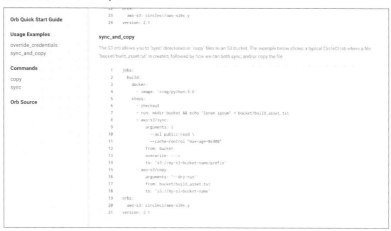

12.3 Orbs開発でもCI/CDを実現

　Orbsの開発の際にも、CircleCIを使ってCI/CD環境を実現できます。CircleCIから提供されているCircleCI CLIを使って、Orbsのテスト／デプロイを自動化しましょう。

Orbsのテスト

　Orbsを公開する前に、作成したOrbsが想定どおりの動作をするかどうかテストを行いましょう。Orbsのテストには以下の4つが挙げられます。

❶バリデーション
❷展開テスト
❸ランタイムテスト
❹インテグレーションテスト

　❶❷は静的なテストで、CircleCI CLIのコマンドを組み合わせてテストを行うことができます。❸❹は動的テストで、CircleCI上で実際にジョブを実行し、ア

サーション[注7] などでテストを行います。

　次のような src/orb.yml を例に説明します。ここでは名前空間を sample-orbs、Orb 名を hello-world とします。

```
version: 2.1

description: "初めてのOrb"

executors:
  default:
    docker:
      - image: busybox

jobs:
  echo-job:
    description: "echoジョブ"
    parameters:
      to:
        type: string
        default: "World"
    executor: default
    steps:
      - echo-command:
          to: << parameters.to >>

commands:
  echo-command:
    description: "echoコマンド"
    parameters:
      to:
        type: string
        default: "World"
    steps:
      - run: echo "Hello, << parameters.to >>"
```

　ターミナルから名前空間に Orb を作成しておきましょう。

```
$ circleci orb create sample-orbs/hello-world
```

　実際に自身の Orbs で試したい場合は、この段階でリポジトリを作成し CircleCI にプロジェクトとして追加して、Orbs に対するテストを行う準備をしておきます。.circleci/config.yml ファイルを変更するたびにコミットをプッシュして、ジョブが期待どおりに成功することを確かめましょう。sample-orbs/hello-world[注8] は、本書籍用のサンプル Orb です。

注7　結果が期待するものと同じであるかどうかチェックすることを言います。
注8　https://circleci.com/orbs/registry/orb/sample-orbs/hello-world

●────バリデーション

CircleCI CLIの`circleci orb validate`コマンドを使って、Orbsが正しい記法に沿って記述されているかどうかをチェックします。バリデーションは`circleci/circleci-cli Orb`をインポートした設定ファイルのジョブ内で自動化することもできます。たとえば、src/orb.ymlにOrbを記述している場合、このOrbのバリデーションは次のように.circleci/config.ymlに記述することで自動化されます。

```
version: 2.1

orbs:
  cli: circleci/circleci-cli@0.1.5

jobs:
  validation:
    executor: cli/default
    steps:
      - cli/install
      - checkout
      - run:
          name: バリデーション
          command: circleci orb validate ./src/orb.yml

workflows:
  main:
    jobs:
      - validation
```

●────展開テスト────circleci config process

バリデーションの次は、Orbがインポートされたときに正しく展開されるかどうかテストしましょう。`circleci config process`コマンドを、テスト対象のOrbの使用が宣言されている`config.yml`に対して実行します。Orbが展開された結果が出力されるので、内容をチェックしましょう。

このテストでは開発用のOrbを使いたいので、まずターミナルにて以下のコマンドを実行し、devバージョンを作成しましょう。

```
$ circleci orb publish src/orb.yml sample-orbs/hello-world@dev:0.0.1

Orb `sample-orbs/hello-world@dev:0.0.1` was published.
Please note that this is an open orb and is world-readable.
Note that your dev label `dev:0.0.1` can be overwritten by anyone in your organization.
Your dev orb will expire in 90 days unless a new version is published on the label
`dev:0.0.1`.
```

作成した開発用Orbを、.circleci/test.ymlで次のようにインポートします。

```
# .circleci/test.yml
version: 2.1

orbs:
  hello-world: sample-orbs/hello-world@dev:0.0.1

workflows:
  hello-workflow:
    jobs:
      - hello-world/echo-job:
          to: CircleCI
```

　`circleci config process .circleci/test.yml`コマンドでインポートした
Orbをインライン展開すると、出力は次のようになります。`echo-command`のス
テップ`echo "Hello, << parameters.to >>"`の`to`パラメータが、指定した文字
列`CircleCI`に置き換わっていることがわかります。

```
# Orb 'sample-orbs/hello-world@dev:0.0.1' resolved to 'sample-orbs/hello-world@de
v:0.0.1'
version: 2
jobs:
  hello-world/echo-job:
    docker:
    - image: busybox
    steps:
    - run:
        command: echo "Hello, CircleCI"
workflows:
  hello-workflow:
    jobs:
    - hello-world/echo-job
  version: 2

# Original config.yml file:
# version: 2.1
#
# orbs:
#   hello-world: sample-orbs/hello-world@dev:0.0.1
#
# workflows:
#   hello-workflow:
#     jobs:
#       - hello-world/echo-job:
#           to: CircleCI
```

　`yq`[注9]コマンドを使えば、YAMLのアサーションが楽に行えます。期待したと

注9　コマンドラインからYAMLを扱うことができるYAMLの加工ツールです。https://github.com/
mikefarah/yq

おりの結果に展開されているかどうかを確認しましょう。このテストは次のように自動化できます。

```
version: 2.1

orbs:
  cli: circleci/circleci-cli@0.1.5

jobs:
    expansion:
      executor: cli/default
      steps:
        - cli/install
        - checkout
        - run:
            name: Install yq
            command: |
              sudo apt update && \
              sudo apt-get install jq python-pip python-dev && \
              sudo pip install yq
        - run:
            name: 展開テスト
            command: |
              result=$(circleci config process .circleci/test.yml | yq '.jobs."hel
lo-world/echo-job".steps[0].run.command')
              echo ${result} | grep "Hello, CircleCI"

workflows:
  main:
    jobs:
      - expansion
```

• ──ランタイムテスト──circleci local execute

展開されたconfig.ymlが正しく動作するかどうか、実際にCircleCI内のジョブで実行してチェックしましょう。circleci local executeコマンドを使用します。

執筆時点現在、このコマンドはバージョン2.1に対応していません。2.1を指定している場合は一度.circleci/config.ymlを展開してからローカルビルドを実行します。

```
$ circleci config process .circleci/test.yml > .circleci/2.0.yml
$ circleci local execute --config .circleci/2.0.yml --job hello-world/echo-job
```

このテストは次のように自動化できます。

```
version: 2.1

orbs:
```

```
        cli: circleci/circleci-cli@0.1.5

jobs:
    execution:
      machine: true
      steps:
        - cli/install
        - checkout
        - run:
            name: 展開
            command: circleci config process .circleci/test.yml > .circleci/2.0.yml
        - run:
            name: ランタイムテスト
            command: circleci local execute --config .circleci/2.0.yml --job hello-w
orld/echo-job | tee local_build_output.txt /dev/stderr | tail -n 1 | grep "Success"

workflows:
  main:
    jobs:
      - execution
```

circleci local execute コマンドはDockerを用いるので、Machine Executor でのみ実行できます。Docker ExecutorのリモートDocker環境では、circleci local execute を実行するコンテナに対して設定ファイルを共有できないため実行できません。

●──インテグレーションテスト

　Orbが外部サービスに依存しているのであれば外部サービスとの接続をテストしましょう。たとえば、外部サービスのドライラン機能[注10]をサポートしたり、実際にそのOrbを使用する設定ファイルを書くことでテストできます。

　ここでは、パイプラインパラメータを使ってあるワークフローから別のワークフローをトリガするサンプルを紹介します。トリガされる integration-test-for-orb ジョブ中に、Orbを使用することでテストできます。

　サンプルではCircleCI API v2を使ってワークフローをトリガしているため、実行にはCircleCIトークン[注11]が必要です。

```
orbs:
  cli: circleci/circleci-cli@0.1.7
  hello-world: sample-orbs/hello-world@<< pipeline.parameters.dev-orb-version >> #
テスト対象のOrbを呼び出す
```

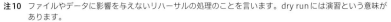

注10　ファイルやデータに影響を与えないリハーサルの処理のことを言います。dry runには演習という意味があります。

注11　環境変数 CIRCLE_TOKEN として設定しています。

```
version: 2.1

parameters:
  dev-orb-version:
    default: 'dev:alpha'
    type: string
  run-integration-tests:
    type: boolean
    default: false

jobs:
  integration-test-for-orb: # 呼び出したテスト対象のOrbを使うジョブ（インテグレー
ションテスト）
    executor: hello-world/default
    steps:
      - hello-world/echo-command

  publish-dev-orb: # dev:alphaとdev:${CIRCLE_SHA1:0:7}バージョンのOrbを公開するジョブ
    executor: cli/default
    steps:
      - checkout
      - run:
          name: devバージョンを公開
          command: |
            circleci orb publish src/orb.yml sample-orbs/hello-world@dev:alpha --t
oken ${CIRCLE_TOKEN}
            circleci orb publish src/orb.yml sample-orbs/hello-world@dev:${CIRCLE_
SHA1:0:7} --token ${CIRCLE_TOKEN}

  trigger-integration-test-workflow: # integration-testワークフローをトリガするジョブ
    executor: cli/default
    steps:
      - run:
          name: integration-testワークフローをトリガする
          command: |
            VCS_TYPE=$(echo ${CIRCLE_BUILD_URL} | cut -d '/' -f 4)

            curl -u ${CIRCLE_TOKEN}: -X POST --header "Content-Type: application/j
son" -d "{
              \"branch\": \"${CIRCLE_BRANCH}\",
              \"parameters\": {\"run-integration-tests\": true, \"dev-orb-version\
":\"dev:${CIRCLE_SHA1:0:7}\"}
            }" "https://circleci.com/api/v2/project/${VCS_TYPE}/${CIRCLE_PROJECT_U
SERNAME}/${CIRCLE_PROJECT_REPONAME}/pipeline"

workflows:
  integration-test:
    when: << pipeline.parameters.run-integration-tests >>
    jobs:
      - integration-test-for-orb
  publish-dev:
    unless: << pipeline.parameters.run-integration-tests >>
    jobs:
```

```
    - publish-dev-orb
  - trigger-integration-test-workflow:
      requires:
        - publish-dev-orb
```

Orbsのテストからデプロイまでの流れ

ここまで解説したテストとデプロイを、ワークフローでまとめましょう。メインとなる publish-dev ワークフローの流れは**図5**のようになります。「展開テスト」「ランタイムテスト」はインテグレーションテストでカバーしている部分なので、重複を避けるため省略します。

図5 publish-devワークフロー

設定ファイルの全文は、サンプルコードの orb-deploy-flow/config.yml[注12] を確認してください。設定ファイルにある以下の dev-promote-prod ジョブでは、release パラメータを受け取り、パッチ、マイナーあるいはメジャーリリースを行います。本設定では、コミットのタグによってパラメータを振り分けています。

```
dev-promote-prod:
  parameters:
    release:
      type: enum
      enum: [patch, minor, major]
      default: patch
      description: circleci orb publish promoteコマンドの引数
  executor: cli/default
  steps:
    - cli/install
    - checkout
    - run:
        name: dev:${CIRCLE_SHA1:0:7}を本番用Orbsへプロモートする
        command: circleci orb publish promote sample-orbs/hello-world@dev:${CIRCLE
_SHA1:0:7} << parameters.release >> --token ${CIRCLE_TOKEN}
```

具体的には promote-orb ワークフローは次のように設定してあり、patch から始まるタグコミットであればパッチリリース、minor タグコミットであればマ

注12 https://github.com/circleci-book/hello-world/blob/master/orb-deploy-flow/config.yml

イナーリリース、majorタグコミットであればメジャーリリースを行うように
しています。

```
promote-orb:
  unless: << pipeline.parameters.run-integration-tests >>
  jobs:
    - dev-promote-prod:
        name: patch_promote
        filters:
          branches:
            ignore: /.*/
          tags:
            only: /patch.*/
        release: patch
    - dev-promote-prod:
        name: minor_promote
        filters:
          branches:
            ignore: /.*/
          tags:
            only: /minor.*/
        release: minor
    - dev-promote-prod:
        name: major_promote
        filters:
          branches:
            ignore: /.*/
          tags:
            only: /major.*/
        release: major
```

orb-toolsを使ったOrbs開発

　CircleCIが提供しているOrbの一つであるorb-tools[注13]を用いれば、より簡単
にOrbsの静的解析／テスト／デプロイを行うことができます。ここでは、提供
されているジョブの一部の使い方を紹介します。ここでは紹介しきれないより
詳細なオプションやジョブ／コマンド／ステップなどもありますので、ぜひレ
ジストリのページも確認してください。

　執筆時点現在、最新バージョンはv9.3.1です。設定例のsample-orbs/hello-
worldはご自身のOrbに読み替えてください。

●── orb-tools/publish-devジョブ

　orb-tools/publish-devジョブは、dev:alphaと'dev:${CIRCLE_SHA1:0:7}'

注13　https://circleci.com/orbs/registry/orb/circleci/orb-tools

（ジョブのコミットハッシュの先頭7文字）の2つのdevバージョンを作成します。dev:alphaバージョンを用いてインテグレーションテストを行ったり、本番用Orbへとプロモートできます。Orbを公開するため、環境変数 CIRCLE_TOKEN に CircleCIトークンの設定が必要です。

　以下の設定では、./src/orb.yml にある Orb sample-orbs/hello-world のバリデーションチェックを行ってから、devバージョンを作成します。

```
orbs:
  orb-tools: circleci/orb-tools@9.3.1

version: 2.1
workflows:
  publish-dev-orb:
    jobs:
      - orb-tools/publish-dev:
          orb-path: ./src/orb.yml
          orb-name: sample-orbs/hello-world
          validate: true
          checkout: true
```

●──── dev-promote-prod-from-commit-subjectジョブ

　このジョブは、GitHub プルリクエストのコミットサブジェクトを読み取り、後述する semver パターンからパッチ／マイナー／メジャーリリースを行います。こちらのジョブも、Orbを公開するため環境変数 CIRCLE_TOKEN に CircleCIトークンの設定が必要です。

```
orbs:
  orb-tools: circleci/orb-tools@9.3.1

version: 2.1
workflows:
  promote-orb:
    jobs:
      - orb-tools/publish-dev:
          orb-path: ./src/orb.yml
          orb-name: sample-orbs/hello-world
          validate: true
          checkout: true
      - orb-tools/dev-promote-prod-from-commit-subject:
          fail-if-semver-not-indicated: true
          add-pr-comment: true
          bot-user: <botユーザー>
          bot-token-variable: PR_COMMENTER_GITHUB_TOKEN
          publish-version-tag: true
          ssh-fingerprints: <フィンガープリント>
          orb-name: sample-orbs/hello-world
```

▼

```
  requires:
    - orb-tools/publish-dev
filters:
  branches:
    only: master
```

　このジョブは、GitHubプルリクエストをマージする際のコミットサブジェクト中にあるsemverパターンを使用して、パッチ／マイナー／メジャーリリースを行います。semverパターンとは、たとえば**図6**で言えば[semver:patch]にあたります。orb-tools/publish-devジョブで作成した開発バージョンのOrbをプロモートするので、requiresキーで指定します。

図6　コミットサブジェクトのsemverパターン

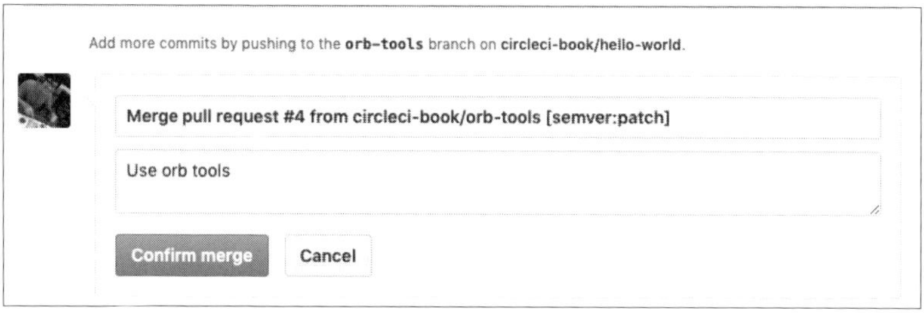

　現在[semver:○○]に取り得る値は、patch、minor、major、skip（プロモーションをスキップ）の4種類あります。

　publish-version-tagをtrueにした場合、Orbをリリースする際にバージョンタグが付いたコミットをプッシュします。その際に対象のリポジトリに対してwrite権限を持つユーザーキーあるいはデプロイキーの設定が必要になります。詳しくは第5章の「SSHキーの活用」を確認してください。デプロイキーを使用する場合は、ssh-fingerprintsパラメータにフィンガープリントを指定します。

　add-pr-commentをtrueにし、bot-userにbotユーザー名と環境変数PR_COMMENIER_GITHUB_TOKEN（bot-token-variableパラメータで変更可能）に対応するGitHubトークンを設定すると、プルリクエストマージ後に、プルリクエストにコメントでOrbをリリースしたことを通知してくれます（**図7**）。

図7　Orbをリリースしたことを、プルリクエストにコメントで通知

uraway commented yesterday　　Author　Member　+😊　⋯

BotComment: *Production* version of orb available for use - `sample-orbs/hello-world@0.0.5`

取得するGitHubトークンは、リポジトリのプルリクエストにコメントを書き込むことのできる権限がある必要があります。取得の方法については、第11章の「セキュリティアラート」の「事前準備」で解説しています。

● ── orb-tools/packジョブ

　src/orb.ymlファイルにジョブやExecutorなどの定義をすべて詰め込むと、次第にファイル全体の見通しが悪くなってしまいます。その解決策として、Orbファイルを次のようにフォルダごとに分割し、リリース時に1つのファイルにまとめる方法があります。

```
src/
├── @orb.yml
├── commands
│       └── echo-command.yml
├── executors
│       └── default.yml
└── jobs
        └── echo-job.yml
```

　本章の「Orbsのテスト」にて使用したサンプルのOrbコードだと、以下のように分割できます。この際、ファイル名がそのコマンドやExecutorなどの名称となります。

`src/executors/default.yml`
```
docker:
  - image: busybox
```

`src/jobs/echo-job.yml`
```
description: "echoジョブ"
parameters:
  to:
    type: string
    default: "World"
executor: default
steps:
  - echo-command:
      to: << parameters.to >>
```

`src/commands/echo-command.yml`
```
description: "echoコマンド"
parameters:
  to:
    type: string
    default: "World"
steps:
  - run: echo "Hello, << parameters.to >>"
```

`src/@orb.yml`
```
version: 2.1

description: My First Orb
```

　分割されたままでは1つのOrbとして認識されないので、orb-tools/packを
使ってパッケージングします。下記config.ymlでは、Orbのソースディレクト
リを指定するsource-dirパラメータにsrcを指定し、パッケージングしたOrb
ファイルの出力先を指定するdestination-orb-pathパラメータにorb.ymlを指
定しています。

```
orbs:
  orb-tools: circleci/orb-tools@9.3.1

version: 2.1
workflows:
  pack-orb:
    jobs:
      - orb-tools/pack:
          source-dir: src
          destination-orb-path: orb.yml
```

•———— orb-tools/trigger-integration-tests-workflowジョブ

　このジョブは、CircleCI API v2を使って、インテグレーションテスト用のワ
ークフローをトリガします。

　使用例は次のとおりです。

```
orbs:
  orb-tools: circleci/orb-tools@9.3.1
  hello-world: sample-orbs/hello-world@<<pipeline.parameters.dev-orb-version>>

parameters:
  dev-orb-version:
    default: 'dev:alpha'
    type: string
  run-integration-tests: ❶
    default: false
    type: boolean

jobs:
  integration-tests:
    executor: hello-world/default
    steps:
      - checkout
      - hello-world/echo-command

version: 2.1
workflows:
  integration-tests: ❷
```

▼

```
    when: << pipeline.parameters.run-integration-tests >> # パイプラインパラメー▼
タrun-integration-testsがtrueでなければ実行しない
    jobs:
      - integration-tests
  trigger-integration-tests-workflow: ❸
    unless: << pipeline.parameters.run-integration-tests >> # パイプラインパラメー
タrun-integration-testsがtrueであれば実行しない
    jobs:
      - orb-tools/pack
      - orb-tools/publish-dev:
          orb-name: sample-orbs/hello-world
          requires:
            - orb-tools/pack
      - orb-tools/trigger-integration-tests-workflow:
          requires:
            - orb-tools/publish-dev
```

上記設定ファイルが何を行っているか、詳しく見ていきましょう。

パイプラインパラメータのrun-integration-tests（❶）は、デフォルトでは
falseに設定されています。したがって、コミットをプッシュするとまずは❸
のtrigger-integration-tests-workflowワークフローが実行されます。このワ
ークフローでは、orb-tools/publish-devジョブで最新の開発用Orbを作成した
あと、orb-tools/trigger-integration-tests-workflowジョブを実行します。

orb-tools/trigger-integration-tests-workflowジョブはCircleCI APIを使
って、ワークフローをトリガします。その際、デフォルトではパイプラインパ
ラメータrun-integration-tests: true、dev-orb-version: dev:${CIRCLE_
SHA1:0:7}を渡します。これにより、今度は❷のintegration-testsワークフロ
ーが、最新の開発用Orbで実行されることになります。

integration-testsワークフローでOrbを使ってみるなどして、インテグレー
ションテストを行いましょう。上記設定ファイルでは、hello-world/default
Executorやhello-world/echo-commandコマンドを使用しています。

12.4 orb-toolsを使ったテスト／デプロイの自動化

最後に、本章で紹介したorb-toolsのジョブを組み合わせて、以下の一連の
タスクを自動化します。

- masterブランチにコミットがあったとき、最新バージョンの開発用Orbを作成
  する
- GitHubプルリクエストのコミットサブジェクトをもとに、メジャー、マイナー、

パッチバージョンの本番リリースを行う
・公開したバージョンのタグコミットをリポジトリにプッシュする

設定ファイルは以下のとおりです。

```
orbs:
  orb-tools: circleci/orb-tools@9.3.1
  hello-world: sample-orbs/hello-world@<<pipeline.parameters.dev-orb-version>>

parameters: # パイプラインパラメータ
  dev-orb-version:
    default: 'dev:alpha'
    type: string
  run-integration-tests:
    default: false
    type: boolean

jobs:
  integration-tests: # インテグレーションテストジョブ
    executor: hello-world/default
    steps:
      - checkout
      - hello-world/echo-command

version: 2.1
workflows:
  integration-tests_prod-release: # インテグレーションテストとOrbをプロモートする
ワークフロー
    when: << pipeline.parameters.run-integration-tests >> # パイプラインパラメータ
run-integration-testsがtrueであれば実行しない
    jobs:
      - integration-tests
      - orb-tools/dev-promote-prod-from-commit-subject:
          fail-if-semver-not-indicated: true
          add-pr-comment: true
          bot-user: <botユーザー>
          bot-token-variable: PR_COMMENTER_GITHUB_TOKEN
          publish-version-tag: true
          ssh-fingerprints: <フィンガープリント>
          orb-name: sample-orbs/hello-world
          requires:
            - integration-tests
          filters:
            branches:
              only: master
  lint_pack-validate_publish-dev:
    unless: << pipeline.parameters.run-integration-tests >> # パイプラインパラメー
タrun-integration-testsがfalseであれば実行しない
    jobs:
      - orb-tools/lint # Orbの静的解析
      - orb-tools/pack:
```

▼

```
              requires:
                - orb-tools/lint
          - orb-tools/publish-dev:
              orb-name: sample-orbs/hello-world
              requires:
                - orb-tools/pack
          - orb-tools/trigger-integration-tests-workflow: # integration-tests_prod-rel
  easeワークフローをトリガするためのジョブ
              name: trigger-integration-dev
              requires:
                - orb-tools/publish-dev
```

　上記設定ファイルを動作させるために、環境変数`CIRCLE_TOKEN`と`PR_COMMENTER_GITHUB_TOKEN`、フィンガープリントを忘れずに設定しましょう。sample-orbs/hello-worldは自身のOrbに読み替えてください。

config.ymlの基本構造

本 Appendixは、CircleCIの設定ファイルを記述するうえで必要となる設定キーについて網羅的に解説したものです。すべての設定キーを頭に入れる必要はありません。知らない設定キーに出くわしたときにこちらのページで詳細を確認する、といったリファレンスのような使い方をしていただければと思います。これらの設定キーの最新情報は Configuring CircleCI[注1]を参照してください。

.circleci/config.ymlの基本的な構造は、以下のような version、1つ以上の stepsと dockerなどの実行環境を持つ jobs、そして jobsの実行順序を定めた workflowsから構成されます。

```
version: 2.1

jobs:
  build:
    docker:
      - image: cimg/node:lts
    steps:
      - checkout
      - run: echo "Hello, World"
workflows:
  version: 2
  workflow:
    jobs:
      - build
```

A.1 versionキー

version

versionキーは、CircleCIの実行バージョンを指定する必須キーです。指定がない場合ビルドエラーとなり、CIビルドは実行されません[注2]。本書では、特段指定がなければバージョン2.1を前提としています。

versionキーについて

キー	型	説明
version（必須）	文字列	CircleCIのバージョンを指定する。2、2.0あるいは2.1を記述する

注1　https://circleci.com/docs/2.0/configuration-reference/
注2　以下、versionキーと同様に必須キーであり初期値がないキーは、指定されない場合にビルドエラーとなります。

version: 2.1

A.2 ジョブ

jobs

　実行処理は、jobsマップにおける1つ以上の名前の付いたジョブで定義されます。jobマップのキーがジョブ名となり、値でジョブの中身を記述します。ジョブ名は、.circleci/config.ymlファイル内でユニークでなければなりません。

jobの設定キー

キー	型	説明
shell	文字列	ジョブ内のすべてのステップのコマンドの実行に使用されるシェルを設定する。初期値は/bin/sh -eo pipefail。詳しくはコラム「シェルオプションの初期値」参照
environment	マップ	環境変数のキーと値をマップで設定する。プロジェクト設定ページで定義した環境変数より優先される
parallelism	整数	ジョブの並列処理の数を設定する。指定した数だけExecutorが起動する。初期値は1
working_directory	文字列	ステップを実行する際のディレクトリを指定する。存在しないディレクトリを指定した場合、ディレクトリは新しく作成される。初期値は~/project[1]
resource_class	文字列	ジョブの各コンテナに割り当てるCPUとRAMを設定する[2]。初期値はmedium
steps（必須）	リスト	実行ステップをリストで指定する
docker/machine/macos（必須）	リスト／マップ	ジョブを実行するExecutorを指定する。詳しくは「Docker Executor」「Machine Executor」「macOS Executor」「Windows Executor」にて解説

※1　このprojectは特定のプロジェクト名ではなく、文字列リテラルです。
※2　有償アカウントが必要です。詳しくは第6章の「resource_classキーの利用」で解説しています。

　parallelismを2以上に設定すると、それぞれ独立したExecutorが起動し、そのジョブ内のステップを並列実行します。詳しくは第6章の「ジョブ内並列実行の活用」を参考してください。

代表的なキーを使ったジョブの設定例
```
jobs:
  build: # buildジョブ
    docker:
      - image: cimg/node:lts
    environment:
```

▼

```
    NODE_ENVIRONMENT: development
  working_directory: ~/my-app
  steps:
    - run: npm install
test: # testジョブ
  docker:
    - image: cimg/node:lts
  parallelism: 3
  resource_class: large
  steps:
    - run: |
        npm test $(circleci tests glob "__test__/**/*.spec.{js,ts}" | circleci t
ests split)
```

Docker Executor

ジョブの実行環境をExecutorで設定できます。Docker Executorは、Docker イメージを実行環境として使用できるExecutorです。

Dockerイメージは複数設定できますが、ジョブの実行環境となるのは最初に 設定したプライマリイメージです。

dockerキーの設定内容

キー	型	説明
image（必須）	文字列	実行環境として使用したいDockerイメージを指定する
name	文字列	ほかのコンテナからアクセスする際の名前（ホスト名）を指定する。デフォルトでは localhost経由でアクセスできる
entrypoint	文字列／リスト	コンテナの起動時に実行されるコマンドを指定する。Dockerfileのエントリーポイントを上書きする
command	文字列／リスト	エントリーポイントの引数を指定する。エントリーポイントが定義されていなければ、コンテナ起動時にPID 1（またはentrypointの引数）となるコマンドになる
user	文字列	コンテナ内でコマンドを実行するユーザーを指定する
environment	マップ	環境変数のキーと値をマップで設定する
auth	マップ	docker loginで使用する認証情報を指定する
aws_auth	マップ	ECRにホストされているイメージを使用するための認証情報を指定する

代表的なキーを使ったDocker Executorの設定例

```
jobs:
  build:
    docker:
      - image: cimg/ruby:2.4.10-node # プライマリイメージ
        environment: # 環境変数の設定
          PG_HOST: localhost
          RAILS_ENV: test
      - image: circleci/postgres:9.6.2-alpine # セカンダリイメージ
```

ECRでホストされているイメージを使用したい場合、次のように aws_auth を使ってAWS認証の設定を行います。

ECRでホストされているイメージを使用する

```
jobs:
  build:
    docker:
      - image: <AWSアカウントID>.dkr.ecr.us-east-1.amazonaws.com/<リポジトリ>:<タグ>
        aws_auth:
          aws_access_key_id: $AWS_ACCESS_KEY_ID
          aws_secret_access_key: $AWS_SECRET_ACCESS_KEY
```

Machine Executor

Machine Executor は、CircleCI がホストするマシンイメージを実行環境とする Executor です。

machineキーの設定内容

キー	型	説明
image（必須）	文字列	使用するイメージを指定する。指定可能なイメージについてはAvailable machine images[1]を参照
docker_layer_caching	真偽値	trueを指定して Docker レイヤキャッシングを有効にする。この機能を使うには有償アカウントが必要

[1] https://circleci.com/docs/2.0/configuration-reference/#available-machine-images

特定のイメージを指定する例は以下のとおりです。

Machine Executorのイメージを指定する

```
version: 2.1
jobs:
  build:
    machine:
      image: circleci/classic:edge
```

デフォルトのイメージでよければ、以下のように machine: true と設定することで、Machine Executor が使用できます。

Machine Executorの簡略化設定例

```
version: 2.1
jobs:
  build:
    machine: true
```

macOS Executor

macOS Executorは、macOS環境を実行環境として立ち上げます。インストールするXcodeのバージョンを指定できます。

macosキーの設定内容

キー	型	説明
xcode（必須）	文字列	VMにインストールするXcodeのバージョンを指定する。利用可能なバージョンについては「Supported Xcode Versions」[1]を参照

※1　https://circleci.com/docs/2.0/testing-ios/#supported-xcode-versions

VMにインストールするXcodeのバージョンを指定する
```
jobs:
  build:
    macos:
      xcode: "11.3.0"
```

Windows Executor

CircleCIは、Windows環境もサポートしています。Orbを使い、Windows仮想環境を立ち上げます。本書籍で使用するWindows Orb（circleci/windows）のバージョンは2.4.0です。

windows Executorの設定内容

キー	型	説明
version	文字列	イメージのバージョンを指定する。初期値はstable
shell	文字列	シェルを指定する。指定できるシェルはpowershell.exe/bash.exe/cmd.exeの3つ。初期値はpowershell.exe -ExecutionPolicy Bypass
size	文字列	リソースクラスを指定する。指定できる値は執筆時点現在medium/large/xlarge/2xlargeの4つ。初期値はmedium

windows Executorの設定例
```
version: 2.1

orbs:
  win: circleci/windows@2.4.0

jobs:
  build:
    executor: win/default
    steps:
      - run:
          command: |
```

▼

```
        echo "Write-Host 'Hello, World!'" > HelloWorld.ps1
        .\HelloWorld.ps1
      shell: powershell.exe
```

steps

　stepsは、ステップのタイプをキーに持ち、設定内容を値とするマップある
いは文字列のリストです。利用可能なステップについてはすべて「runステップ」
「ビルトインステップ」で解説しています。

A.3　workflows

　ジョブの実行ルールをワークフローで定義します。

version

　workflowsは、トップレベルキーにversionを持ちますが、執筆時点では2の
み設定可能です。

versionキーについて

キー	型	説明
version（必須）	文字列	Worflowのバージョンを指定する

ワークフローのversion設定例
```
workflows:
  version: 2
```

ワークフロー

　ワークフローは、キーがワークフローの名前となり、値となるマップでその
詳細を設定します。

---

workflowキーの設定内容

キー	型	説明
triggers	リスト	ワークフローの実行トリガを設定する。詳しくは「triggers」参照
jobs（必須）	リスト	ワークフローで実行したいジョブをリストで表記する。詳しくは「jobs」参照
when/unless	真偽値	CircleCI v2.1から導入されたパイプラインパラメータを使って、ワークフローを実行するかどうか指定する。詳しくは「パイプラインパラメータの設定例」参照

ワークフローの設定例

```
workflows:
  version: 2
  main: # mainワークフロー
    jobs:
      - test # testジョブを実行
  deploy: # deployワークフロー
    jobs:
      - build # buildジョブを実行
```

triggers

　triggersキーでは、ワークフローの実行トリガを設定できます。デフォルトではソースコードのプッシュをトリガとします。執筆時点では、scheduleのみ設定できます。

　キーの設定内容は、このあと解説するscheduleキーのみです。設定例もそちらを参照してください。

schedule

　scheduleをセットしたワークフローでは、指定の時刻になるとワークフローが実行されるようになります。

scheduleキーの設定内容

キー	型	説明
cron（必須）	文字列	POSIX[1] crontabシンタックスで、実行時刻を設定する
filters（必須）	マップ	branchesキーを取り、スケジュール実行したいブランチを指定する

※1　IEEE（*Institute of Electrical and Electronics Engineers*）が定めたUNIXライクなOSの標準API規格です。

　第4章の「cronキー利用時の注意点」でも述べていますが、ステップ値（*/1や*/20など）には対応していないこと、どのコミットに対してワークフローを実行するかをfiltersキーにて指定する必要があることには注意しましょう。

```
# 毎日0時00分（UTC）に、masterブランチで、testジョブを実行する
workflows:
  version: 2
  nightly:
    triggers:
      - schedule:
          cron: "0 0 * * *"  # 毎日0時00分（UTC）に指定
          filters:
            branches:
              only:
                - master # masterブランチのみ
      jobs:
        - test # testジョブを実行
```

jobs

　jobsで、そのワークフローで実行したい、実際のジョブをリスト指定します。ここに指定されたジョブはすべてデフォルトでは並列実行されますが、**requires**で依存ジョブをリストすると、それらのジョブが完了するまで設定されたジョブは実行されません。

ジョブキーの設定内容

キー	型	説明
requires	リスト	ジョブの依存関係を設定する
name	文字列	バージョン2.1のみ。ジョブの別名を設定する
context	文字列	グローバル環境変数のためのコンテキスト名を設定する。詳しくは第5章を参照
type	文字列	approvalを設定すると、ジョブの実行に手動承認が必要になる。詳しくは第4章を参照
filters	マップ	branchesキーあるいはtagsキーを値に取り、スケジュール実行したいブランチやタグを指定する
pre-steps/ post-steps	リスト	ジョブの前後に実行するステップを設定する
matrix	マップ	CircleCI v2.1のみ。マトリックスビルドを実現する

　たとえば次のようにジョブを指定したとすると、install_deps と compile と test といったジョブはすべて同時に実行されます。

```
workflows:
  main:
    jobs:
      - install_deps
      - compile
      - test
```

install_depsが成功したらcompile、compileが成功したらtestというように順番にジョブを実行したい場合は、次のようにrequiresキーを使います。この場合、途中でジョブが失敗すると後続のジョブは実行されません。

順番にジョブを実行するワークフローの設定例

```
workflows:
  main:
    jobs:
      - install_deps
      - compile:
          requires:
            - install_deps
      - test:
          requires:
            - compile
```

filtersキーでは、branchesだけでなくtagsも使用できます。branchesと同じく、許可リスト方式（only）、ブロックリスト方式（ignore）を設定できます。filtersでのワークフローのコントロールは第4章で解説しています。

次のように、pre-stepsで指定されたステップはジョブの実行前に、post-stepsで指定されたステップはジョブの実行後に実行されます。ジョブの記述を変えることがないので、ワークフロー中でOrbを利用する際の環境の構築にとても有用です。

buildジョブの実行前後に実行したいステップを定義する

```
version: 2.1

jobs:
  build:
    machine: true
    steps:
      - run: echo 'Hello World'

workflows:
  version: 2
  "Hello Workflow":
    jobs:
      - build:
          pre-steps:
            - run: echo "Hello World前に実行されるステップです"
          post-steps:
            - run: echo "Hello World後に実行されるステップです"
```

上記のようにpre-steps/post-stepsを設定したとき、出力は次のようになります。

```
Hello World前に実行されるステップです
Hello World
Hello World後に実行されるステップです
```

matrixキーでは、パラメータ付きのジョブで、第8章で解説したマトリックスビルドを実現できます。parametersキーに複数のパラメータをリストで渡し、excludeキーで実行したくない特定のパラメータの組み合わせを指定します。マトリックスビルドで実行されるジョブは並列に実行されます。

以下のmatrixキーの設定例では、Rubyイメージのバージョン3通りとデータベースイメージの種類2通りのマトリックスビルドを実行します。excludeで指定した特定のRubyイメージのバージョンとデータベースイメージの種類の組み合わせのジョブは実行されないため、合計5通りのジョブが並列に実行されます。

Rubyイメージとデータベースイメージのマトリックスビルド

```yaml
version: 2.1

jobs:
  build:
    parameters:
      ruby-version:
        type: string
      db-image:
        type: string
    docker:
    - image: cimg/ruby:<< parameters.ruby-version >>
    - image: circleci/<< parameters.db-image >>
    （省略）

workflows:
  version: 2
  workflow:
    jobs:
      - build:
          matrix:
            parameters:
              ruby-version: ["2.5", "2.6", "2.7"]
              db-image: [mysql, postgres]
            exclude:
              - ruby-version: "2.5"
                db-image: mysql
      - deploy:
          requires:
            - build
```

マトリックスのパラメータに合わせて自分でジョブの名前を変更したいときは、次のように<< matrix.パラメータ名 >>をnameキーに使用できます。

matrixのパラメータをnameキーで使用する

```yaml
workflows:
  version: 2
  workflow:
    jobs:
```

▼

```
    - build:
        name: build-<< matrix.ruby-version >>-on-<< matrix.db-image >>
        matrix:
          parameters:
            ruby-version: ["2.5", "2.6", "2.7"]
            db-image: [mysql, postgres]
          exclude:
            - ruby-version: "2.5"
              db-image: mysql
    - deploy:
        requires:
          - build
```

より実践的な使い方は、第8章の「マトリックスビルド」を参照してください。

A.4　runステップ

run

runキーでは、実行するコマンドをユーザーが自由に設定します。

runキーの設定内容

キー	型	説明
command（必須）	文字列	シェルが実行するコマンドを設定する
name	文字列	UIに表示するためのステップのタイトルを設定する。初期値はcommandの文字列
shell	文字列	コマンド実行に用いるシェルを設定する。初期値は/bin/sh -eo pipefail。詳しくはコラム「シェルオプションの初期値」参照
environment	文字列	commandのローカルスコープとなる環境変数を設定する
background	真偽値	バックグラウンドで実行するかどうかを設定する。初期値はfalse
working_directory	文字列	実行ディレクトリを設定する。ジョブのworking_directoryからの相対パス。初期値は.
no_output_timeout	文字列	"20m"、"1.25h"、"5s"のように単位付きの数値で、出力のないコマンドの実行可能時間を設定する。何も指定しない場合、10分でタイムアウトする
when	文字列	ステップをいつ実行するかを設定する。always、on_success、on_failの中から1つを指定する。初期値はon_success

　デフォルトの設定では、CircleCIは設定ファイルに記述された順番に、ステップが失敗する（ゼロ以外の終了コードを返す）まで1つずつステップを実行します。コマンドが失敗した時点で、それ以降のジョブは実行されません。when属性を使用すればこの振る舞いを変えることができます。on_successはデフォルトの設定で、それまでのステップがすべて成功している場合に実行します。

alwaysはそれまでのステップが失敗したか成功したかにかかわらず実行します。on_failはそれまでのステップの1つが失敗した場合に実行します。

　たとえばon_failは、テストの失敗ログや失敗に関する通知を行いたいときに、またalwaysはジョブの結果にかかわらずログやコードカバレッジなどを処理したいときに利用できます。

代表的なキーを使ったrunの設定例
```
- run:
    name: テストを実行 # UIに表示されるタイトル
    command: nyc --silent mocha ./test/*.test.ts --require ts-node/register --repo
rter mocha-junit-reporter # 実行されるコマンド
    environment: # 環境変数
      MOCHA_FILE: ./reports/mocha/test-results.xml
```

　runステップではcommandキーの設定は必須ですが、簡略化して記述することもできます。たとえば、yarn testコマンドは次のように記述できます。この例では、commandとnameの値はyarn testに割り当てられることになります。

簡略化したrunの設定例
```
- run: yarn test
```

when/unless

when/unlessでは、条件付きステップを定義できます。

when/unlessステップの設定内容

キー	型	説明
condition（必須）	真偽値	パラメータの値を指定する。「設定例」で詳しく解説
steps（必須）	リスト	conditionが真のときに実行するステップをリストで指定する

　conditionキーで指定された条件が真ならばwhenで設定されたステップは実行され、偽ならばunlessで設定されたステップが実行されます。どちらか一方だけでも使用可能です。

when/unlessステップを使い、どのステップを実行するか制御する
```
version: 2.1
jobs:
  build:
    parameters:
```
▼

361

```
      preinstall-foo: # 真偽値のパラメータpreinstall-foo
        type: boolean
        default: false
    machine: true
    steps:
      - when:
          condition: << parameters.preinstall-foo >>
          steps:
          - run: echo "fooがインストールされています"
      - unless:
          condition: << parameters.preinstall-foo >>
          steps:
          - run: echo "fooがインストールされていません"
workflows:
  main:
    jobs:
      - build:
          preinstall-foo: true # buildジョブに対してパラメータを渡す
```

さらに、conditionキーはパラメータや真偽値だけでなく、次の宣言式をとることもできます。宣言式はすべて真偽値として解決されます。

conditionキーで使うことのできる宣言式

宣言式	型	真として解決される条件	真として解決される例
and	リスト	引数すべてが真である場合	and: [true, true, true]
or	リスト	引数のうち1つ以上が真である場合	or: [true, false]
not	真偽値	引数が真でない場合	not: null
equal	リスト	引数がすべて同じ値である場合	equal: [circleci, circleci]

これらの宣言式は組み合わせて使うことができ、より複雑な条件を実現できます。

run-deployパラメータが真である、または実行ブランチがmasterであるとき、checkout以降のステップは実行される

```
version: 2.1

parameters:
  run-deploy:
    type: boolean
    default: false

jobs:
  deploy_job:
    machine: true
    steps:
      - checkout
      - when:
          condition:
            or:
              - << pipeline.parameters.run-deploy >>
```

```
          - equal: [ master, << pipeline.git.branch >> ]
        steps:
          - run: echo "deploy"

workflows:
  version: 2
  main:
    jobs:
      - deploy_job
```

checkout

checkoutステップは、リポジトリのソースコードのチェックアウトを行います。pathキーでチェックアウトするディレクトリを指定することもできます。

checkoutステップの設定内容

キー	型	説明
path	文字列	チェックアウトディレクトリを指定する。初期値はジョブのworking_directory

checkoutステップの設定例
```
- checkout
```

submoduleのチェックアウトは行わないので、もしsubmoduleを使う場合は次のようにrunステップで定義する必要があります。

submoduleをチェックアウトする
```
- checkout
- run: git submodule sync
- run: git submodule update --init
```

setup_remote_docker

setup_remote_dockerステップでは、Dockerコマンドを実行するためのリモートDocker環境を作成します。Executorがdockerではない場合は使用できません。

setup_remote_dockerステップの設定内容

キー	型	説明
docker_layer_caching	真偽値	trueを指定してDLCを有効にする。この機能を使うには有償アカウントが必要。初期値はfalse
version	文字列	使用するDockerのバージョンを指定する。初期値は17.09.0-ce

docker_layer_cachingオプションをオンにする
```
version: 2
jobs:
  build:
    docker:
      - image: cimg/node:lts
    steps:
      - checkout
      - setup_remote_docker:
          docker_layer_caching: true
```

save_cache/restore_cache

save_cacheステップは、Gemsやnode_modulesなどの依存ライブラリ、あるいはソースコードのキャッシュを行います。キャッシュされたファイルはrestore_cacheステップで復元できます。

save_cacheステップの設定要素

キー	型	説明
paths（必須）	リスト	キャッシュしたいファイルやディレクトリのworking_directoryへの相対パスまたは絶対パスを指定する
key（必須）	文字列	キャッシュの識別子を指定する。表「save_cacheのkey、restore_cacheのkey/keysで使用可能なテンプレート」のテンプレートを使用する
name	文字列	UIに表示するためのステップのタイトルを設定する。初期値はSaving Cache
when	文字列	ステップをいつ実行するかを設定する。always、on_success、on_failの中から1つを指定する。初期値はon_success

restore_cacheステップの設定要素

キー	型	説明
key/keys（必須）	文字列／リスト	復元したいキャッシュの識別子を文字列あるいはリストで指定する。表「save_cacheのkey、restore_cacheのkey/keysで使用可能なテンプレート」のテンプレートを使用できる
name	文字列	UIに表示するためのステップのタイトルを設定する。初期値はRestoring Cache

save_cacheのkey、restore_cacheのkey/keysで使用可能なテンプレート	
キー	**説明**
{{ .Branch }}	ジョブが実行されているコミットのブランチ名
{{ .BuildNum }}	実行中のジョブのビルド番号
{{ .Revision }}	ジョブが実行されているコミットのリビジョン
{{ .CheckoutKey }}	リポジトリをチェックアウトするのに使用するSSHキー
{{ .Environment.<環境変数名> }}	「変数名」で指定した環境変数の値
{{ checksum "<ファイル名>" }}	ファイル内容を、Base64でエンコードしたSHA256ハッシュ。ファイル内容によって生成するキーが異なる
{{ epoch }}	UNIXエポック(1970年1月1日午前0時0分0秒)からの経過秒数
{{ arch }}	OSとCPU情報。OSとCPUに依存するバイナリファイルをキャッシュする際に使用する

ロックファイルのチェックサムをキャッシュキーとして、node_modulesをキャッシュ

```
- save_cache:
    key: v1-dependencies-{{ checksum "yarn.lock" }}
    paths:
      - node_modules # node_modulesをキャッシュ
```

keyに表「save_cacheのkey、restore_cacheのkey/keysで使用可能なテンプレート」のテンプレートを使用した場合、ステップの実行時にテンプレート部分が実際の値に置換され、その文字列がキャッシュの識別子として扱われます。上記例では、ロックファイルであるyarn.lockのチェックサムテンプレートを使用しています。依存ライブラリの追加／バージョン変更などでyarn.lockファイルが変更された場合、キャッシュが毎回生成されます。

次に{{ .Branch }}テンプレートを使った例を見てみましょう。

```
v1-dependencies-{{ .Branch }}-{{ checksum "yarn.lock" }}
```

上記では、yarn.lockファイルが変更された場合、キャッシュが毎回生成されるのに加えて、ブランチごとに新たにキャッシュを生成します。

```
v1-dependencies
```

上記のようにテンプレートをまったく使用しない場合は、常に同じキャッシュキーとなります。keyがすでに存在しているキャッシュは保存されないため、初回の保存以降、キャッシュファイルが上書きされることもありません。

restore_cacheでは、key/keysで指定された識別子をもとに、存在するキーの中から前方一致検索を行い、条件にマッチしたキーのキャッシュを復元します。複数マッチする場合は、最も最後にマッチしたキーが使用されます。

たとえば以下の例では、yarn.lockファイルが変更されるとキーが変わるため、どのキャッシュキーともマッチしません。その場合、より広範囲にマッチ

する2番目以降のキーが使用されます。どのキーにもマッチしなかった場合、キャッシュは復元されません。

ロックファイルのチェックサムとブランチをキャッシュキーとしたキャッシュを復元

```
- restore_cache:
    keys:
      - v1-dependencies-{{ .Branch }}-{{ checksum "yarn.lock" }}
      - v1-dependencies-{{ .Branch }}-
      - v1-dependencies
```

save_cache/restore_cacheステップのより実践的な使い方や使用の際の注意点などは、第6章の「ファイルキャッシュの活用方法」を参照してください。

deploy（非推奨）

deployは、デプロイのために用意されたステップです。runステップと同様の要素を設定できますが、3点だけ異なる動作をします。1点は、parallelismを指定したジョブの場合、すべてのコンテナが成功した場合のみコンテナ番号0番として実行されます。0番以外のほかのコンテナはこのステップを実行しません。もう1点は、SSHデバッグでは実行されません。SSHデバッグについて詳しくは第3章にて解説しています。もう1点は、以下のrunのような省略表現には対応していません。commandキーの設定が必要になります。

deployステップには、runのような省略表現はない

```
# エラー終了
- deploy: gcloud app deploy
```

現在はワークフローがあるため、デプロイのためのステップにはdeployステップではなくワークフローを使用することが推奨されています。たとえば、並列実行数が4のテストに成功したらmasterブランチでデプロイを行うジョブをdeployステップを使って記述しようとすると、次のようになります。

ブランチのフィルタリングを行うdeployステップ

```
version: 2.1
jobs:
  build:
    parallelism: 4
    docker:
      - image: busybox
    steps:
      - run: echo "テスト"
      - deploy:
          command: |
```

▼

```
        if [ "${CIRCLE_BRANCH}" == "master" ]; then
            echo "デプロイ"
        fi
```

　上記の設定を、ワークフローを使ったものに置き換えたのが以下の設定例です。ワークフローを使うと、deploy ジョブが何らかの理由で失敗した場合に deploy ジョブだけを再実行できることや、test や deploy 以外にも実行したジョブが増えた場合に自由にジョブの組み合わせができるようになることなど、さまざまな利点があります。

deployステップを使用せずdeploy専用のジョブを使うことで、ワークフロー内でブランチのフィルタリングが可能に

```
version: 2.1
jobs:
  test:
    parallelism: 4
    docker:
      - image: busybox
    steps:
      - run: echo "テスト"
  deploy:
    docker:
      - image: busybox
    steps:
      - run: echo "デプロイ"

workflows:
  version: 2
  test_deploy:
    jobs:
      - test
      - deploy:
          filters:
            branches:
              only:
                - master
          requires:
            - test
```

　deploy ステップの設定内容は、run ステップと同じなので省略します。

代表的なキーを使ったdeployステップの設定例

```
- deploy:
    name: Deploy
    command: gcloud app deploy
```

store_artifacts

store_artifactsは、テストカバレッジやバイナリファイル、ログなどをCircleCI
にアップロードする目的で使用されるステップです。アップロードされたファイ
ルはアーティファクトとしてCircleCI上またはAPIから利用できます。

store_artifactsステップの設定要素

キー	型	説明
path（必須）	文字列	アーティファクトとしてアップロードするディレクトリのパスを指定する
destination	文字列	アーティファクトの保存パスに付与する接頭辞を指定する。初期値はpathで指定したディレクトリ

test-resultsをアーティファクトとしてアップロードする
```
- store_artifacts:
    path: test-results
```

複数のstore_artifactsステップを指定した場合、アーティファクトを上書
きしないように以下のように接頭辞を付けることができます。

destinationを使用し、アーティファクトを上書きしないようにする
```
- store_artifacts:
    path: ./todoapp/app/build/reports
    destination: reports/
```

store_test_results

store_test_resultsステップでは、テストメタデータをCircleCIにアップロ
ードできます。アップロードされたメタデータはCircleCI上のテストサマリー
セクションから確認できます。

store_test_resultsステップの設定要素

キー	型	説明
path（必須）	文字列	テストメタデータが含まれるディレクトリへのパス（working_directoryに対する絶対もしくは相対パス）を指定する

test-resultsをテストサマリーとしてアップロードする
```
- store_test_results:
    path: test-results
```

テストサマリーを正しく表示させるため、メタデータをpathのサブディレク
トリに保存し、ディレクトリ名をテストスイートに合わせて命名しましょう。

具体的には以下のとおりです。

```
test-results/
├── eslint
│   └── results.xml
└── mocha
    └── results.xml
```

　実践的な設定例やメタデータの作成方法、テスト結果の確認方法については、第6章の「テストサマリーでテスト結果をわかりやすく表示する」にて解説しています。

persist_to_workspace/attach_workspace

　persist_to_workspaceステップは、ワークフロー内のジョブ間で共有するために、ファイルをワークスペースに保存します。attach_workspaceステップで、ワークスペースに保存されたファイルをダウンロードします。

persist_to_workspaceステップの設定要素

キー	型	説明
root（必須）	文字列	working_directoryに対する絶対パスまたは相対パスを指定する
paths（必須）	リスト	ワークスペースに永続化したいファイルを特定するグロブ※1あるいはグロブを使わないディレクトリパスをrootからの相対パスで指定する。rootそのものは指定できない

※1　Go言語のグロブを使用します。詳しくは、GoドキュメントのMatch（https://golang.org/pkg/path/filepath/#Match）を確認してください。

attach_workspaceステップの設定要素

キー	型	説明
at（必須）	文字列	ワークスペースをアタッチするディレクトリを指定する

　たとえば次の例では、/tmp/dirディレクトリ内にあるfoo/barファイルを、ワークスペースの/tmp/dirディレクトリ内に相対パスで永続化します。

/tmp/dirディレクトリにあるfoo/barファイルをワークスペースに保存する
```
- persist_to_workspace:
    root: /tmp/dir
    paths:
      - foo/bar
```

　ワークスペースに保存されたファイルは、次のように、展開先を指定してダウンロードします。

ワークスペースに保存されたファイルがあれば、/tmp/dirディレクトリに展開する

```
- attach_workspace:
    at: /tmp/dir
```

ワークスペースに対してファイルの追加はできますが、削除はできません。

ワークスペースはワークフローごとに異なるものが使われます。そのため、別のワークフローとのファイル共有はできません。ただし、ワークフローを再実行した場合に限り、前回実行したときと同じワークフローが使われます。

add_ssh_keys

add_ssh_keysステップは、フィンガープリントを指定して使用するSSHキーを追加するステップです。プロジェクト設定の「SSH Keys」からSSHキーを登録することで、対応するフィンガープリントを取得できます。このキーはfingerprintsキーを用いてカスタマイズすることもできます。

add_ssh_keysステップの設定要素

キー	型	説明
fingerprints	リスト	登録された鍵に対応するフィンガープリントのリスト。何も指定しない場合、登録された鍵すべてを追加する

フィンガープリントを指定する

```
- add_ssh_keys:
    fingerprints:
      - <フィンガープリント>
```

A.6 その他

parameters

job/command/executorは、parametersを宣言することで受け取ることのできるパラメータを設定できます。パラメータを使えば、積極的に設定を再利用できるようになります。

parametersキーの設定要素

キー	説明
description	パラメータの説明を設定する
type（必須）	パラメータタイプを指定する
default	デフォルト値を設定する。設定しない場合、パラメータは必須になる

　パラメータは、このあと説明する7つのパラメータタイプに分類されますので、設定例を出しながら解説していきます。

●──── string（文字列）

　文字列パラメータについて解説します。文字列以外のほかの型の値を与えるとエラーになるため、その場合はYAMLで文字列として解釈できるようにシングルクオートやダブルクオートで囲む必要があります。以下の例では、コマンドの値に文字列を指定しています。

文字列パラメータのbucket-nameを定義／使用する

```
version: 2.1

jobs:
  copy-to-s3:
    docker:
      - image: cimg/python:3.8
    parameters:
      bucket-name:
        description: バケット名
        type: string
        default: my-bucket
    steps:
    - run: aws s3 cp file.txt s3://<< parameters.bucket-name >>/

workflows:
  main:
    jobs:
      - copy-to-s3:
          bucket-name: "123"
```

●──── boolean（真偽値）

　条件付きステップを作成するには、シェルスクリプトのif文を使うほかに、booleanタイプのパラメータを使って作成できます。<<# parameters.パラメータ >>と<</ parameters.パラメータ >>で囲まれた値は、パラメータが真であるときのみ実行されます。以下の例では、コマンドのcacheフラグをこのタイプのパラメータを使って指定しています。

真偽値パラメータのcacheを定義／使用する

```yaml
version: 2.1

jobs:
  eslint:
    docker:
      - image: cimg/node:lts
    parameters:
      cache:
        description: キャッシュオプションを使用するかどうか
        type: boolean
        default: false
    steps:
      - run: yarn eslint <<# parameters.cache >> --cache <</ parameters.cache >>

workflows:
  main:
    jobs:
      - eslint:
          cache: true
```

● integer（整数）

整数値をパラメータとして指定することもできます。以下の例では、parallelism
の値を指定しています。

整数パラメータのparallelismを定義／使用する

```yaml
version: 2.1

jobs:
  build:
    parameters:
      parallelism:
        type: integer
        default: 1
    parallelism: << parameters.parallelism >>
    machine: true
    steps:
      - checkout

workflows:
  workflow:
    jobs:
      - build:
          parallelism: 2
```

● enum（列挙型）

指定したリストの中から使用する値を選ばせたい場合にはenumタイプのパラ
メータを使います。リスト中にない値を入力した場合は型エラーとなります。

以下の例では、プライマリイメージのタグを enum で指定しています。

列挙型パラメータのnodeを定義／使用する

```
version: 2.1
jobs:
  build:
    parameters:
      node:
        type: enum
        enum: ["node", "node-browsers", "node-browsers-legacy"]
        default: node
    docker:
      - image: circleci/python:3.7-<< parameters.node >>
    steps:
      - run: echo << parameters.node >>
```

● executor

Executor を定義しておけば、以下のようにパラメータとして使用することも
可能になります。

executorパラメータのeを定義／使用する

```
version: 2.1

executors:
  python:
    docker:
      - image: cimg/python:3.6.11
  with_db:
    docker:
      - image: cimg/python:3.6.11
      - image: circleci/postgres:9.6.2

jobs:
  test:
    parameters:
      e:
        type: executor
    executor: << parameters.e >>
    steps:
      - run: echo << parameters.e >>

workflows:
  workflow:
    jobs:
      - test:
          e: python
      - test:
          e: with_db
```

●── steps

柔軟なステップ実行を可能にするには、stepsのリストをパラメータとして
宣言します。下記の例では、your-testステップで、ジョブ内のステップの一
部を指定しています。

stepsパラメータのyour-testを定義／使用する

```
version: 2.1
commands:
  run-tests:
    parameters:
      your-test:
        type: steps
        default: []
    steps:
    - run: mkdir -p ./test-results
    - steps: << parameters.your-test >>
    - store_test_results:
        path: ./test-results

jobs:
  build:
    docker:
      - image: cimg/ruby:2.7
    steps:
    - run-tests:
        your-test:
          - run: bundle exec rubocop
          - run: bundle exec rspec
```

●── env_var_name(環境変数名)

設定した環境変数の値を使うために、環境変数名をパラメータ化できます。

環境変数名パラメータのaws-access-key-idとaws-secret-access-keyを定義／使用する

```
version: 2.1

jobs:
  build:
    machine: true
    parameters:
      aws-access-key-id:
        type: env_var_name
      aws-secret-access-key:
        type: env_var_name

    steps:
    - run:
        name: Configure AWS Access Key ID
        command: |
          aws configure set aws_access_key_id $<<parameters.aws-access-key-id>> ▼
```

```
        - run:
            name: Configure AWS Secret Access Key
            command: |
              aws configure set aws_secret_access_key $<<parameters.aws-secret-
access-key>>

workflows:
  workflow:
    jobs:
    - build:
        aws-access-key-id: AWS_ACCESS_KEY_ID
        aws-secret-access-key: AWS_SECRET_ACCESS_KEY
```

このstepsは、ジョブ実行時に次のように解釈されます。

```
steps:
- run:
    name: Configure AWS Access Key ID
    command: |
      aws configure set aws_access_key_id $AWS_ACCESS_KEY_ID
- run:
    name: Configure AWS Secret Access Key
    command: |
      aws configure set aws_secret_access_key $AWS_SECRET_ACCESS_KEY
```

orbs

orbsでは、Orbの参照名または定義名をマップで指定します。Orbで定義されたコマンド(あるいはExecutor、ジョブなど)を設定ファイルで使用するときは<参照名/コマンド名>とします。

circleci/hello-build@0.0.5 Orbを呼び出し、hello-buildジョブを使用するワークフロー
```
version: 2.1
orbs:
  hello: circleci/hello-build@0.0.5 # circleci/hello-build@0.0.5というOrbsの参照名
をhelloと指定
workflows:
  "Hello Workflow":
    jobs:
      - hello/hello-build # helloOrbに定義されたhello-buildジョブを呼び出す
```

commands

commandsでは、複数のジョブで再利用可能なステップのリストを定義します。

commandsキーの設定要素

キー	型	説明
steps（必須）	リスト	実行ステップのリストを指定する
parameters	マップ	受け取るパラメータを設定する
description	文字列	コマンドの説明を設定する

コマンドを定義／使用する例

```
version: 2.1

commands:
  sayhello: # sayhelloコマンドを定義
    description: "My First Command"
    parameters:
      to:
        type: string
        default: "World"
    steps:
      - run: echo Hello << parameters.to >>
  second-command: # 別コマンド
    （省略）

jobs:
  build:
    machine: true
    steps:
      - sayhello # sayhelloコマンドを使用
```

executors

executorsでは、複数のジョブで再利用可能な実行環境を定義します。

executorsキーの設定要素

キー	型	説明
docker/machine/macos (必須)	リスト	使用するExecutorを指定する。指定可能な要素はそれぞれのExecutorを参照
resource_class	文字列	リソースクラスを設定する
shell	文字列	ジョブ内のすべてのステップのコマンドの実行に使用されるシェルを設定する。初期値は/bin/sh -eo pipefail。詳しくはコラム「シェルオプションの初期値」参照
working_directory	文字列	ステップを実行する際のディレクトリを指定する。存在しないディレクトリを指定した場合、ディレクトリは新しく作成される
environment	マップ	環境変数のキーと値をマップで設定する。プロジェクト設定ページにて定義した環境変数より優先される
parameters	マップ	受け取るパラメータを設定する

Executorを定義／使用する例

```
version: 2.1

executors:
  python: # Python Executorを定義
    parameters:
      tag:
        type: string
        default: "3.8"
    docker:
      - image: cimg/python:<< parameters.tag >>

jobs:
  build:
    executor: python # Python Executorを使用
    steps:
      （省略）
```

Executorにパラメータを付与する例

```
version: 2.1

executors:
  python: # Python Executorを定義
    parameters:
      tag:
        type: string
        default: "3.8"
    docker:
      - image: cimg/python:<< parameters.tag >>

jobs:
  build:
    executor:
      name: python # Python Executorを使用
      tag: "2.7" # tagパラメータを付与
    steps:
      （省略）
```

パイプライン変数／パイプラインパラメータ

　パイプライン変数／パイプラインパラメータは、設定ファイルを通して使用できる変数とパラメータです。第2章の「パイプライン──ワークフローのグループ化」で説明したように、設定ファイルが一つのパイプラインとみなされています。

　パイプラインパラメータと通常のパラメータが大きく異なる点は、スコープの違いにあります。通常のパラメータは自身が定義された要素のスコープ内でしか使えないのに対して、パイプラインパラメータは設定ファイル全体で使うことができます。たとえば次に定義したnodeパラメータは、buildジョブにおいてのみ使用可能です。別のジョブでは再度定義しない限り使用できません。

nodeパラメータはbuildジョブで定義されており、testジョブでは使用できない

```
version: 2.1
jobs:
  build:
    parameters:
      node:
        type: enum
        enum: ["node", "node-browsers", "node-browsers-legacy"]
        default: node
    docker:
      - image: circleci/python:3.7-<< parameters.node >>
    steps:
      - run: echo << parameters.node >>

  test:
    docker:
      - image: circleci/python:3.7-<< parameters.node >> # nodeパラメータを定義して
いないため、「Arguments referenced without declared parameters: node」エラーとなる
    steps:
      - run: echo << parameters.node >>

workflows:
  workflow:
    jobs:
      - build:
          node: node-browsers
      - test:
          node: node-browsers-legacy
```

　今度は、nodeパラメータをパイプラインパラメータとして定義してみましょう。詳しくはのちほど解説しますが、パイプラインパラメータは設定ファイルのトップレベルに定義し、使用する際は<< pipeline.parameters.パラメータ名 >>として使用します。パイプライン変数やパイプラインパラメータは、グローバルスコープの変数やパラメータと考えることができます。

```
nodeパラメータはパイプラインパラメータとして定義されているため、どのジョブでも使用できる
version: 2.1

parameters:
  node:
    type: enum
    enum: ["node", "node-browsers", "node-browsers-legacy"]
    default: node

jobs:
  build:
    docker:
      - image: circleci/python:3.7-<< pipeline.parameters.node >>
    steps:
      - run: echo << pipeline.parameters.node >>

  test:
    docker:
      - image: circleci/python:3.7-<< pipeline.parameters.node >>
    steps:
      - run: echo << pipeline.parameters.node >>

workflows:
  workflow:
    jobs:
      - build
      - test
```

● ── パイプライン変数の設定例

執筆時点で使用可能なパイプライン変数は次の8つです。

使用可能なパイプライン変数

変数	説明
pipeline.id	パイプラインのユニークID
pipeline.number	プロジェクトにおけるパイプライン番号
pipeline.project.git_url	プロジェクトのgit URL
pipeline.project.type	プロジェクトのVCSプロバイダ
pipeline.git.tag	コミットのgitタグ
pipeline.git.branch	コミットのgitブランチ
pipeline.git.revision	現在のgitリビジョン
pipeline.git.base_revision	前回のgitリビジョン

　CircleCI v2以前では、ビルトイン環境変数として、コミット間の差異を表示するためのGitHub/BitbucketのURLを示すCIRCLE_COMPARE_URLがありました。v2.1からはこの環境変数は使用できなくなる代わりに、パイプライン変数を使って表現できます。

```
version: 2.1

jobs:
  build:
    docker:
      - image: busybox
    environment:
      CIRCLE_COMPARE_URL: << pipeline.project.git_url >>/compare/<< pipeline.git.
base_revision >>..<<pipeline.git.revision>>
    steps:
      - run: echo $CIRCLE_COMPARE_URL

workflows:
  version: 2
  workflow:
    jobs:
      - build
```

●── パイプラインパラメータの設定例

パイプラインパラメータは、設定ファイルのトップレベルに定義するパラメータです。使用可能なパラメータタイプはstring(文字列)、boolean(真偽値)、integer(整数)、enum(列挙型)です。設定内容はparametersキーと同じです。

パイプラインパラメータはワークフローより上位のスコープにあり、ワークフローを制御できます。実行順序を制御する目的で、ワークフローのwhen/unlessとともに使われることがよくあります。たとえば、次の設定例ではwhen/unlessにパイプラインパラメータを使うことで、trigger-integration-testワークフローの実行後にintegration-testワークフローを実行させることができます。

パイプラインパラメータを使ってワークフローの実行順を制御する
```
version: 2.1

parameters:
  run-integration-tests:
    type: boolean
    default: false

jobs:
  test:
    docker:
      - image: cimg/python:3.7
    steps:
      - run: echo "インテグレーションテスト"

  trigger:
    docker:
      - image: cimg/python:3.7
```

▼

```
    steps:
      - run:
          name: integration-testワークフローをトリガする
          command: |
            curl -u ${CIRCLE_TOKEN}: -X POST --header "Content-Type: application/j
son" -d '{
              "parameters": {
                "run-integration-tests": "true"
              }
            }' https://circleci.com/api/v2/project/<< pipeline.project.type >>/${C
IRCLE_PROJECT_USERNAME}/${CIRCLE_PROJECT_REPONAME}/pipeline
workflows:
  integration-test:
    # run-integration-testsがtrueであるときワークフローは実行される
    when: << pipeline.parameters.run-integration-tests >>
    jobs:
      - test
  trigger-integration-test:
    # run-integration-testsがfalseであるときワークフローは実行される
    unless: << pipeline.parameters.run-integration-tests >>
    jobs:
      - trigger
```

　パイプラインパラメータに値を渡してパイプラインを実行するには、CircleCI
APIを使い、パイプラインをトリガします。具体的には次のように、APIエンド
ポイントに対してPOSTリクエストを行います。その際、パラメータの値はJSON
のparametersキーに渡します。実行にはパーソナルAPIトークン（ここでは環
境変数CIRCLE_TOKENとして設定しています）が必要です。

```
curl -u ${CIRCLE_TOKEN}: -X POST --header "Content-Type: application/json" -d '{
  "parameters": {
    "パラメータ名": "パラメータ値"
  }
}' https://circleci.com/api/v2/project/<< pipeline.project.type >>/${CIRCLE_PROJE
CT_USERNAME}/${CIRCLE_PROJECT_REPONAME}/pipeline
```

　その他APIに渡すことのできるパラメータについては、「CircleCI API v2 -
Trigger a new pipeline」[注3]を確認してください。

注3　https://circleci.com/docs/api/v2/#trigger-a-new-pipeline

シェルオプションの初期値

　ジョブの実行環境がLinuxであれば、シェルオプションの初期値は /bin/sh -eo pipefail、あるいは /bin/bash -eo pipefail となります。

　-e オプションは、処理中にエラーが発生した場合にコマンドの実行を中断します。-o pipefail オプションでは、パイプライン（|）でつなげられたコマンドがエラーを返した場合に、その処理を中断します。また、デフォルトのシェルはログインシェルではないので、/.bash_profile、~/.bash_login、~/.profile といったファイルを読み込むことはできません。

　また、ジョブの実行環境がmacOSであれば、シェルオプションの初期値は /bin/bash --login -eo pipefail となり、Windows OSであれば powershell.exe -ExecutionPolicy Bypass となります。

索引

●執筆者プロフィール

浦井 誠人

大学卒業後、フィリピンにてフロントエンド／バックエンド担当のエンジニアとして働いている。WEB+DB PRESS Vol.107 にて特集『実践CircleCI』を執筆。

URL https://uraway.hatenablog.com/
mail masato.uraway@gmail.com
GitHub uraway
Twitter @uraway_

大竹 智也

1983 年生まれ。起業家、およびWeb エンジニア。2010 年にオンライン英会話「ラングリッチ」を起業し、2015 年に「EnglishCentral」へ売却。2017年にエンジニア向け教育サービスを主軸とするフォーコード株式会社を設立。著書に『［改訂新版］Emacs 実践入門』と『Atom 実践入門』（共に技術評論社）がある。

URL https://blog.tomoya.dev/
mail tomoya.ton@gmail.com
GitHub tomoya
Twitter @tomoyaton

金 洋国

CircleCI の初期からサポートやプロダクト開発に携わり、2018 年にCircleCI Japan を立ち上げた。現在は SRE チームで活躍中。エンジニアの仕事のかたわら電動キックボードのビジネスを起業し、現在は SWALLOW合同会社の代表としてさまざまな電動モビリティの普及活動も行う。

URL https://kimh.github.io/
mail kim@circleci.com
GitHub kimh
Twitter @kimhirokuni

カバー・本文デザイン	………	西岡 裕二
レイアウト	………	酒徳 葉子
本文図版	………	スタジオ・キャロット
編集アシスタント	………	北川 香織
編集	………	池田 大樹

ウェブディービー　　プレス　　プラス
WEB+DB PRESS plus シリーズ

さーくるしーあい じっせんにゅうもん
CircleCI 実践入門
しーあいしーでぃー　　かいはつそくど ひんしつ りょうりつ
CI/CDがもたらす開発速度と品質の両立

2020年9月26日　　初版　　第1刷発行

著者	………	うらい まさと おおたけ ともや きむ ひろくに 浦井 誠人、大竹 智也、金 洋国
発行者	………	片岡 巌
発行所	………	株式会社技術評論社 東京都新宿区市谷左内町 21-13 電話　　03-3513-6150　　販売促進部 　　　　03-3513-6175　　雑誌編集部
印刷／製本	………	日経印刷株式会社

● お問い合わせ

本書に関するご質問は記載内容についてのみとさせていただきます。本書の内容以外のご質問には一切応じられませんので、あらかじめご了承ください。なお、お電話でのご質問は受け付けておりませんので、書面または弊社Webサイトのお問い合わせフォームをご利用ください。

〒162-0846
東京都新宿区市谷左内町 21-13
株式会社技術評論社
『CircleCI 実践入門』係
URL https://gihyo.jp/（技術評論社Webサイト）

ご質問の際に記載いただいた個人情報は回答以外の目的に使用することはありません。使用後は速やかに個人情報を廃棄します。